图 1　泉州老城区

图 2　南安蔡氏古民居建筑群

图 3　泉州亭店杨氏民居

图 4　南安中宪第

图 5　南安林氏民居

图 6　晋江施氏大宗祠

图 7　晋江陈埭丁氏宗祠

图 8　安溪李光地旧衙

图 9　石狮景胜别墅

图 10　德化民居

图 11　安溪龙通土楼

图 12　泉州开元寺

图 13　开元寺大雄宝殿

图 14　开元寺东西塔

图 15　泉州府文庙大成殿

图 16　安溪县文庙大成殿

图 17　泉州天后宫大殿

图 18　天后宫寝殿

图 19　泉州清净寺

图 20　泉州真武庙

图 21　晋江安海龙山寺

图 22　惠安青山宫

图 23　安溪清水岩

图 24　惠安崇武城墙

图 25　石狮万寿塔

图 26　石狮六胜塔

图 27　南安五塔岩石塔

图 28　泉州安平桥

图 29　泉州洛阳桥

图 30　洛阳桥月光菩萨塔与分水尖

图 31　洛阳桥宋塔

图 32　泉州美山码头

图 33　石狮石湖码头

图 34　柱础

图 35　石雕柜台脚

图 36　石雕龙柱

图 37　青石透雕

图 38　砖嵌 1

图 39　砖嵌 2

图 40　明代民居残墙

图 41　明代砖拼

图 42　交趾陶

图 43　交趾陶——麒麟壁

图 44　南洋花砖

图 45　山墙装饰

图 46　龙山寺木雕千手观音

图 47　擂金木雕 1

图 48　擂金木雕 2

图 49　木雕雀替

图 50　木雕狮座

图 51　隔扇木雕

图 52　木雕

图 53　擂金画

图 54　粉彩画

图 55　名人书法

中国民居营建技术丛书

泉州民居营建技术

（第二版）

姚洪峰　黄明珍　著

中国建筑工业出版社

图书在版编目（CIP）数据

泉州民居营建技术/姚洪峰，黄明珍著．—2版．—北京：中国建筑工业出版社，2018.8
（中国民居营建技术丛书）
ISBN 978-7-112-22569-9

Ⅰ.①泉… Ⅱ.①姚…②黄… Ⅲ.①民居－建筑艺术－泉州 Ⅳ.①TU241.5

中国版本图书馆CIP数据核字（2018）第186611号

责任编辑：吴 绫 唐 旭 贺 伟 李东禧
责任校对：王雪竹

中国民居营建技术丛书
泉州民居营建技术（第二版）
姚洪峰 黄明珍 著
*
中国建筑工业出版社出版、发行（北京海淀三里河路9号）
各地新华书店、建筑书店经销
北京嘉泰利德公司制版
北京中科印刷有限公司印刷
*
开本：880×1230毫米 1/16 印张：$14^1/_4$ 插页：4 字数：472千字
2018年9月第二版 2018年9月第三次印刷
定价：68.00元
ISBN 978-7-112-22569-9
（32641）

序

2011年党的十七届六中全会《关于深化文化体制改革，推动社会主义文化大发展大繁荣若干重大问题的决定》，指出在对待历史文化遗产方面，强调要“建设优秀传统文化传承体系”，“优秀传统文化凝聚着中华民族自强不息的精神追求和历久弥新的精神财富，是发展社会主义先进文化的深厚基础，是建设中华民族共有精神家园的重要支撑”。

在建筑方面，我国拥有大量的极为丰富的优秀传统建筑文化遗产，其中，中国传统建筑的实践经验、创作理论、工艺技术和艺术精华值得我们总结、传承、发扬和借鉴运用。

我国优秀的传统建筑文化体系，可分为官式和民间两大体系，也可分为全国综合体系和各地区各民族横向组成体系，内容极其丰富。民间建筑中，民居建筑是最基础的、涉及广大老百姓的、最大量的也是最丰富的一个建筑文化体系，其中，民居建筑的工艺技术、艺术精华是其中体系之一。

我国古代建筑遗产丰富，著名的和有价值的都已列入我国各级重点文物保护单位。广大的民居建筑和村镇，其优秀的、富有传统文化特色的实例，近十年来也逐步被重视并成为国家各级文物保护单位和优秀的历史文化名镇名村。

作为有建筑实体的物质文化遗产已得到重视，而作为非物质文化遗产，且是传统建筑组成的重要基础——民居营建技术还没有得到应有的重视。官方的古建筑营造技术，自宋、清以来还有古书记载，而民间的营造技术，主要靠匠人口传身教，史书更无记载。加上新中国成立60年以来，匠人年迈多病，不少老匠人已过世，他们的技术工艺由于后继乏人而濒于失传。为此，抢救民间民居建筑营建技术这项非物质文化遗产，已是刻不容缓和至关重要的一项任务。

古代建筑匠人大多是农民出身，农忙下田，农闲打工，时间长了，技艺成熟了，成为专职匠人。他们通常都在一定的地区打工，由于语言（方言）相通，地区的习俗和传统设计、施工惯例即行规相同，因而在一定地区内，建筑匠人就形成技术业务上，但没有组织形式的一种“组织”，称为“帮”。我们现在就要设法挖掘各地“帮”的营建技术，它具有一定的地方性、基层性、代表性，是民间建筑营建技术的重要组成内容。

历史上中原地区的三次人口大迁移，匠人随宗族南迁，分别到了南方各州，长期以来，匠人在州的范围内干活，比较固定，帮系营建技术也比较成熟。我们组织编写的“中国民居营建技术丛书”就是以“州”（地区）为单位，以州为单位组织编写的优点是：①由于在一定地区，其建筑材料、程序、组织、技术、工艺相通；②方言一致，地区内各地帮组织之间，因行规类同，易于互帮交流。因此，以州为单位组织编写是比较妥善恰当的。

我们按编写条件的成熟，先组织以五本书为试点，分别为南方汉族的五个州——江苏的苏州、扬州，浙江的婺州（现浙江金华市，唐宋时期曾为东阳府），福建的福州、泉州。

本丛书的主要内容和技术特点，除匠作工艺技术外，增加了民居民间建筑的择向选址和单体建筑的传统设计法，即总结民居民间建筑的规划、设计和施工三者的传统经验。

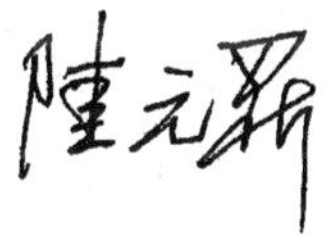

2013 年 10 月

前　言

泉州是一个充满神奇的城市。

泉州的历史悠久，三四千年前的人类活动遗迹足以证明这一点。南北朝时期（公元 260 年）在南安设东安县，管辖了今天的泉州、莆田、厦门，以及漳州的部分地区。从唐代久视元年（公元 700 年）在今天的鲤城区位置设置武荣州，兴建唐城起，泉州迅速成为闽南地区重要的文化、经济中心。而此后几百年闽地的相对稳定和开放，不仅由来此躲避战乱的中原人带来了丰富的中原文化，也迎来了从大海驶来的“万国”商船，泉州一跃成为闻名欧亚的东方大港，刺桐的美名流传千年。

由于福建的地理空间相对封闭，受古代交通的局限，文化演变的速度相对缓慢。而本土原住民和来自中原的迁入者都把传承自有的文化习俗作为立家之本，各种早期技艺得以保留。以泉州为中心的闽南地区，在融合各类文化的基础上，形成以木、红砖红瓦为主要建筑材料，极具特色的闽南建筑体系，影响我国台湾和东南亚地区。

社会的安定、经济的繁荣和文化的发达，撑爆了泉州人的腰包，经济实力超过周边其他地区。凭着“成家立业　光宗耀祖”的传统意识，建造自家大宅成为每个家族的世代目标，并且不及余力地付诸实践。泉州的古民居建筑，不仅讲究风水格局，建筑质量上乘，做工讲究，而且大量采用雕刻、绘画手段对几乎所有露明部位进行装饰。这个传统一直流传至近现代，因此，我们才能看到蔡氏古建群、亭店杨氏民居等精美的雕刻。

随着时代的发展和经济实力的改善，新的文化、新的生活条件，影响着人们对传统文化的认识。迅猛的城乡建设对闽南地区的古城古镇、历史街区、传统村落等，都构成了极大的负面影响。掌握闽南建造技艺的匠人越来越少，有些传统做法已经失传。保护和抢救闽南建筑及其建造技艺，已经成为刻不容缓的任务。

姚洪峰先生，从 1980 年代起就在泉州市从事文物保护工作。近 10 年在承担福建地区古建筑保护项目的过程中，特别注意对传统建筑建造技艺的记录和研究工作。与黄明珍女士一道，在古建筑的保护工作中，通过现场实地调查和测绘，走访老匠人，掌握了大量的第一手资料，并在此基础上，编写了《泉州民居营建技术》一书，对泉州地区民居建筑及其建造技艺作了比较全面的介绍，为记录和传承闽南地区传统建筑技艺作了不容忽视的努力。

记录和研究泉州的营建技艺，不仅仅是为了留取资料，更是一种传承，相信姚洪峰先生、黄明珍女士的这本书能够在这方面发挥积极的作用。

中国文化遗产研究院研究馆员 沈阳

目 录

第三章　建筑形态

第四章　营造工艺

第五章　细木作技艺

第六章　石雕技艺

第七章 泥水作技艺

第八章 装饰装修

第九章　建筑文化

第十章　保护修缮

第一章　形成因素

建筑作为人类生活与自然环境不断作用的产物，是一个民族的文化载体，也是一个国家的象征。在不同的时代，建筑的文化内涵和风格是不一样的；在不同的地域，建筑也有着不同的面貌。德国哲学家黑格尔曾说过："音乐是流动的建筑，建筑是凝固的音乐"。泉州作为国务院公布的首批 24 座历史文化名城之一，具有丰富的建筑遗产，主要建筑类型有寺庙塔幢、村落民居、祠堂家庙、桥梁码头、历史街区、城门城墙、驿站栈道、古墓葬及石窟寺等。其中，以红砖民居最具特色，它有鲜红的墙面、飞翘的燕尾脊及精美的雕塑、剪粘、彩绘等装饰艺术，是中国传统民居的一颗奇葩，被许多建筑家誉为"红砖建筑区"，无愧于"凝固的音乐"之誉。

泉州之所以会出现这种独特的建筑，存在着社会、历史、经济及自然条件等多方面的因素，最主要的影响因素有自然因素和文化因素（图 1–1–1）。

第一节　自然因素

泉州古称鲤城，刺桐城。位于东经 117° 25′ ~ 119° 05′，北纬 24° 30′ ~ 25° 56′，地处东南沿海，是福建省三大中心城市之一，与厦门市、漳州市合称闽南。北承福州、莆田，南接厦门特区，东望台湾宝岛，西毗漳州、龙岩、三明。现辖鲤城、丰泽、洛江、泉港 4 个区，晋江、石狮、南安 3 个县级市，惠安、安溪、永春、德化、金门 5 个县和泉州经济技术开发区、泉州台商投资区。

泉州境内地势西北高而东南低，由中山、低山向沿海丘陵、盆地平原过渡。地貌类型复杂多样，山地及丘陵约占总土地面积的 79%，平原及台地约

图 1–1–1　泉州红砖建筑

占21%。地貌以山地、丘陵为主。山地均属戴云山山脉及其延伸的支脉、余脉，构成西北及中部的大山带。丘陵分布于山地外侧及河流两岸或河谷盆地的边缘，在沿海一带也有广泛分布，并逼近海岸或伸入海中，组成半岛和岛屿。泉州海岸线曲折蜿蜒，大部分为基岩海岸，总长约421km，有湄州湾、泉州湾、深沪湾、围头湾4个港湾及肖厝、崇武、后渚、梅林、石井等14个港口。海岸线漫长，盛产各类海产品，牡蛎以其生命力旺盛、繁殖能力强、附着力强而被用来作为建筑材料的例子屡见不鲜，洛阳桥就是其中的一个典范。丰泽区蟳埔村的房屋外围墙体直接用牡蛎壳堆砌而成，有的则把牡蛎壳烧成灰用来粉刷墙壁。

泉州土壤类型多样，分布最广的土壤为红壤，次为水稻土及砖红壤性红壤。耕地多属一、二级，土壤较肥沃。其中，以红壤面积最大，其土质适合用作夯土砖，这是制造闽南特色红砖的主要原材料。以土、砂、剁碎的稻草等为材料，加水拌好后，放入木模中，拍实阴干后即形成土坯砖。因其原料取材方便，所费甚少，早期一般的平民百姓常用这种土坯砖来砌房屋的墙体。亦有使用红、黄壤泥土烧制成砖的，泉州最具特色的砖为烟炙砖。

泉州地跨中南两个亚热带，即戴云山西北部常年温暖、常绿阔叶林带和东南部常年湿热、有短期干旱的亚热带雨林带。泉州多山地、多丘陵，地面起伏大，造成交通不方便，限制耕种作业的发展，却是发展林业的主要分布区。泉州植被茂盛，种类繁多，盛产杉木、樟木、楠木、竹子、马尾松等。其中尤以杉木最为受欢迎。杉木生长速度快、成材周期短、产量高而价格适宜，是一种高产的优质建材；它有树高、挺拔、纹理直、结疤少、密度适中、易于加工、易于搬运、不易虫蛀和朽变、结构性能好等特点，很适宜作为梁、柱等大木构件；加之具有较好的透气性和较强的防水性能，也被广泛用于建筑、桥梁、造船、家具等领域。樟树因其粗且纹理细腻，常被当做各个建筑部件的雕刻材料。马尾松则是烧制红砖最主要的燃料。

泉州境内还蕴藏着较丰富的矿产资源，主要有煤、铁、黄金、花岗岩、石灰石、石英砂、高岭土等，以“砂、石、土”为主的非金属矿产资源是泉州市具有地方特色的优势矿产。各种侵入岩体遍布全市各地，大部分裸露地表，有利于露天开采，加之交通便利及开采历史悠久，采石场遍及全市。花岗岩储量丰富，自古以来就是著名的石材产地，位于南安石砻的砻石矿自唐代开始一直开采至今，惠安则出产材质细腻的青斗石。它们被广泛应用在梁柱、墙基、门窗、栏杆、台阶等处及建造塔幢、桥梁、城门、城墙、墓葬等。而且经过惠安能工巧匠的精雕细琢，石材得到充分的利用，更为美观、耐久。

泉州高岭土资源丰富，德化窑烧制的瓷器在明清时达到其最高峰期。闽南民居中常见的堆剪、堆塑装饰方法，均是充分利用了瓷器及其烧制原理制作而成的。泉州自然地理环境及其特产对当地民居的建造有很大的影响，房屋的建造材料大部分皆就地取材。

泉州气候为亚热带海洋性季风气候，东南面靠近台湾海峡，受到海洋性气候的影响。特定的纬度位置与地理环境决定了泉州气候具有夏天长而无酷暑，冬天短而温暖少雨的特点。由于没有严寒的冬季，而夏季多雨闷热，所以当地民居主要是按照夏季气候和风向进行设计的，室内外多做成互相连通的空间，并在房间的前后左右设置小天井和小巷，以避免阳光直射和加强通风。

但是泉州的自然环境对传统民居还有一些不利的影响，主要有：传统民居主要以木构为主，多雨水、多台风的气候对于其影响较大，木构件常年泡在水中易腐朽，白蚂蚁之类生物的侵袭常蛀坏木构件；屋顶瓦片常易被台风刮走；各类彩绘图案长年暴露在空气中，长期处在潮湿环境中使颜料层容易剥落等。

第二节　历史沿革

泉州历史悠久，开拓甚早。在晋江流域的各县，都有大批新石器时代的文化遗址，考古发现，距今三四千年前，居住在此地的闽越族“处溪谷之间，篁竹之中”，使用石制工具，已经掌握了种植水稻、纺织、陶器制作等技术。随着经济的发展、政治制度的变革，建置代有变化。夏禹时属扬州城，周时为七闽地，春秋战国时为越地。从秦朝到隋朝的八百余年间，先后属闽中郡、闽越郡、闽越国、建安郡、闽州等所辖。秦汉时，中原汉族人民逐渐南移，此处初辟蒿莱。三国之前，未立专县。三国吴永安三年（公元260年）时，在今泉州、厦门、漳州、莆田四市地置东安县，县驻地在今南安市丰州镇。魏晋时期，中原战乱频繁，晋人大批南迁，沿古南安江两岸聚居，将南安江改名为晋江。他们带来了中原先进的生产工具、技术和文化，使泉州得到进一步的开发。西晋太康三年（公元282年）改东安县为晋安县。梁天监年间（公元502～519年），置南安郡，下领三县。隋代，南安郡废，改置南安县，为泉州地区现存最古老的县名。唐代，先后设立丰州、武荣州、泉州。景云二年（公元711年），武荣州改为泉州，以泉山得名，泉州建制自此开始，名称沿用至今；开元六年（公元718年）晋江置县；贞元年间（公元785～804年）先后建小溪场（今安溪县）、归德场（今德化县）、大同场（今同安区）。五代，设立清源军；永春、德化、安溪先后建县。宋代太平兴国六年（公元981年）置惠安县。至此，泉州领南安、晋江、同安、德化、永春、清溪、惠安等七县。元至元十五年（1278年），置泉州路总管府，并因政治、军事、海外交通形势的需要四次设立行省。明洪武二年（1369年），设立泉州府。清雍正十二年（1734年），永春升为直隶州，领德化、大田二县，泉州府则领晋江、南安、惠安、安溪、同安等五县。民国时期，废府、州、厅，金门置县，泉州多数属县先后隶属厦门道、福建省、第四行政督察专员公署。“福建事变”期间，设有为期较短的兴泉省。新中国成立后，先后设立泉州市、晋江专区专员公署、晋江地区等。1985年5月，国务院决定撤销晋江地区，泉州市升为地级市，实行市管县的行政体制，管辖鲤城区、惠安、晋江、南安、安溪、永春、德化及金门。1987年，建立石狮市，归省辖，由泉州市代管。1992年和1993年，晋江、南安相继撤县设市。1996年，经省政府批准，成立肖厝经济开发管理委员会，为泉州市政府派出机构，析原惠安县所辖的涂岭、后龙、南埔、山腰和埭港5个镇及国营山腰盐场归其所辖，1997年，从鲤城区析出丰泽区、洛江区。2000年肖厝管委会改为泉港区。至2014年，泉州市辖鲤城区、丰泽区、洛江区、泉港区、石狮市、晋江市、南安市和惠安、安溪、永春、德化、金门、台商投资区，共计四区三市五县和一个管委会[1]。

---

[1] 泉州市地方志编撰委员会．泉州市志[M]. 北京：中国社会科学出版社，2000.

从泉州的历史沿革上看，随着隶属关系的变迁，行政区划有所变化，但逐渐趋于合理、稳定。行政区划的稳定和有效的管理及该地区盛产各种适宜的建筑原材料，促进了红砖文化区的形成，但体现在各个县市区，仍有所不同。当地人们因地制宜，在安溪、德化、永春等山区，多建造土楼、土堡、吊脚楼，建筑色彩以灰黑色为主；在泉州、石狮、南安、晋江等地区，多见木、石、砖混合建造而成的红砖大厝，是"红砖建筑区"的中心；在惠安、泉州的沿海地区，则出现蚝壳厝、石楼等灰白色的建筑。

第三节　文化因素

泉州主要是个移民地区，其文化影响因素众多，呈现出独特的文化内涵和文化特征，当地称之为"闽南文化"。独特的闽南文化对泉州红砖建筑的形成具有重要的影响。

一、文化内涵

泉州的文化内涵丰富，可以加以概括为以下几种。

一是闽越文化。闽南原为闽越之地，秦汉以前，闽中土著居民与中原的交往不多，沿江靠海的土著民俗自成体系，他们傍水而居，善用舟，"以舟为车，以楫为马"，"水行而山处"。沿江靠海的渔猎生活方式造就了他们剽悍骁勇的性格。随着汉人入闽，汉文化在闽中由北向南迅速传播，汉族的生产习俗、生活习俗、人生礼仪、岁时节庆、宗教信仰等民俗逐渐取代土著民俗而占主导地位。随着部分汉族与土著通婚及土著为适应新的社会环境，文化上自觉向汉族靠拢，闽越族的一些习俗风尚及人文特点也沉淀下来，成为当地文化的重要组成部分（图 1–3–1、图 1–3–2）。

二是中原文化。在闽南开发史上，从晋朝末年至唐五代时期，闽南地区迎来了两次中原汉人南迁的高潮，第一次是西晋末永嘉年间（公元 307 ~ 313 年），中原战乱，大批衣冠士族迁入，他们沿江而居。第二次发生在唐代，陈元光和五代王潮、王审知的相继入闽，导致了北方人口的大规模南迁。他们带来中原先进的生产技术、生产工具和科学文化，这使得中原文化在泉州得到了很好的发展、延续、融合。汉人南迁对闽南地区的政治、经济和文化产生了彻底的影响，从而奠定了中原汉文化在闽南文化中的核心地位。这在当地考古发掘中可

图 1–3–1　闽越人操舟图

图 1–3–2　拍胸舞

以得到证实，2006 ~ 2007 年，在南安丰州皇冠山上，为配合福厦高速铁路建设，福建省博物院考古研究所、泉州市文物局、泉州市考古队、泉州市博物馆、南安市文物管理委员会办公室联合对南安丰州皇冠山的古墓群进行了抢救性考古发掘，共揭露墓室 40 余座，在丰州发现的墓葬年代从六朝到唐代都有，时间跨度近 600 年，证实了中原战乱时，南迁的世族沿着南安江聚族而居。

三是海洋文化。泉州人传承闽越族善于造舟航洋的秉性，造船业十分发达，唐代已能造身长 18 丈（60m）的大船。宋代闽南造船技术日臻成熟完善，泉州湾后渚港出土的远洋货船（图 1-3-3），船长 34m、载重量 200t，吃水深、稳性好，水密隔舱技术应用合理，展现了宋代闽南地区造船技术和航洋的伟大成就。泉州港海岸线漫长，有良好的深水港，包括“三湾十二港”，即泉州湾的洛阳港、后渚港、法石港、蚶江港，深沪湾的祥芝港、永宁港、深沪港、福全港，围头湾的围头港、金井港、安海港、石井港。唐朝时泉州港为中国四大口岸之一。北宋谢履有《泉南歌》：“泉州人稠山谷瘠，虽欲就耕无地辟；州南有海浩无穷，每岁造舟通异域。”概述了古时泉州人多地瘠的贫穷状况，并描述了宋时泉州百姓以刺桐港为依托，广造舟楫，开拓海上航路与海外通商的盛况。鉴于泉州发达的造船业、高超的航海技术及当时社会经济发展的需求，北宋时期，在泉州设立市舶司，这是当时中国五大市舶司之一，管理中外商船的出入境签证、检查、征税等事宜，同时兼有海关、外贸、港务等职能。这促进泉州形成了外向型的海洋经济模式和兼容并蓄的文化心态，大批外国商人被吸引到泉州。当时泉州刺桐港梯航万国、贸迁四海，使泉州成为“海上丝绸之路”东方的枢纽港口，在元代一跃成为“东方第一大港”（图 1-3-4）。中世纪著名旅行家马可·波罗如此描述：“我们到了一个很大、很繁荣的刺桐港，所有印度的船都到这里，载着极为值钱的商品，有许多贵重的宝石和又大又美的珍珠……如果有一艘载胡椒的船去埃及的亚历山大或地中海的其他港口的话，那么，必有一百艘来到刺桐港。”经过长期的相生相长、交汇融合，东西方文明的交融互动，形成了开放的海洋文化，留存下大量 10 ~ 14 世纪弥足珍贵的物质和非物质文化遗产。目前，已列入联合国世界文化遗产预备名单的海上丝绸之路遗产点共有 18 处考察点。具体分为三个部分：一为航海与通商史迹，万寿塔、六胜塔、石湖码头、江口码头、九日山祈风石刻、真武庙、天后宫、磁灶窑系金交椅山窑址、德化窑系屈斗宫窑址；二为多元文化史迹，老君岩石造像、开元寺、伊斯兰教圣墓、清净寺、草庵摩尼光佛造像、府文庙；三为城市建设史迹，德济门遗址、洛阳桥、泉港土坑村港市遗址，以及众多的可移动文物，这些文化遗产涵盖了体现海上丝绸之路文化内涵的生产基地、海港设施和交流产物三大类史迹，品类多样、代表性与典型性杰出，为古代港口城市所罕见，具有很高的历史、艺术、科学价值和全球突出的普遍价值，是“海上丝绸之路”

（a）

（b）

图 1-3-3　泉州湾后渚港出土的南宋沉船残体

（a）陈列馆照片；（b）出土照片

图 1-3-4　涨海声中万国商

全盛时期人类文明交融丰富而独特的见证。

四是外来文化。除了历史上多次有世家大族从中原地区迁入泉州地区外，泉州地区的人民也常常因为谋生的需求，而迁移到海外去。明中叶以后，移居澎湖、台湾者逐渐增多，明崇祯元年（1628 年），郑芝龙接受明朝的招抚，适逢闽南大旱，饥民甚众，遂招纳泉州、漳州灾民数万人，许诺“人给银三两，三人给牛一头”，将这些灾民用海船运到台湾垦荒。至此，大陆居民的迁台活动由分散、无组织的民间行为转为由政府组织的、有计划地向台湾地区大量移民。郑成功克荷复台后，清政府为在经济上困死郑氏政权，实行“禁海”、“迁界”政策，把各省沿海 30 里居民一律迁居内地，并禁止船只出海，在沿海地区发兵戍守，使泉州沿海居民流离失所者众多。郑成功在台湾一方面实行军屯，另一方面招徕泉州、漳州等地的沿海失业、失地流民，向他们提供优惠的经济政策，鼓励流民到台湾垦荒，使泉州再次出现迁台高潮。清康熙、雍正年间，清政府收复台湾，开放海禁，闽台两地实现通航对渡，泉州向台湾的移民出现了第三次高潮。“台湾之人，漳、泉为多，约占十之六七。”除了移民台湾外，东南亚一带，也是泉州人民海外谋生的首选之地。据载，泉州人大量出海贸易，“东则朝鲜，东南则琉球、吕宋，南则安南、占城，西南则满剌迦、暹罗，彼此互市，若比邻然”。自清中期以后，西方人东渐，海洋交通进入航海大贸易时代，闽南人也被卷入东南亚的劳动力市场中，因生活所迫，越来越多的闽南人漂洋过海，“下南洋”谋生。根据泉州市政府官网公布，目前分布在世界 130 多个国家和地区的泉州籍华侨华人有 751 万人，在全国 25 个设区市重点侨乡中位居第一，其中 90% 侨居东南亚等“海上丝绸之路”沿线国家。旅港同胞 70 万人，旅澳同胞 6 万人。旅外及港澳同胞三者合占福建省全省的 60% 以上。台湾汉族同胞中 44.8%、约 900 万人祖籍泉州。这些海外的侨胞，常将侨居国的建筑风格自觉不自觉地带回家乡。

南来的中原文化与原住民闽越人的文化，以及海上舶来的海外文化相融合，历经先秦至唐代的形成期，五代至宋元的发展期，最终形成了以汉民族文化为主，兼有独特方言与强烈地域文化特征的闽南文化。泉州高度重视文化建设，坚持以文兴市，大力实施文化强市建设。泉州文化遗产数量、等级均居全国设区市前列，全省首位。有泉州南音、木偶戏、中国传统木结构营造技艺、水密隔舱福船制造技艺等 4 个世界级非遗项目，是全国唯一拥有联合国非遗项目全部三大类的城市，国家级非遗项目 34 个。1982 年，泉州被国务院公布为第一批全国历史文化名城。现全市共有各级文物保护单位 802 处，其中全国重点文物保护单位 31 处、省级文物保护单位 85 处、县（市）级文物保护单位 686 处。名胜古迹星罗棋布，有全球硕果仅存的摩尼教石刻，现存最大的道教石雕老君岩石造像，建筑规格最高、年代最早的天后宫，有“天下无桥长此桥”之誉的安平桥等一连串极负盛名的中国乃至全球之最。1990 年 12 月至 1991 年 3 月，联合国教科文组织组织考察“海上丝绸之路”时，将意大利威尼斯、中国泉州、日本大阪等港口城市并列作为重要的考察点。当时总协调人迪安博士高度评价泉州，认定泉州是古代海上丝绸之路的起点城市。2002 年，联合国教科文组织将首个“世界多元文化展示中心”的荣誉授予泉州，并指派官员来泉州树碑奠基。2007 年，泉州成为文化部批准设立的全国首个文化生态保护区——闽南文化生态保护实验区的核心区，这是中国首个文化生态保护实验区，体现闽南文化在中华文化中的重要地位。2013年，因为丰富多彩的非物质文化遗产和丰厚的历史文化底蕴，泉州荣获中国首个“东亚文化之都”的桂冠。

泉州的建筑受到以上各方面文化的影响，也形成了自己独特的建造文化。随着泉州海外交流贸易的发达，泉州人拥有雄厚的经济实力和独特的审美眼光，使得高超的建筑工艺和高品质的建筑材料在泉州传统建筑中得以广泛运用。泉州人漂洋过海到异国他乡发展，发家致富后，都选择回乡盖大屋，使得清末民初，泉州出现为数众多建筑质量精良、带有异域风情的建筑。这些建筑色彩鲜艳，飞翘灵动，特征鲜明，被认为是异域建筑文化与中国传统建筑文化结合的杰出代表。2009年，联合国教科文组织保护非物质文化遗产政府间委员会第四次会议上，中国申请的“中国传统木结构建筑营造技艺”被列入“人类非物质文化遗产代表名录”，“闽南传统民居传统营造技艺”作为其中的一个子项目也囊括在其中。

二、文化特点

闽南文化是包容性非常强的文化，这在宗教信仰、建筑、戏剧、方言等方面都得到充分的反映。而其兼容开拓的特征，与闽南人中有大量的中原移民和侨民成分有关，与海商文化亦有直接关联。中原文化融合本土文化形成特色的闽南文化，并通过移民传播到我国台湾及海外，才最终形成独有的“红砖建筑”与“红砖文化区”。闽南文化具有以下特点。

1. 一体多元的文化传统

泉州地区地处我国东南一隅，历史上不曾出过大的战乱，所以自身的文化得到连绵不断的发展。除了自身所具有的中华传统文化外，泉州文化还吸纳了东南亚文化、阿拉伯文化、欧美文化的某些因素。体现在建筑上则是除了以传统的“宫殿式”古大厝和临街骑楼为主流建筑外，在泉州也可见到中西合璧建筑、阿拉伯式建筑、东南亚特色建筑等异域文化元素。明清以后，伴随着闽南人向外拓展的脚步，闽南文化随之不断地向外传播：内陆地区传至我国潮汕、海南、江西、浙江等地，向东跨越海峡过我国台湾，向南下南洋到东南亚各国，并且辐射到日本、韩国、琉球等世界各地，在这些国家和地区，也常能看到传统闽南建筑风格的寺庙建筑。因此，闽南文化尽显世界性和海洋性特征。闽南人的海外奋斗历程，以勤劳敦厚、开拓进取、和平友善深受不同民族的尊重和敬佩，闽南文化的和平精神来自于中华民族的宽容仁爱、和而不同、大同世界的传统文化价值观与海洋文化精神的融合。

2. 兼容开拓的族群性格

泉州人在搏击历史风云、驰骋浩瀚海洋的历练中，形成了勤劳互助、开拓进取、爱拼敢赢的族群性格，培育了敢于冒险、海纳百川、兼容并蓄的海洋精神。这在多种宗教信仰、民间多神信仰、各种风格建筑、戏剧、方言等方面都有所反映。如戏剧方面，存在着歌仔戏、梨园戏、高甲戏等多种剧种交相辉映、百花齐放的特点。即使是同一剧种，也存在着各种流派、各种技艺争奇斗艳而竞相发展的情况。又如闽南方言是由中原古汉语融合古越族语言而成，被誉为古汉语的“活化石”，至今保留着大量的中原古音、古百越民族语言。闽南方言随着人们的接触与交流，既被其他语言借用，也吸收了不少外语借词，并将其直接音译，且在现实生活中为人们沿用至今。其中，汉唐时期、宋元时期、清

图 1-3-5 《走马春秋》

末民国时期及当代是吸收外来语较多的四个时期，其内容主要包括宗教、商业、体育和饮食四个方面。不同时期的外语借词体现出不同的时代特征，清楚地反映了泉州在中外文化交流中所发挥的作用。

此外，闽南文化具有上承下传的双重传播性特征。即主体文化由中原传播而来，融合土著文化、海洋文化形成富有地方特色的闽南文化，此后又通过移民台湾而传播到台湾，及通过移居国外的华侨华人而传播到国外。如早期闽南人移民与当地马来人结合的华人亚族群——峇峇，将中国古典通俗小说翻译成马来文，其中使用大量的闽南方言，使之成为 19 世纪马来西亚非常有影响力的峇峇马来文学。在泉州市博物馆“世界闽南文化展示中心”中展出的峇峇文学书籍《走马春秋》(图 1-3-5)，其封面上的字眼为“CHAU MAH CHOON CHIU”，懂得闽南语的人若拼一下，就会发现它是“走马春秋”四字的闽南语发音。这些翻译的通俗小说成为风靡一时的峇峇马来文学，至今被各方藏家争相收藏。

3. 世代延续的宗族文化

闽南人在移民和再移民的历史过程中，保留了中国最为完整的宗族文化形态。历代中原汉人举家或举族南迁，为了适应新的环境，采取聚族或聚乡而居的形式，巩固发展自己的生存空间；闽南人向我国台湾、海外移民的过程中，也是采取这种家族性迁徙的形式，从而不断加深闽南人的宗族观念，形成家族、血缘性宗族、契约性宗族（不同地区的同姓整合而成）的社会形式，也形成了祠堂、族产、谱牒、宗法、祭祀等系统的宗族文化。正是这种传统、保守的宗族文化，在闽南人开创事业、向外拓展的过程中发挥了积极、有效的凝聚作用，随着社会的发展，宗族文化通过信息流、交通流、人流、物质流、资金流等，使闽南本土与台湾地区、世界各地保持着紧密的社会网络关系。宗族文化是联系海峡两岸闽南人的血缘纽带，对于促进闽南文化、中华文化的认同，具有十分重要的意义。

4. 丰富多样的民间信仰

宋元时期，闽南人以广阔的胸襟、包容的态度接纳了沿着“海上丝绸之路”而来的各国侨民，以及他们带来的各种宗教信仰，如基督教、天主教、印度教、摩尼教、伊斯兰教等。加上水神、海神、财神、戏神、乐神、医神等多种本土产生的民间信仰，构成了闽南民间信仰的复杂性和多样性。闽南各个地方都有自己相对独立的地方保护神。地方保护神是宗族组织的粘合剂，它们将不同姓氏的宗族组织整合起来，构成了不同姓氏的乡族社会。闽南人在驾驭海洋世界以及“过台湾”、“下南洋”时，也将宗教信仰带往各地，为他们适应新环境提供精神依托。闽南民间信仰是移民们建设家园、战胜困难的精神寄托，也是移民及其后裔对闽南本土文化认同的标志。就像新加坡的天福宫一样，寺庙建筑往往与血缘关系的宗祠、乡缘关系的同乡组织合而为一，成为海外闽南人的社区中心和传播中华文化的媒介。此外，共同的信仰不仅是海外闽南人和祖籍地密切联系的纽带，也是团结世界闽南人的载体。至今，台湾同胞、世界各地闽南人仍通过寻根、进香谒祖等形式来认同闽南文化和中华民族文化。[1]

---

[1] 部分资料来自泉州市博物馆“世界闽南文化展示中心”。

第二章　发展脉络

泉州历史悠久，由于得天独厚的地理优势，适于居住，早在新石器时代（约4000年前）就有闽越先民在此筑穴而居，繁衍生息。

第一节　新石器时代

从泉州地区考古发现的新石器时代遗址可证明早在新石器时代闽南地区的原始居民——闽越族已经在这里繁衍生息，他们“断发文身”，过着渔猎生活。他们的居住方式有穴居和巢居。泉州地区考古发掘出的新石器时代遗址有以下几处。

一、音楼山文化遗址

2005 ~ 2006年，福建省考古队开展了“晋江流域史前文化遗址”的专题田野调查，发现了位于泉州市惠安县百崎回族乡下埭村音楼山东南坡中部的音楼山新石器时代文化遗址，遗址范围约2100m^2。并对遗址进行小面积重点考古发掘，发掘选择边缘地带的三个地点，共82m^2，分6层。通过发掘，发现该遗址属贝丘遗址，是福建中南部沿海地区具有明显海洋文化特征的典型史前遗址。在遗址中发现了红、灰、黑夹砂陶和黑、灰泥质陶片，印纹陶拍，石锛，石斧，以及少量能够反映当时居民生产和生活的陆生和海生动物骨骼和贝壳等遗物，更重要的是还发现了灰坑和柱洞两项遗迹。灰坑根据使用功能分为垃圾坑、储物坑、祭祀坑，是古人类在生产、生活过程中留下的各种遗迹中的一种，该遗址发现的灰坑应为垃圾坑或储物坑。该遗址的柱洞排列较为规则，是距今4000年前后古人已经开始有建筑物的见证，证明了4000多年前泉州先民即在滨海地区结庐而居，并开始了朴素的木结构建筑和木构装饰技术（图2-1-1）。

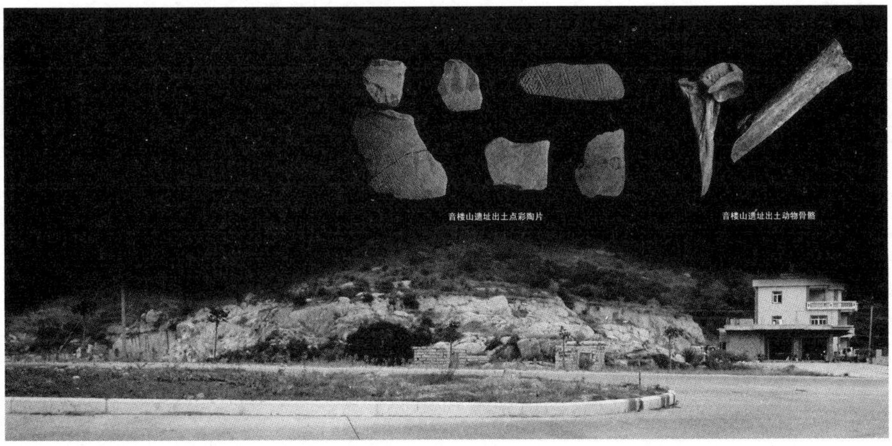

图2-1-1　音楼山文化遗址

二、庵山沙丘遗址

此外，考古还发现其他的早期建筑遗迹，如晋江深沪的庵山青铜时代沙丘遗址，该遗址发现有灰坑、房址等，所发现的房址是以夯土墩为承重结构的建筑遗迹。先夯筑较规整的台基，然后在台基上挖浅坑，取含土量多且土质致密的“老红砂”，经过逐层的填垫夯筑，将之制作成结实的夯土墩（图 2–1–2、图 2–1–3）。

图 2–1–2　颜厝庵山青铜时代沙丘遗址北部发掘区（东南 – 西北）

图 2–1–3　颜厝庵山青铜时代沙丘遗址出土器物

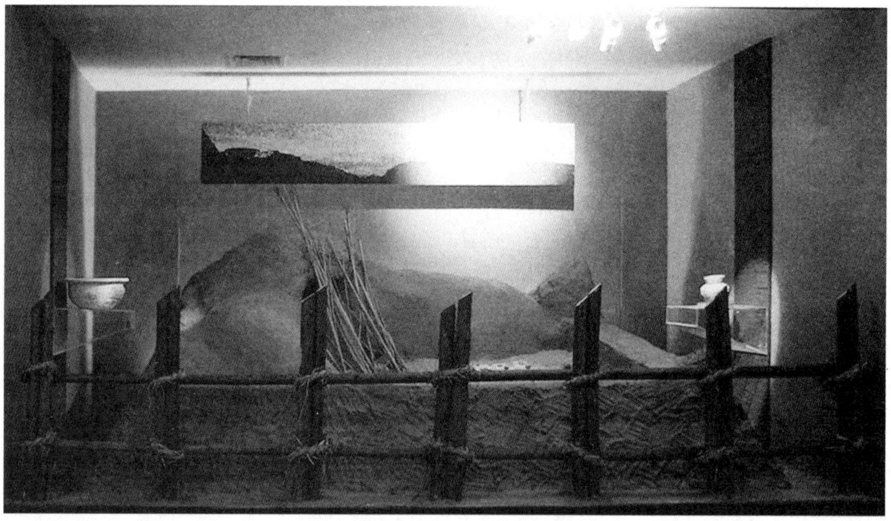

图 2–1–4　狮子山遗址（陈列新石器时代丰州狮子山居住场景）

三、狮子山遗址

南安丰州狮子山遗址属于新石器时代晚期遗址，发现有房址以及出土的一些手制、模制的陶片、陶纺轮、陶网坠等。它最大的特点就是房址的西面、北面是利用天然巨石作自然墙基，这是泉州先人运用天然岩洞改造而成的半穴居式住宅（图 2–1–4）。

第二节　秦汉魏晋南北朝

商周时期，泉州开始以建屋为主的建设。至春秋时期，房屋建设已有“间”的分隔。自三国吴永安三年（公元 260 年）在南安县丰州建立县治起，至唐嗣圣元年（公元 684 年）建立武荣州止，南安县丰州先后建有县衙、郡衙（或州衙）和街市，以及佛道寺观等建筑物。南安丰州镇位于晋江下游，地势平坦，是当时的主要人口聚集地，社会经济发展较快。史书上记载，泉州地区现存最早的建筑是九日山下的延福寺，始建于晋代。而在历次的考古发掘中，丰州发现的西晋、南朝、隋唐时期的墓葬最多，这些考古资料充分显示，西晋时期泉州已有大量的中原汉人移居。

1973 年 8 月泉州地区发掘出东晋墓 6 座，其中有东晋宁康三年（公元 375 年）、太元三年（公元 378 年）墓，宁康三年墓出土一颗“部曲将印”和“陈文绛”字样的铭文墓砖，说明南下定居晋江流域的陈氏汉人拥有私人武装部曲和强大的经济实力，其墓砖是专门烧制的，这对研究东晋时期这一地区的阶级情况，提供了宝贵的实物资料。南朝时期，不断有北方汉人南迁到泉州，1982 年，在南安丰州庙下村发现西晋太康五年（公元 284 年）墓，从墓室的结构及出土的器物分析，其墓主人应为中原南迁的士大夫阶层。2003 年在泉州北峰镇招丰村发掘一座南朝承圣四年（公元 555 年）墓，出土十几件陶瓷器、纪年墓砖以及僧侣图案的墓砖，这些墓砖为长方形，泥质陶，呈青灰色，双面拍印细点纹，一长侧面阳刻长方形边框，边框内阳刻“承圣四年上□入建立”的铭文，一宽侧面凸印两组方框几何纹。质地松软，器身较重。并出现僧侣纹墓砖，为长方形，泥质陶，呈青灰色，双面拍印细点纹，一宽侧面阳刻一位僧侣，着宽松僧侣袍，双手合十，身体微向前倾，纹饰清晰。这些墓砖质地松软，器身较重。说明当时泉州地区佛教信仰已经相当盛行了。其墓葬形制与南京地区发现的南朝贵族墓相同，说明墓主应为迁居泉州的中原汉人。

目前，福建全省共发现南朝墓葬 200 多座，其中纪年墓 50 多座，丰州已发现 30 多座。近年来考古发掘，在晋江下游的池店镇浯潭村、池店村、霞福村、新店村等发掘出南朝时期的墓葬，但都比较分散且规模较小。又如 2005 年 10 月在泉州泉港区肖厝（旧属惠安县）一处民宅水沟旁发现了一批西晋永嘉元年（公元 307 年）的墓砖，但都残缺不全。特别值得注意的是，2006 年 8 月至 2007 年 12 月，福建省博物院考古研究所联合泉州市考古队对南安丰州皇冠山墓群进行了抢救性发掘，发现并清理了 44 座砖室墓。这些墓葬出土了大量红色墓砖，形制呈长方形或楔形，规格为长 42 ~ 45cm，宽 15 ~ 18cm，厚 6cm，主要用于墓壁和墓底的铺陈，砖面既有素面，又有模印纹饰，主要纹饰有钱纹、鱼纹、龙纹、网格纹、水波纹和叶脉纹等[1]。从目前的考古发掘来看，选择墓地聚族而葬的现象表现突出，南安丰州皇冠山墓葬的清理发掘是规模最大、数量最多的一次，除出土大量的陶瓷随葬品外，还有鱼龙、佛像、动物、阮咸等精美图案花纹的墓砖。大量纪年墓砖的出现，说明当时泉州地区生产砖瓦的技术已经较为成熟，根据古人“事死如事生”的朴素生命轮回观，这种砖瓦应当在当时的民居建筑中多有运用。这些墓砖质地较为疏松，大多为黄色，已颇有泉州常用的红砖之雏形（图 2-2-1 ~ 图 2-2-9、表 2-2-1）。

---

[1] 吴艺娟．南安市丰州六朝古墓葬群出土器物引发的思考 [J]. 福建文博，2013（3）.

图 2-2-1　M17 号“阮”纹砖

图 2-2-2　M38 号平面图

图 2-2-3　M23 号“阮”纹砖

图 2-2-4　从墓尾看墓室

图 2-2-5　M19 号“阮”纹砖

图 2-2-6　西晋太康五年（公元 284 年）墓砖

图 2-2-7　僧侣纹砖

图 2-2-8　南朝纪年砖 [天监十一年（公元 512 年）]

图 2-2-9　鱼龙纹

历年来泉州考古发掘出土纪年墓砖墓葬表　　表 2-2-1

考古发掘时间	年代	纪年砖
1957 年 3 月	东晋	咸康元年（公元 335 年）
1957 年 3 月	南朝	元嘉四年（公元 427 年）
1982 年 1 月	西晋	西晋太康五年（公元 284 年）
1973 年 8 月（第一批）	东晋	宁康三年（公元 375 年）、太元三年（公元 378 年）
1973 年 8 月（第二批）	东晋	宁康三年、太元三年
2003 年 4 月	南朝	承圣四年（公元 555 年）
2006 年 8 ~ 12 月	南朝	天监四年（公元 505 年）、天监十一年（公元 512 年）
	东晋	太元三年（公元 378 年）
2007 年 4 月	东晋	太元三年
	南朝	天监十一年（公元 512 年）
2007 年 11 月	东晋	咸安二年（公元 372 年）
	东晋	元兴三年（公元 404 年）

第三节　唐宋元时期

五代王审知治闽，泉州未受战乱，政治相对稳定，经济发展，人口增加，至北宋皇祐间（1049 ~ 1054 年），泉州已有“生齿无虑五十万”，城区住宅建设迅速发展。泉州市博物馆收藏有唐代狮首瓦当，其狮子头造型憨态可掬，须发毕现，采用的是较为形象的雕刻手法，可见当时建筑材料的生产已经达到一个较高的水平（图 2-3-1）。

图 2-3-1　唐代狮首瓦当

北宋崇宁二年（1103 年），朝廷颁发《营造法式》，规定民宅不得使用斗栱、藻井、门屋，不得彩画梁枋。此后，民宅建设对中央明间（厅堂）立柱进行加高，左右配间立柱渐次降低，形成规整、对称院落。开元寺位于泉州市西街，是闽南的佛教大寺院（图 2-3-2）。始建于唐垂拱二年（公元 686 年），初名莲花寺，开元二十六年（公元 738 年）改名大开元寺。其主体格局形成于宋代，寺内仍留有南宋所建东、西石塔和宋代阿育王塔等。其中，位于大殿东西两侧的石塔，

图 2-3-2　开元寺

东塔名镇国塔，建于南宋嘉熙二年（1238 年），高 48.24m；西塔名仁寿塔，建于南宋绍定元年至嘉熙元年（1228 ~ 1237 年），高 44.06m。双塔均为五层八角仿木楼阁式建筑，雕刻精致，雄伟壮丽，为我国现存最大的一对石塔。从中轴线由南往北依次为紫云屏、天王殿、拜亭、大雄宝殿、甘露戒坛、藏经阁，大殿东侧有檀越祠、准提禅林，西侧有功德堂、水陆寺等（图 2-3-3），均存有宋代石质建筑基础。大雄宝殿，又名紫云大殿，是开元寺中轴线的主要建筑物。始建于唐垂拱二年（公元 686 年），时有紫云盖地之瑞，故名。后废，乾宁四年（公元 897 年）重建，绍兴二十五年（1155 年）灾，寻复建。元至正十七年（1357 年）复灾，明洪武二十二年（1389 年）重建，万历二十二年（1594 年）重修，崇祯十年（1637 年）重建，并将大殿木柱改为石柱。现存的构筑保持明代的风貌。

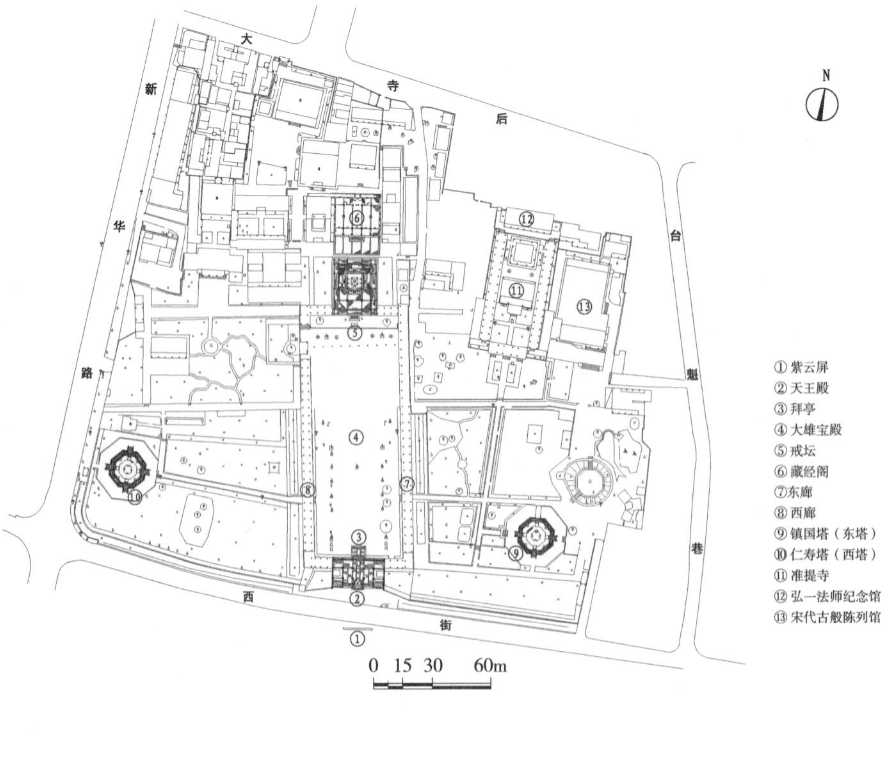

图 2-3-3　开元寺总平面图

大殿主体为木结构，通高 18.2m，面宽九间，42.54m，进深九间，31.64m，前后檐各有走廊一道。建筑面积 1345.97m^2，殿前有月台，面阔 25.89m，进深 8.4m。重檐歇山顶，屋角略反翘，总体曲线比北方建筑平缓、舒展。上下两层檐下均有斗栱。上檐斗栱之外的四周设栅栏，遮住上檐斗栱。上檐南面檐下有“桑莲法界”大匾额一方，白地黑字。按照柱网格局，大殿应有柱子 100 根，因此，民间号称“百柱殿”。但为了扩大殿堂中心区域的空间，以满足佛像布置要求，方便礼佛活动，主事者将梁架结构作减柱造处理，省去内部 14 根柱子，大殿实有立柱为 86 根。柱子顶部和梁枋之间多用斗栱，主要采用闽南建筑常见的叠拱形式，做法较宋式做法纤细。根据所处梁架位置不同，形成不同的组合，经勘测统计，共有 41 种形制，做法极其特殊。殿内最富有特色的是在进深第三间的前后柱顶部的斗栱上共附有 24 尊迦陵频伽，意为妙音鸟（图 2–3–4）。这些飞天乐伎的身躯分别为大鹏鸟或蝙蝠，手中或执南音管弦丝竹乐器，或捧文房四宝等圣物，凌空飞翔，融宗教、建筑、艺术于一炉，说明当时泉州建筑技艺之高，这是国内其他地区建筑上所看不到的。

寺庙建筑能达到如此之高的艺术价值，当时的民居，特别是官宦之家的宅第，建筑手法应该也相差无几。宋末元初泉州市舶司蒲寿庚的府第，府内筑有厅堂、卧室、书轩、讲武堂、迎宾馆、宗祠、馆驿以及花园内的彩楼与坐候室等，占地面积达 25 万 m^2。随着沧海桑田的变迁、世易时移，蒲寿庚的府邸如今已不复存在，但是其府邸的地名却在泉州世代传说中留存下来，如其府邸的坐候室有 32 间房间，位于今义全宫巷北，该地区至今仍被当地人称“三十二间巷”（图 2–3–5）。

近年来随着闽南地区的历次考古调查与发掘，在宋代的地层中又发现部分红瓦、红砖与铺地砖等。例如，泉州市博物馆收藏有明确纪年的南宋嘉定三年（1210 年）修城砖即为红砖。全国重点文物保护单位泉州德济门遗址的考古发掘过程中也发现了红板瓦残件。2001 年 11 月至 2002 年 3 月，福建省文物局联合泉州市文物部门对泉州德济门遗址进行抢救性发掘（图 2–3–6），最底层的地层为灰黄色杂土层，质较细密，含较多红色碎瓦。堆积物中，发现有宋代的青釉、青白釉、影青釉瓷器，同时出现的还有红色板瓦残片。说明以红砖红瓦为主要建筑特性的红砖建筑，至迟在宋代已经在泉州地区得到了一定程度的

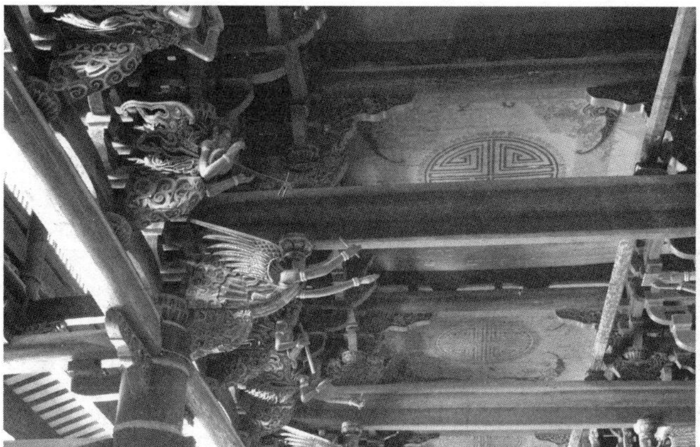

图 2–3–4　大雄宝殿内的妙音鸟

图 2–3–5　三十二间巷

图 2-3-6　德济门遗址

图 2-3-7　墓砖

图 2-3-8　陶棺垫

推广与应用。

2003 年 10 月，泉州市博物馆、泉州市文物保护研究中心的考古工作者在江南的树兜与上村交界的地方发现了一座双室古墓，该墓结构为砖构券顶双室墓，墓室外层为三层（后墓壁为五层）方砖包裹，最外层粘着厚度为 20cm 左右的木炭隔水层。左室保存完好，右室有被人盗挖的痕迹。墓长约 200cm，宽 78cm，高 118cm。红色墓砖有长方形平砖及楔形砖。随着随葬品出土的有陶棺垫、红砖墓志铭一方。陶棺垫 5 件，红砖质，鼓形，上下平行地各有弦纹小圆圈数十个，若鼓钉状，质地松，素面，完整，直径 9.2cm，下直径 9.4cm，高 5.3cm。红砖墓志既有墓志铭的作用，还具有买地券（向阴间买地）的作用，红砖上的文字以楷书撰写，书法很有特色。从墓志铭和墓碑记载（龟山杨氏祖墓），可以断定古墓建于元朝至正二年（1342 年），该墓砖、墓志铭的规格及色泽与泉州现在的红砖几无二致（图 2-3-7、图 2-3-8）。

第四节　明清时期

这个时期泉州地区相当盛行“皇宫起”，指的是泉州地区的传统民居建得相当有规制，相传是洪武年间（1368 ~ 1398 年）由太祖皇帝赐闽南民居“皇宫起”。这种大厝民间亦曾称“皇宫起”。关于这个名称，还有一个美丽的误会故事：五代十国时期，闽王王审知因皇后黄惠姑（今惠安县张坂镇后边村人）家乡滨海风烈，住居“日出十八大窗，雨来十八漏空（漏洞）”，特意恩赐黄皇后“汝府上皇宫起”。然而一时疏忽，诏书传下时竟遗漏了“上”字，使恩赐“皇宫起”的范围由黄皇后娘家一家，扩大为泉州一府。泉州府滨海各县喜出望外，闻风而动，纷纷仿皇宫式样建造大厝。这个传说不一定可信，但至少说明了当时这种官式大厝是仿造皇宫建筑的。在建筑过程中，又能就地取材，充分展示地方特色。自此泉州地区民宅建筑在继承宋元风格外又大加发展，逐步形成三开间、五开间带护厝（分有单护厝、双护厝）的群组型族居宅第。有的受地皮限制，则根据地形自由建宅，一般以“三开间”或“手巾寮”厝为主。明代红砖建筑已经较为普遍，文献中已多见记载，如明末王世懋的《闽部疏》云：“泉、漳间烧出土为瓦，皆黄色。郡人以海风能飞瓦，奏请用筒瓦。民居皆俨似黄屋，鸱吻异状。官廨、缙绅之居尤不可辨。”其后，龙海石码人张燮（1574 ~ 1640 年）的《清漳风俗考》也载：“砖埴设色也，每见委巷穷闾，矮墙败屋，转盼未几，合并作翚飞鸟革之观焉。”据调查，泉州现存最早的红砖木结构建筑是建于明万历年间，位于惠安县北门的刘望海故居，该宅由四座结构相同、面积相近的三进五开间大厝组成，各座房屋都是抬梁结构硬山屋顶，外墙是出砖入石的形式，建筑面积 760m^2。大门门楣上有刘望海手书“侍御总宪”，该宅因其建筑布局别具特色，再加上刘望海为万历癸未年（1583 年）进士，累次升迁至七省巡按使的建筑背景，被当地誉为“四马拖车”，寓意为驷马高在、前程远大（图 2–4–1、图 2–4–2）。

清沿袭明朝“官式”大厝建筑，著名的有建于东街的万正色宅（图 2–4–3），建于康熙十九年（1680 年），为三进五开间带双护厝建筑，该宅用料极其粗大，整体规模宏大，木构雕饰精美，为清代宅第建筑的精品，因称其地为“万厝埕”。建于桂坛巷的老范志宅（图 2–4–4、图 2–4–5），则是研究清代闽南石构建筑群的重要实物资料。清乾隆二十三年（1757 年），晋江人吴亦飞研制神曲药茶，取范仲淹“先忧后乐”之义，遂将其店命名为“范志”。范志神曲屡显功效，购服者甚众，主人因之巨富，遂建此宅。该宅整体建筑占地面积 12.52 亩，东西向 63m，南北向 105m，系由三座三开间五进大厝组成，三座房屋组合几乎完全相同，房屋 100 多间，人称范志大厝 99 间。三座之间以防火通道间隔开来，相邻两座房屋的侧面墙均开设侧门，作为与各院相连的通道。三座房屋两侧有护厝，是一幢规模宏大，富有层次和建筑特色的大庭院。大厝前原设有大石埕作晾晒神曲的场地，大厝旁建楼阁亭榭、假山翠石、花圃鱼池，设桐荫

图 2–4–1　刘望海故居正面

图 2–4–2　刘望海故居（四马拖车梁架）

图 2-4-3　万正色宅

图 2-4-4　老范志宅（左）
图 2-4-5　老范志宅（出砖入石墙面）（右）

书屋，厝内还有专门的休闲娱乐场所，但现在所剩无几，仅有三座房屋保存较好，该宅最具特色的就是其出砖入石的墙面。

第五节　民国时期

明清时期，泉州人出海谋生越来越多，几乎家家户户都有些海外亲属关系。清末至民初（19 世纪末至 1920 年代），华侨资金大量寄回国内，支持建西式楼房，改变传统的乡村风貌。闽南流传一首贴切描写的《到番银》歌谣："旧年番银一寄来，今年大厝起连排；海口番船十多艘，我家洋楼红砖壁。"侨汇彻底改善侨眷的经济生活，也将海外的建筑风格引入泉州，并对泉州民居的建筑风格产生了重要的影响。泉州地区散居民宅受国外住房建设的影响，开始出现从中式传统建筑到中西合璧建筑，再到西式建筑的风格演变过程，泉州市区及晋江、石狮、南安等市城乡地区出现一大批风格迥异，制作工艺精良的华侨建筑。

在中国古代，建筑是高度礼制化的事物，有严格的身份等级规定。历朝都有营缮法令，控制民间建筑的规模和形制。《明律》专设"服舍违式"条，"凡官民房舍车服器物之类，各有等第，若违式僭用，有官者杖一百，罢官不叙；无官者笞五十，罪坐家长;工匠并笞五十。"但从现存的闽南红砖大厝来看，无论是房屋颜色，还是平面布局、造型，都可以看得出多处僭越了历代封建政府所规定的建筑等级制度，这与泉州地区海外交通贸易发达及因此而形成的"爱拼敢赢，开拓冒险"的精神有关。此外，泉州民居屋脊两端飞檐起翘，有"双燕归脊"之说的燕尾脊，其造型类比飞燕急切归家的俯冲，形象地见证了闽南人具有行走四方、闯荡商海的传统，又有爱乡思亲的性格特征，这也是闽南文化中所特有的丰富而独特的人文精神。❶

❶ 本章节部分历史资料引自《泉州市建筑志》、《泉州市志》。

第三章 建筑形态

泉州建筑经历了漫长的发展过程，传统建筑依各地地理环境和不同功能需求而形成多样化特征，有手巾寮、“三间张”、“五间张”、中西合璧洋楼、骑楼、土楼、吊脚楼、石堡等建筑类型。其中，“三间张”、“五间张”的红砖古厝在闽南建筑中最具普遍性和代表性，其特色在于它的红墙、红瓦、红地砖、白石基、出砖入石墙面和封壁砖、燕尾脊及精美的石雕、木雕、砖刻、砖嵌、灰塑、堆剪、粉彩画、擂金画等，整体建筑色彩鲜艳，飞翘灵动。并由此形成了“大六路”、“大九架”、“七架二落”等建筑形式，既体现了其建筑形制的多样性，又展示了其布局的规范性，堪称中国民居的一大特色。

第一节 建筑特征

泉州传统民居建筑，作为中国传统木结构建筑的分支之一，与国内其他地区的木结构建筑既有相似的共性，也具有自己独特、强烈的地域特征，其基本特征如下。

一、因地制宜的取材原则

泉州地区的建筑主要用材为木材和石材，这两种建筑材料都是泉州本地盛产的。由于木材具有一定的柔韧性，加上取材方便、加工容易，泉州民居、寺庙、廊桥等建筑大面积地使用。木构架房屋的框架结构具有较好的整体性和抗震性。在传统祠堂、民居建筑中，墙不承担房屋屋顶和楼面的重量，而是起到隔断的作用，故有“墙倒屋不塌”的俗语。

石材则常用于桥梁、塔幢、城门、城墙、民居中，如跨海大桥洛阳桥、安平桥就是全部由当地产的花岗石筑成的，并由此发展出巧夺天工的木雕、石雕技术，惠安的木雕、石雕工匠就是个中翘楚。这些建筑艺人不仅在泉州本地留下为数众多的精美建筑，还跨出泉州地域，走向外省，甚至走向世界，在中国台湾，以及东南亚等国家和地区留下了许多珍贵的建筑精品。

二、完整丰富的木构架体系

一般来说，泉州民居建筑的木构架形式主要有抬梁、穿斗两种。

抬梁式（图 3–1–1）：建筑方法是沿着房屋的进深方向在石础上立柱，柱上架梁，再在梁上重叠数层瓜柱和梁，自下而上，逐层缩短，逐层加高，到最上层梁上立脊瓜柱，构成一组木构架。这种木构架常见于寺庙、祠堂。

穿斗式（图 3–1–2）：则是沿着房屋的进深方向立柱，不用架空的抬梁，而以数层“穿”贯通各柱，组成一组组的构架。是柱承接桁且柱网排列成线的

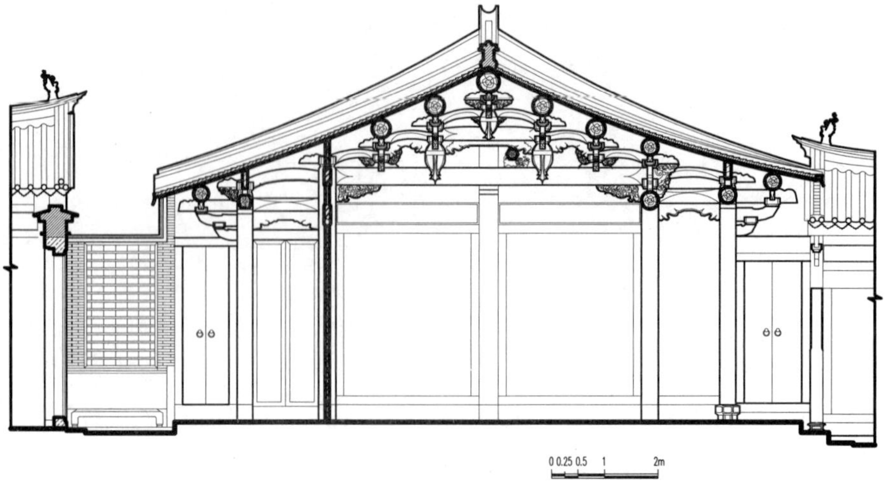

图 3-1-1　抬梁式

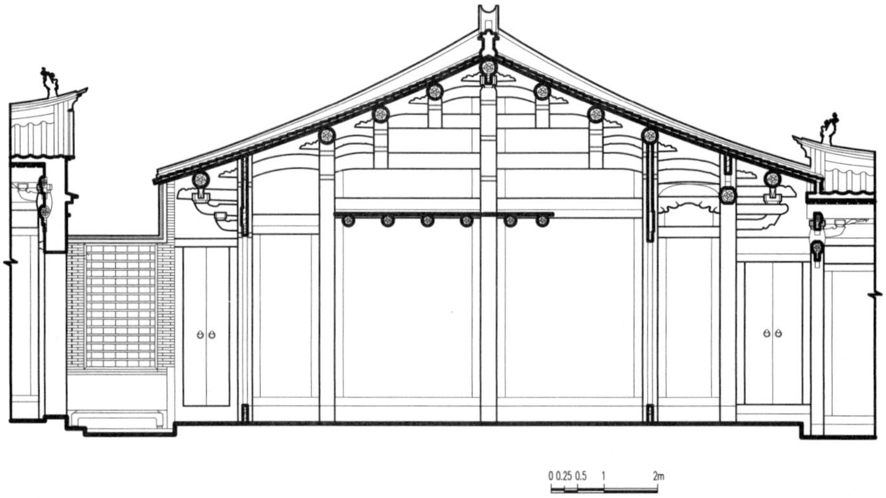

图 3-1-2　穿斗式

一种构架类型，柱子之间的间距较密，每根桁木下均以柱子承托，柱子直接承受桁木、檩子的重量。柱与柱中间则用穿过柱身的穿枋相连，组成单元缝架，缝架再与桁木及梁枋相连。依柱落地与否，不落地短柱所立的位置，以及穿枋穿过柱子的数目与层数的变化，组成丰富多样的样式。泉州地区传统民居木构件常用穿斗式，穿斗式作为南方传统木构文化的发展主流，在南北建筑交流过程中，不仅吸收北方抬梁式木构架的诸多特色，其特征也被北方所吸收。于是本地有的民居出现兼具穿斗式与抬梁式特色的构架（图 3-1-3）。

三、均衡对称的布局原则

受中国古代社会的等级观念和宗法意识影响，泉州传统建筑空间的构成以中轴线对称。通常呈南北稍长的矩形的院落式建筑平面，以前埕、后厝为基本平面形式。先入前埕、再入后厝，后厝的入口大门朝前埕，形成“前埕后厝”的总体基本体系。“主厝”通常面宽为三、五、七开间，中间为“厅堂”，主轴线即位于“厅堂”正中，“厅堂”两侧各有一，或二，或三间房间对称于“厅堂”；无论是平面或立面，都是相对于中轴线的左右对称。

从前埕中轴线上的大门进入是“前落”，横向排列有三间，或五间，或

图 3-1-3　抬梁穿斗混合构架

图 3-1-4　南安蔡氏古民居建筑群

七间；前落后面是四方形的“天井”，天井环以回廊，两侧是对称的双“榉头”（即厢房）；天井北面是核心空间“后落”，也是面宽为三，或五，或七开间的一列（纵深为一间或两间），中为“厅堂”，两侧为对称于厅堂的“房”。如果房屋不敷使用，两侧再建“护厝”，通常东西两侧对称，自前埕也各有独立入口；入门后各有一列纵深排列、面向主厝的屋舍，与主厝间有狭长天井。主厝每落或回廊两侧，都有侧门可通护厝，并以连廊沟通主厝与护厝。“前埕”和“后厝”的“主厝”、“护厝”构成了传统闽南民居的基本平面（图 3-1-4）。

四、精巧绝伦的构件造型

善于将建筑的各种构件进行艺术加工是中国古代建筑的突出特征之一。以木架构为结构体系的中国古代建筑，它们的柱、梁、枋、檩、椽等主要构件几乎都是露明的，这些木构件在用原木制造的过程中大多进行艺术加工。泉州地区的传统建筑不仅对木构件进行了精巧绝伦的雕刻加工，而且对于石头、砖头这种冷冰冰的建筑材质，也照样在上面雕刻奇花异草、诗词歌赋、珍禽异兽、历史人物、戏曲故事等内容，赋以其鲜活的生命感。

五、色彩鲜艳的装饰装修

白石、红墙、红瓦是泉州民居外观的主色调，再以青石雕构点缀，使整体建筑色彩形成鲜明对比，又奇异地和谐统一。其内在更是丰富多彩，众多祠堂、民居的木构件都施以彩绘，彩绘内容多以戏曲故事与宗教神话故事为主，辅以擂金等工艺，使得整体建筑色彩鲜明艳丽、栩栩如生、金碧辉煌。

第二节　建筑类型

泉州民居的类型常见的有典型的红砖大厝、土楼、石堡等。其中，红砖大厝多为木构件建筑，即以木构架为房屋骨架，承屋顶之重量，墙体是围护结构，只承载自身重量。泉州民居的木构架主要是穿斗式，也有见抬梁式。即直接以落地木柱支撑屋顶的重量，柱径较小，柱间较密。这种办法应用在房屋的正面会限制门窗的开设，用于屋的两侧，则可以加强房屋侧面墙壁（山墙）的抗风能力。泉州传统民居对于空间的利用颇为因地制宜，以泉州市几个著名的民居建筑为例。

一、传统红砖大厝

泉州红砖大厝名称的由来是泉州传统民居常见整堵外墙都是由当地生产的胭脂砖砌筑。泉州随处可见的都是这种红砖建筑，常有外地来的游客以为这是寺庙。红砖建筑的布局有单开间（也称手巾寮），三开间、三开间带护厝，五开间、五开间带护厝。其建筑形式基本一致，下面以泉州市保存较好的几栋传统民居为例来加以说明。

1. 亭店杨氏民居

该民居（图 3–2–1）坐落在福建省鲤城区江南街道亭店村，是一座以木构架为主的结构方式，辅以石材、砖、土砖等建筑材料建造而成的典型闽南古民居。清光绪二十年（1894 年），菲律宾著名华侨杨阿苗建造此宅，前后历时 13 年。为两进五开间带双护厝建筑，占地面积 1349m^2，坐北向南，杨阿苗宅采用中轴对称、方正严整的群体组合与布局。主体建筑为硬山式屋顶，五开间，前后两进院落，东西两侧各带一组护厝。除中间为大天井外，厢房与门屋、正屋之间又形成四个小的天井，当地人雅称为“五梅花天井”，正屋与护厝合璧，构成更为丰富的院落空间。门屋前有三面围以红砖墙的大石埕，构成前导空间。中轴线上依次有照壁、石埕、门厅、天井、大厅，每进大小厅和后轩的东西翼各有房间 2 间，天井两侧有厢房带前廊、通廊；设 6 个边门通东西护厝。东西护厝各有独立通外的斗门，内有花厅，东护厝还有一座方亭。花厅后为下房，并配有天井，各自成一独立的小庭院。全部建筑有大小厅堂（包括后轩）7 间、大小房间 26 间、大小天井 9 个、方亭 1 座，布局相当严谨（图 3–2–2 ~图 3–2–4）。

该宅内部装修精益求精，主要体现在木构件的雕刻、彩绘以及石构件的雕刻上。宅内槛窗、隔扇多用楠木、樟木制作，做工精细。梁架的木构件，柱头斗与梁通下的圆光（櫄）、雀替、垂帘柱等亦皆浮雕或透雕。厅堂内还有粉彩画、描金画和灰雕（塑）挂联。充分展示了闽南工匠娴熟的技艺。地上铺有从南洋进口的花砖和大量使用的从国外进口的“洋钉”，至今一百多年，依然色彩鲜艳（图 3–2–5 ~图 3–2–12）。

图 3–2–1　亭店杨氏民居

石雕

木雕

灰雕对联

正面

正厅梁架

斗栱

图 3–2–2 亭店杨氏民居中落

图 3–2–3 亭店杨氏民居西落

图 3–2–4 亭店杨氏民居东落

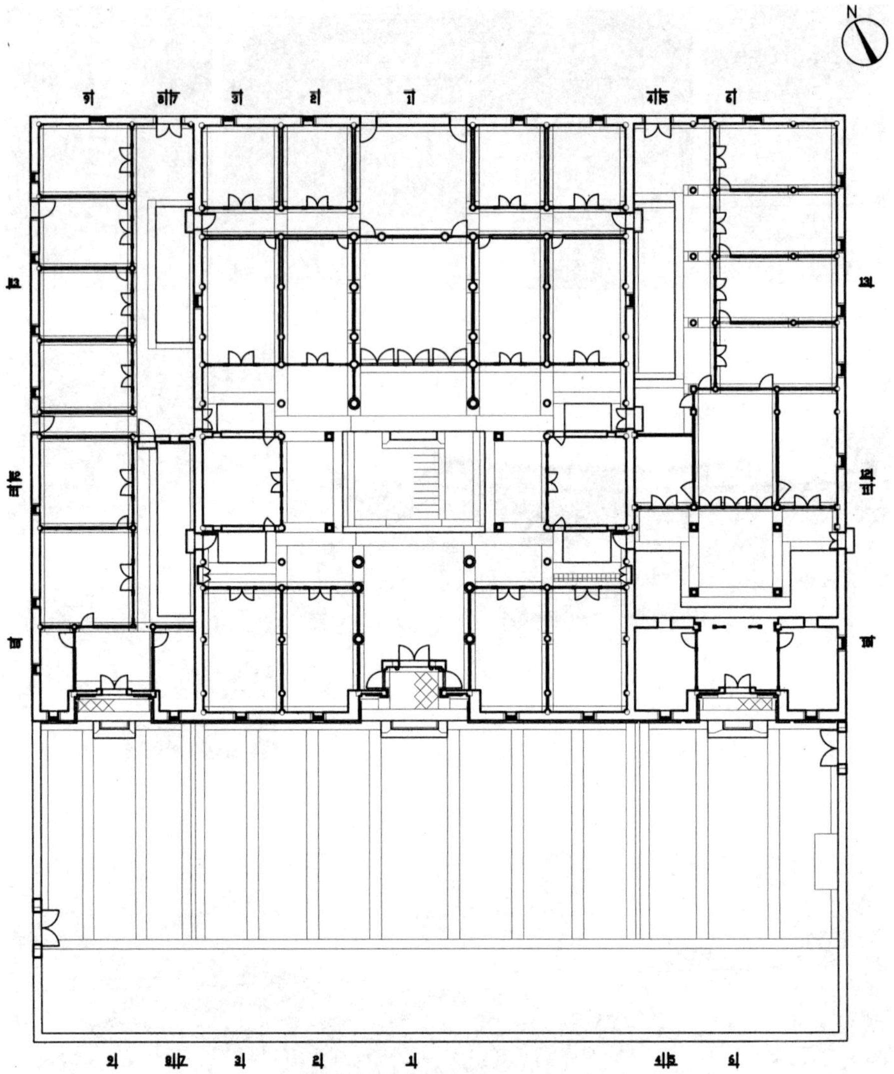

图 3-2-5　亭店杨氏民居总平面图

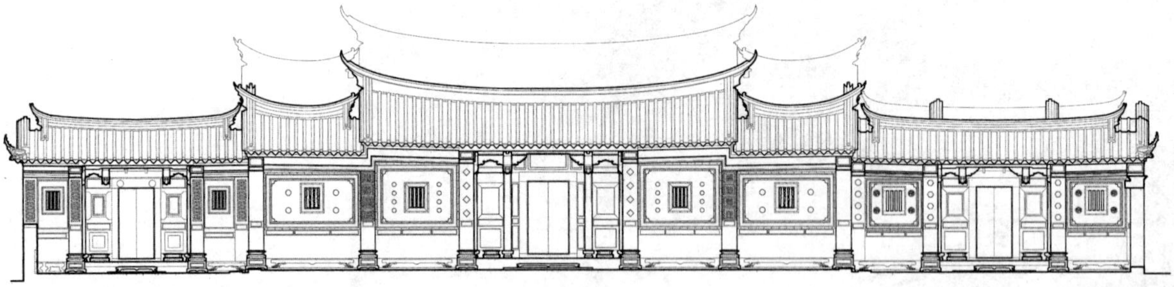

图 3-2-6　亭店杨氏民居正立面图

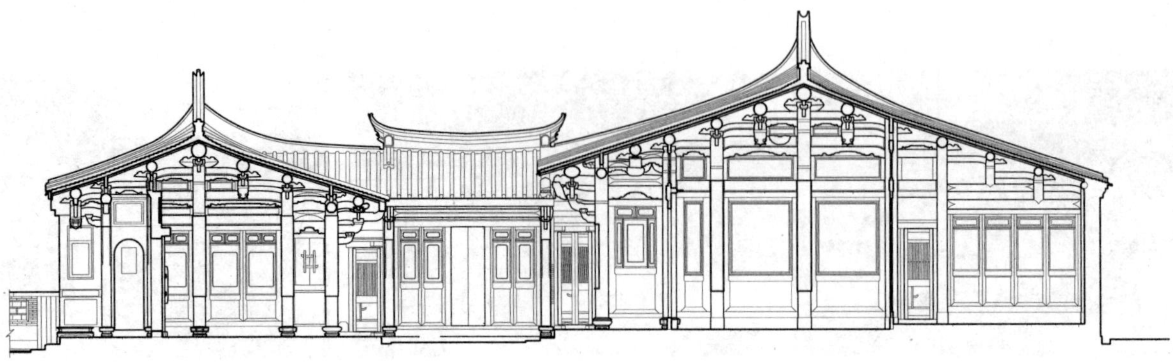

图 3-2-7　亭店杨氏民居 1-1 剖面图

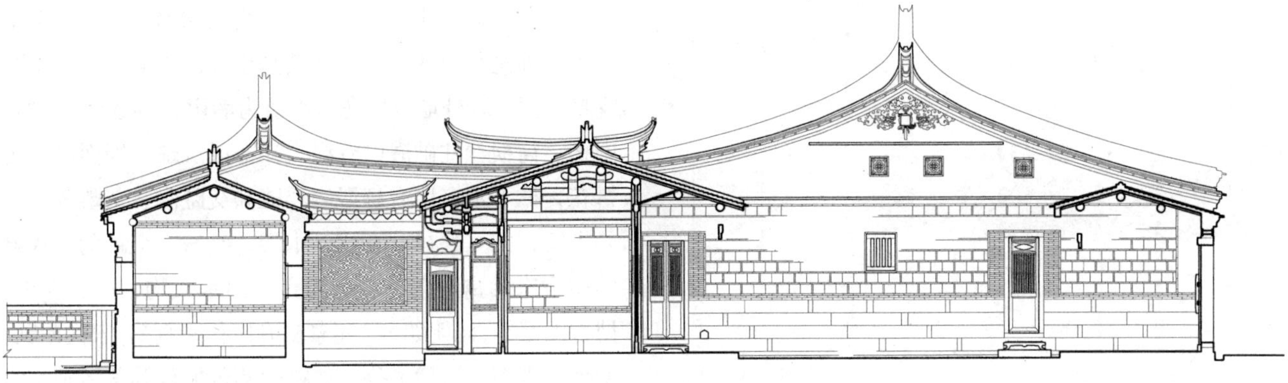

图 3-2-8　亭店杨氏民居 4-4 剖面图

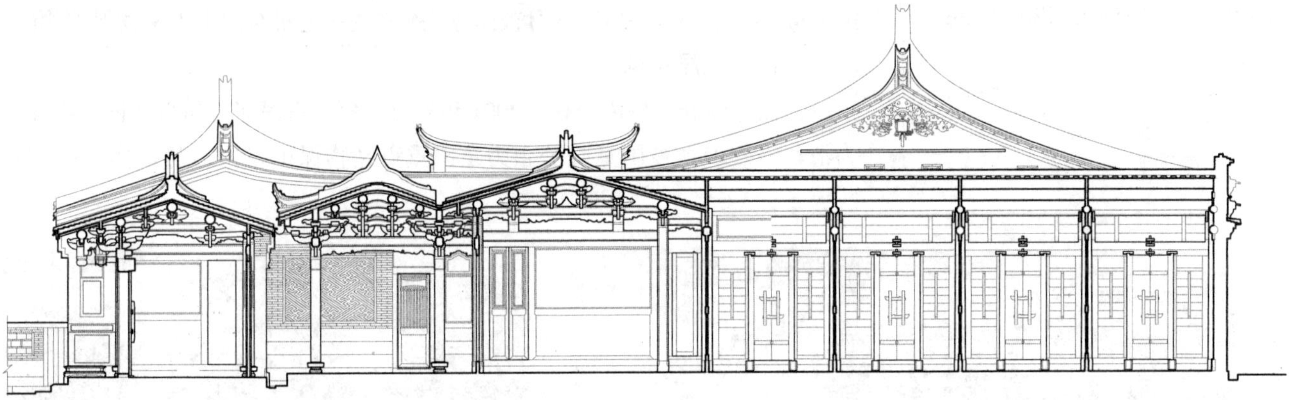

图 3-2-9　亭店杨氏民居 6-6 剖面图

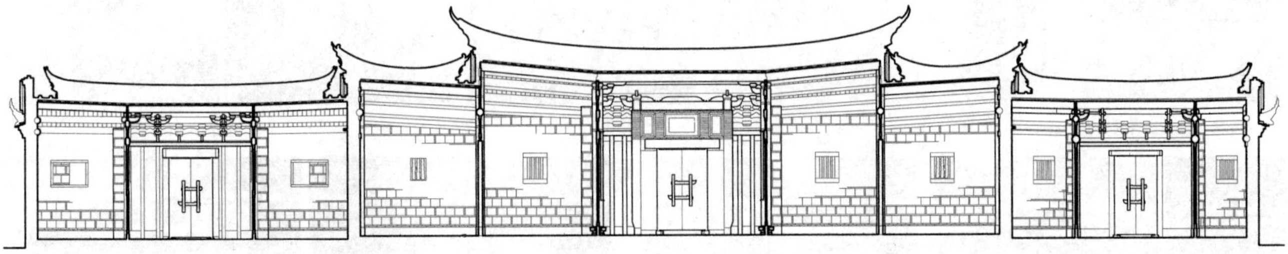

图 3-2-10　亭店杨氏民居 10-10 剖面图

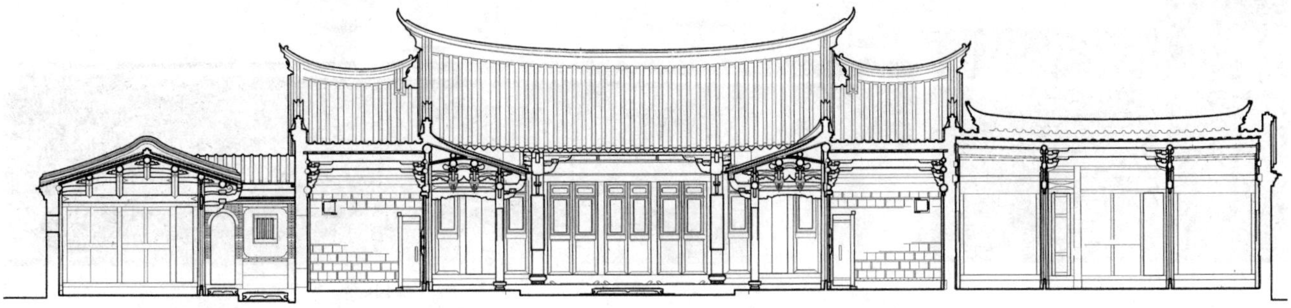

图 3-2-11　亭店杨氏民居 12-12 剖面图

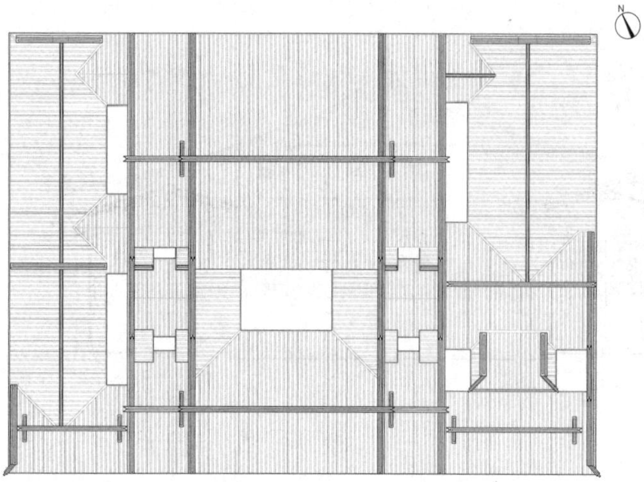

图 3-2-12　亭店杨氏民居屋顶俯视图

外部装修也十分精彩，门、窗、裙堵、墙体、水车堵等方面是装饰的重点，尤其是正立面外墙，更是富丽堂皇。门斗与外墙以白花石浮雕为墙裙，马柜台、墙堵、门楣、窗棂、柱础嵌以辉绿岩浮雕或沉雕，墙面贴红砖拼花，檐下水车堵有辉绿岩浮雕和交趾陶、灰雕等，色彩丰富，相互映衬。石雕、木雕、砖嵌、交趾陶、灰雕的图案有珍禽异兽、花鸟虫鱼、山水人物、历史故事、博古图案等，栩栩如生。还摹刻有唐代颜真卿、宋代苏轼、明代张瑞图、清代吴鲁、林翀鹤和曾振仲等著名画家的书画作品以及各类诗文、对联等（图 3-2-13）。

该宅集中体现“皇宫起”民居建筑封闭而有院落，中轴对称而主次、内外分明，以及艺术造型优美，雕绘装饰丰富等特点。于 2013 年 5 月被国务院公布为第七批全国重点文物保护单位。

2. 蔡氏古民居建筑群

位于福建南安官桥漳里村，2001 年 6 月，蔡氏古民居建筑群（图 3-2-14）作为清代古建筑，被国务院公布为全国重点文物保护单位，与土楼并称为福

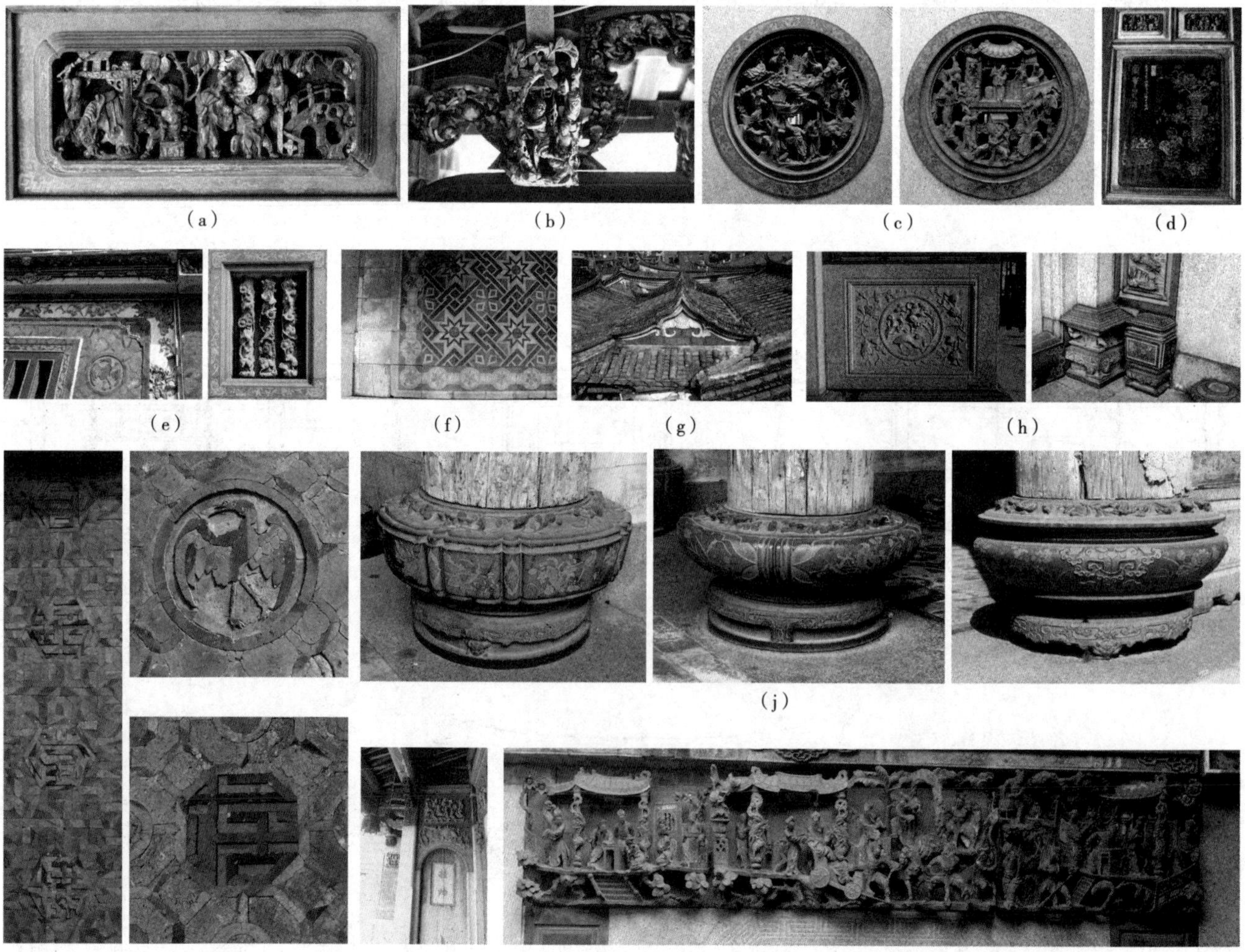

（a）（b）（c）（d）（e）（f）（g）（h）（i）（j）（k）（l）

图 3-2-13　亭店杨氏民居装修

图 3-2-14 蔡氏古民居建筑群

建的两朵民居奇葩。清同治六年（1867 年）至宣统三年（1911 年），旅居菲律宾著名侨商蔡资深建。蔡资深（1839 ~ 1911 年），又名蔡浅，字永明，号安亭，南安官桥人。清咸丰五年（1855 年）随父蔡启昌往菲律宾经商，致富后于故乡择地建宅第、筑祠堂。光绪三十二年（1906 年）因热心公益，赈济灾民，受诰封“资政大夫”。现存的蔡氏民宅建筑群由 16 座独立的院落连成一片（图 3-2-15），其中同治年间兴建的有两座，光绪年间兴建的有 13 座，另有蔡氏宗祠一座，占地面积 3 万多平方米，建筑群分五行排列，东西长 200 余米，南北宽 100 余米，建筑面积 1.63 万 m^2，房屋计 400 间。包括住宅、书堂、宗祠等，自成一个完整封闭的宗族村落。院落南北相距约 10m，院落间以花岗岩条石铺成的街巷连接，巷两边有明沟用于排水。前铺石埕，山墙之间留有南北贯穿的 2m 宽防火通道。蔡氏古民居的屋顶大多都采用燕尾脊，十分美观，给人带来一种腾飞直上的感觉。墙体多利用形状各异的石材和红砖交垒叠砌而成，因其外观而得名“出砖入石”。

最早由蔡启昌投资修建的是位于中北部和中部的攸楫厝和启昌厝，建造年代都为同治丁卯年（1867 年）前后。其余由蔡资深所建，首先建造位于东边的一厝，是传给其二儿子的“世双厝”。光绪己丑年（1889 年）同时建造南面的三座大厝，由东向西排列，分别为其大儿子世祐所住的世祐厝、其三弟德梯所建造的德梯厝及为其四子所建造的彩楼厝；西边三座大厝分别为世煌厝（民国时期毁于火灾）、祖厝及其二弟德棣所建的德棣厝。在最东部，还有一座醉经堂，是全部大厝中规模最小、建造年代最晚的一座，建于光绪末年至宣统三年（1908 ~ 1911 年），专供聚会宴请、休闲娱乐之用，后来改为学堂。蔡浅厝建于光绪癸卯年（1903 年），蔡浅别馆建于光绪壬寅年至丙午年（1902 ~ 1906 年），石埕北侧建有其四弟所住的德典厝及书房厝一座。北侧最西端建有其三子所住的世用厝，南侧建当铺一座。古民居建筑群的最西端西侧由北往南建

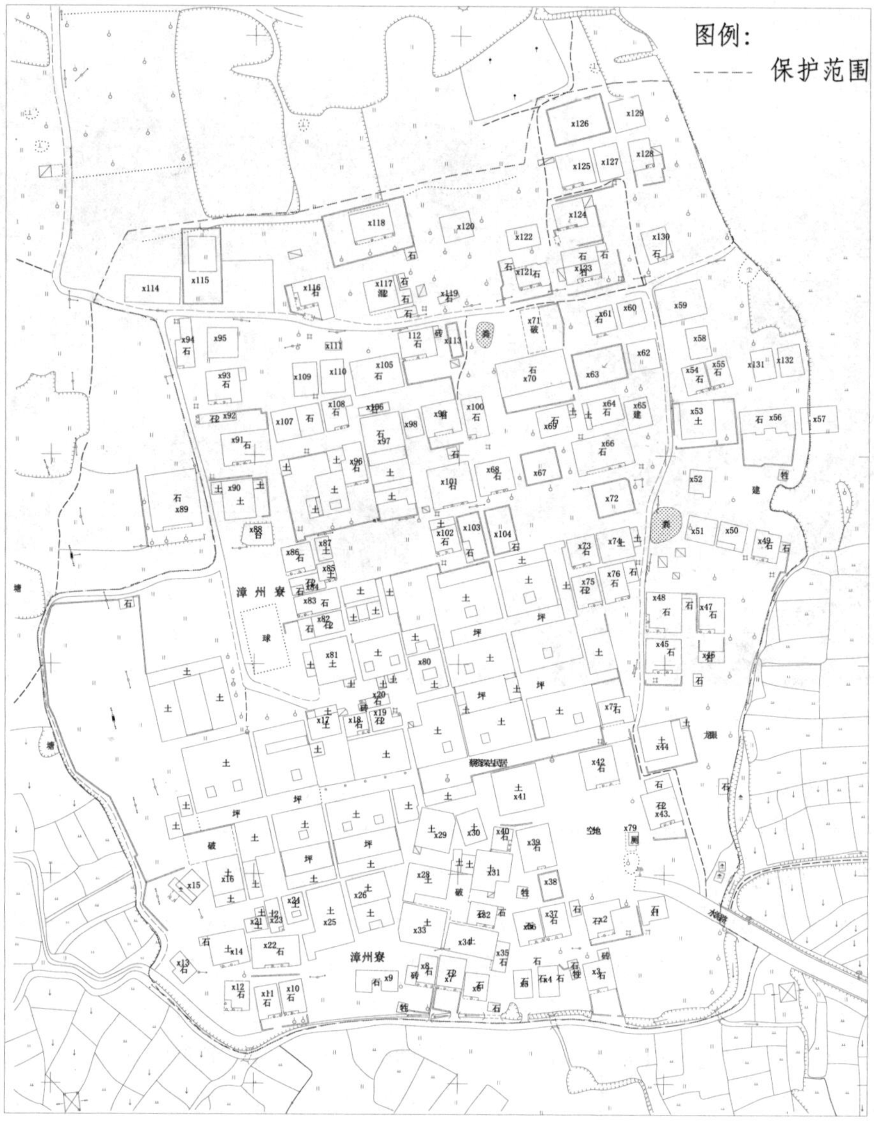

图 3-2-15　蔡氏古民居建筑群总平面图

有蔡氏宗祠和孝友第。东侧建有世切厝、世子厝、德恩厝、德昆厝、岁星厝等五座大厝，这些都是当年蔡氏的管家、经理所建或换地资助堂亲所建，规模和装饰比蔡氏家族所居住的略逊（图 3-2-16~ 图 3-2-60）。其中，蔡浅厝占地 1250m^2，五间张双护厝布局，轴线对称，雕饰精美，用料上乘，为闽南建筑中的精品。其东北角有一座两层的读书楼，当地人称“梳妆楼”或“小姐楼”（图 3-2-61~ 图 3-2-66），造型精美，别具匠心。据说是为蔡资深侄子蔡世添以及至交好友清代晋江状元吴鲁女儿明珠建造的宅第。明珠婚前病逝，其堂妹宝

图 3-2-16　德昆厝正立面

图 3-2-17　德昆厝正厅梁架

图 3-2-18　德昆厝外墙

图 3-2-20 德昆厝正立面图

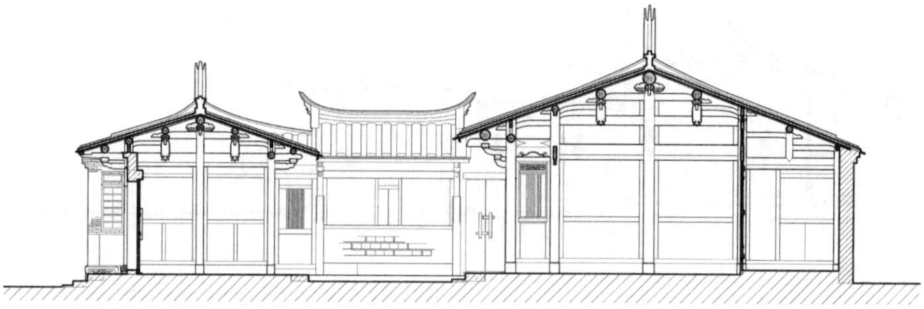

图 3-2-21 德昆厝剖面图

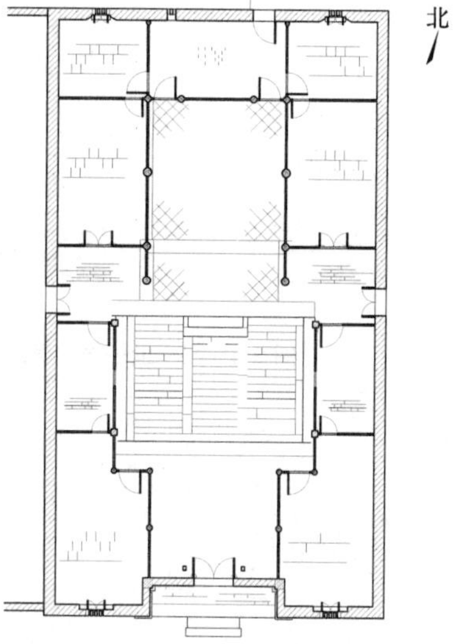

图 3-2-19 德昆厝平面图

图 3-2-22 世子厝正面

图 3-2-23 世子厝正厅

图 3-2-24 世子厝梁架

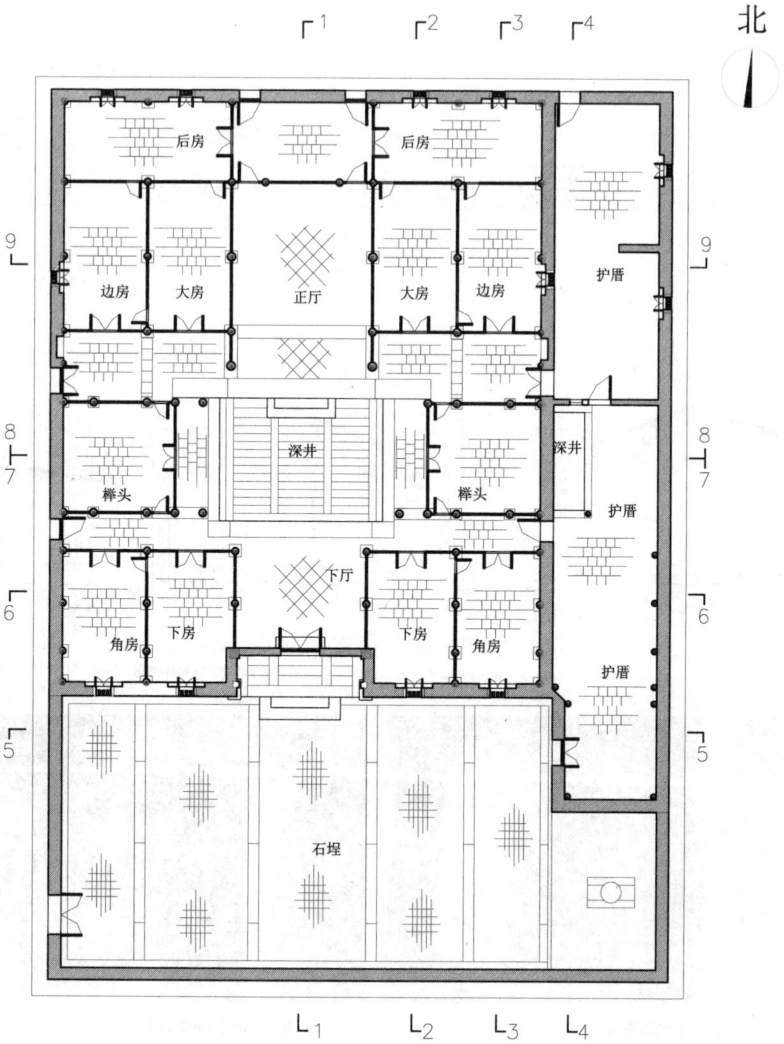

图 3-2-25 世子厝平面图

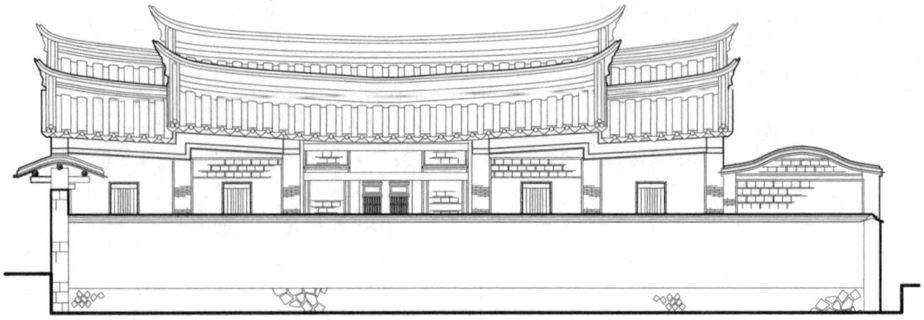

图 3-2-26　世子厝立面图

图 3-2-27　世子厝 1-1 剖面图

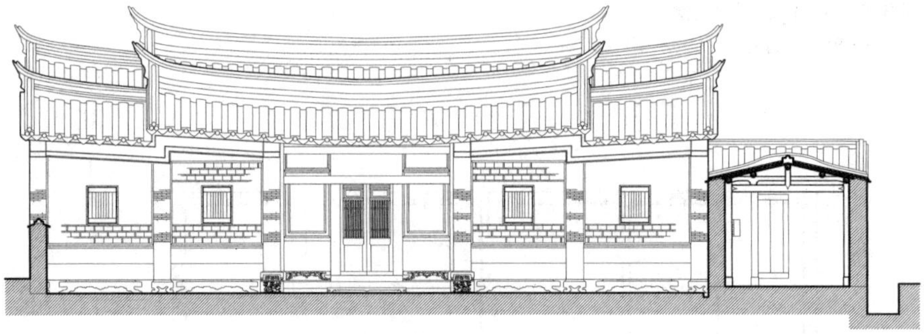

图 3-2-28　世子厝 5-5 剖面图

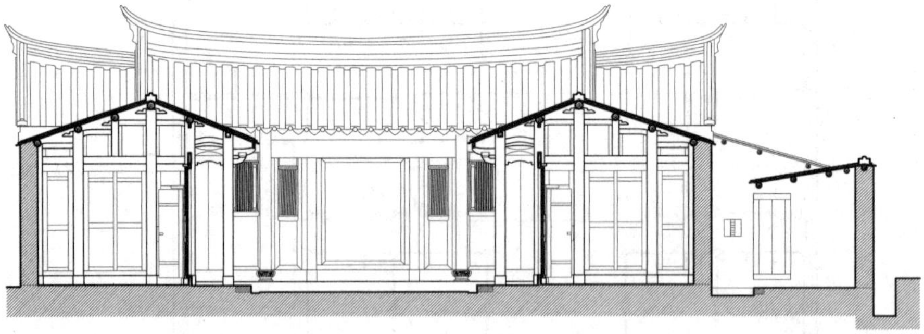

图 3-2-29　世子厝 8-8 剖面图

图 3-2-30　世切厝正面

图 3-2-31　世切厝大门

图 3-2-32　世切厝梁架

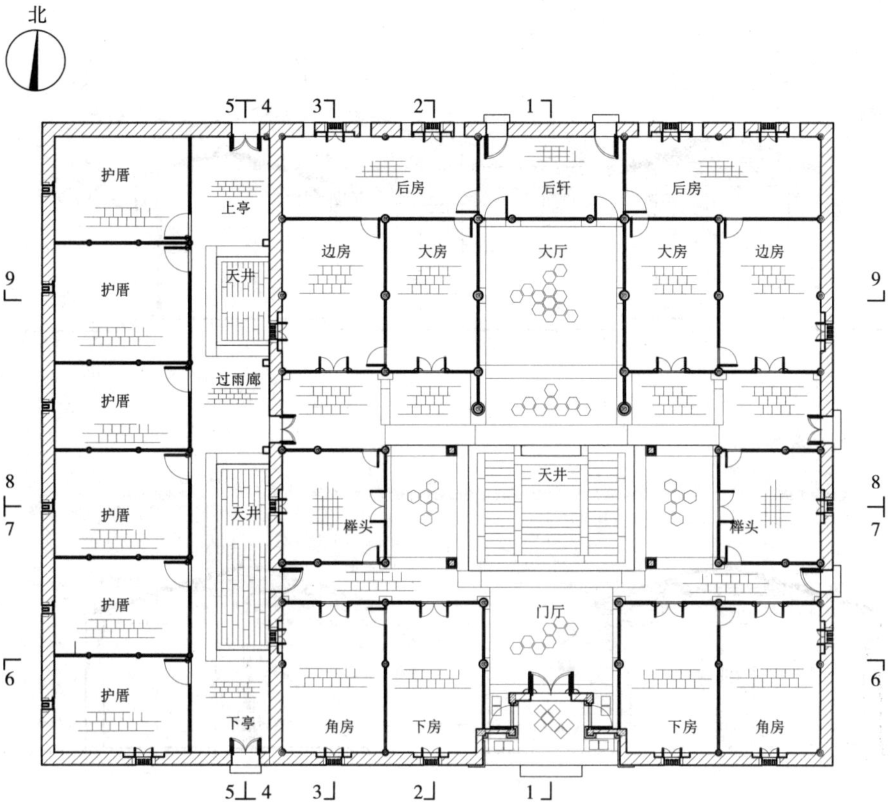

图 3-2-33　世切厝平面图

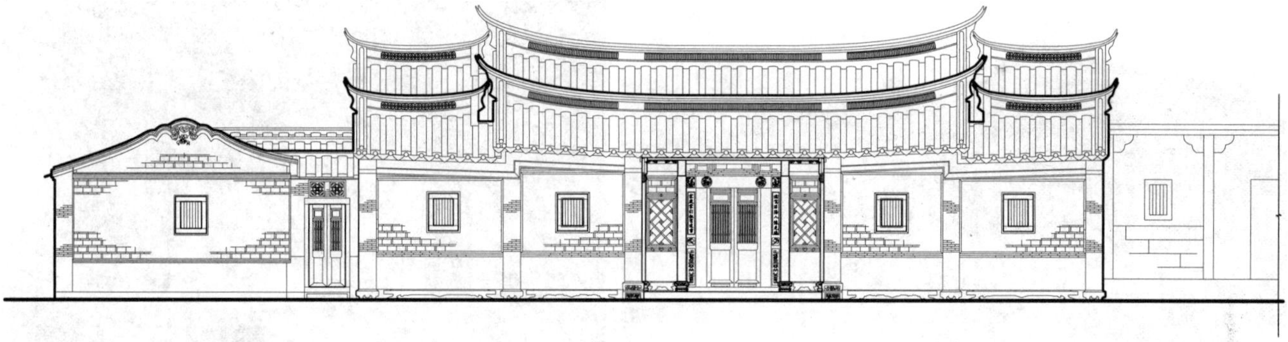

图 3-2-34　世切厝立面图

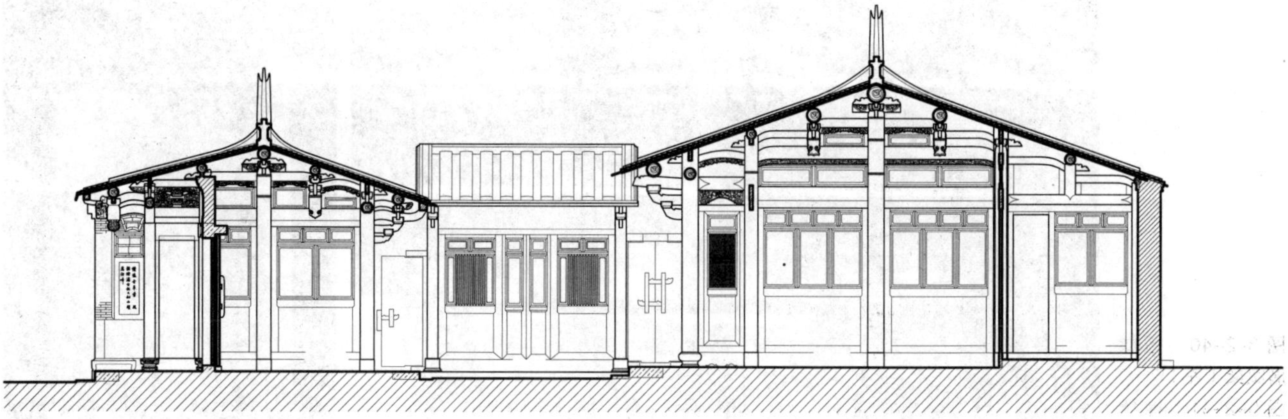

图 3-2-35　世切厝 1-1 剖面图

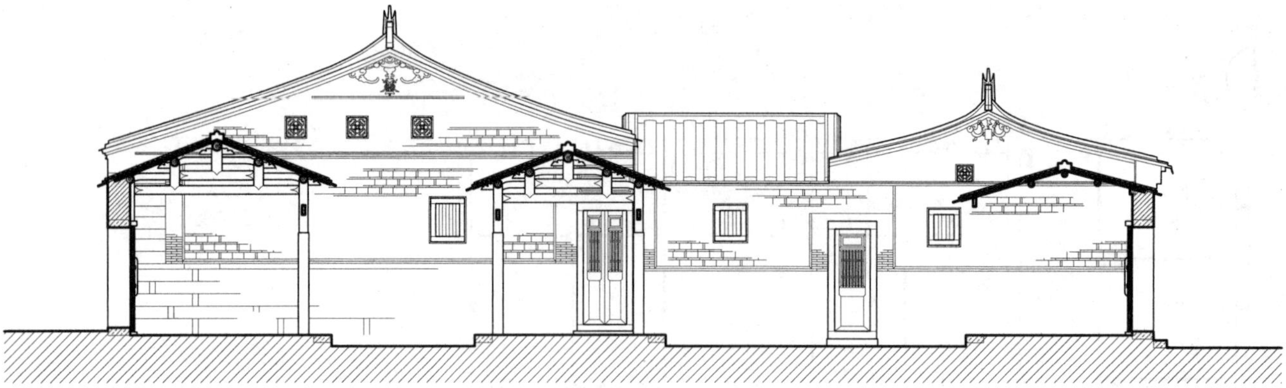

图 3-2-36　世切厝 4-4 剖面图

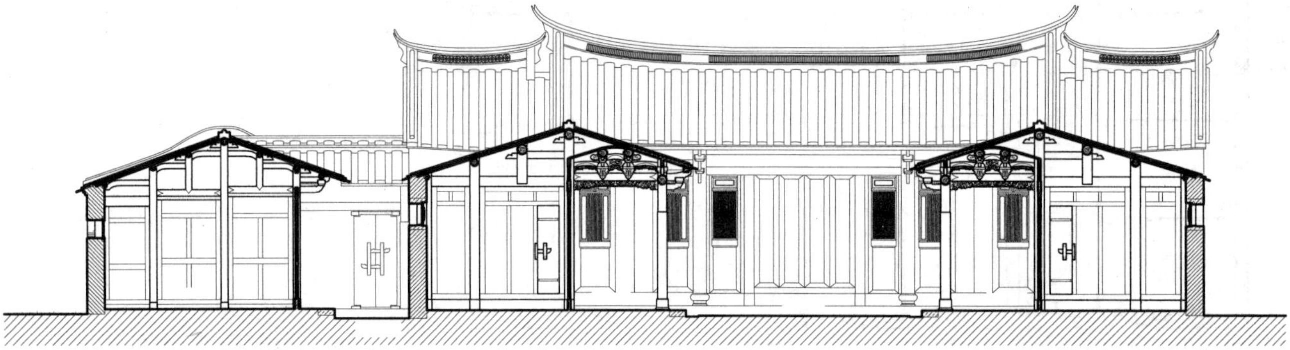

图 3-2-37　世切厝 8-8 剖面图

图 3-2-38　德棣厝正面

图 3-2-39　德棣厝正堂

图 3-2-40　德棣厝梁架（左）
图 3-2-41　德棣厝木雕（右）

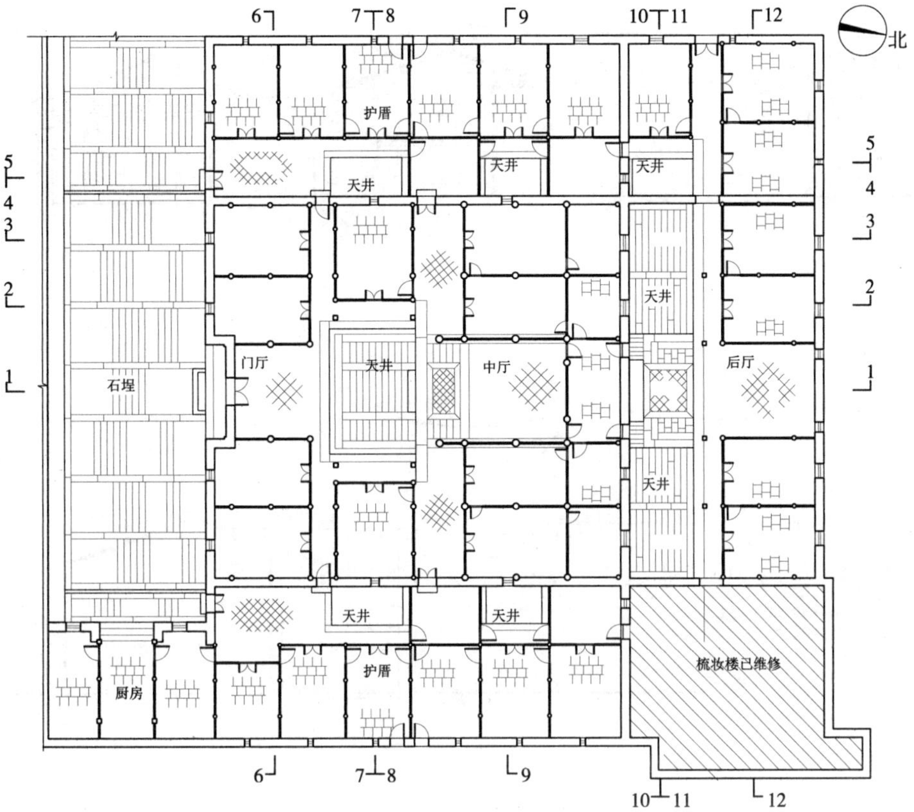

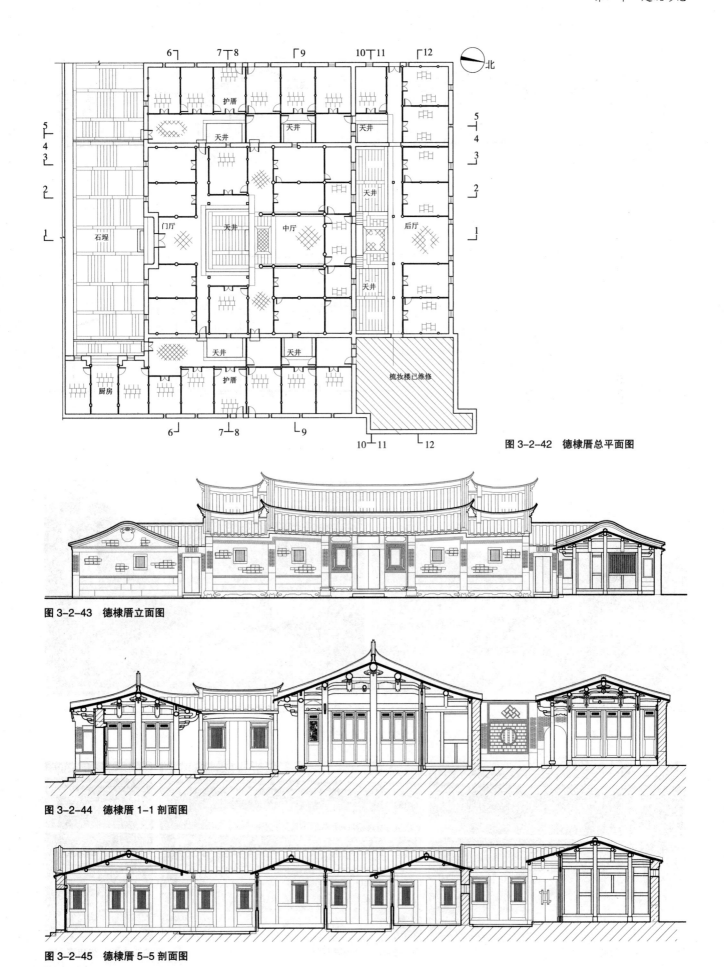

图 3-2-42　德棣厝总平面图

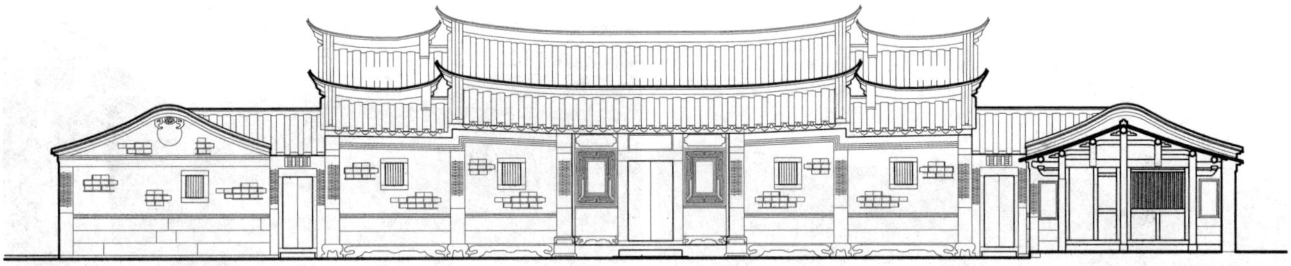
图 3-2-43　德棣厝立面图

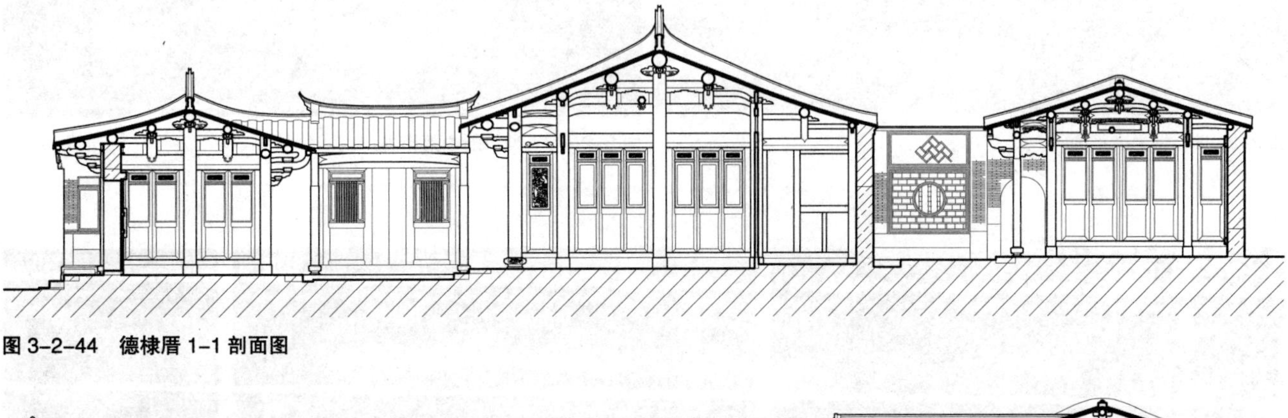
图 3-2-44　德棣厝 1-1 剖面图

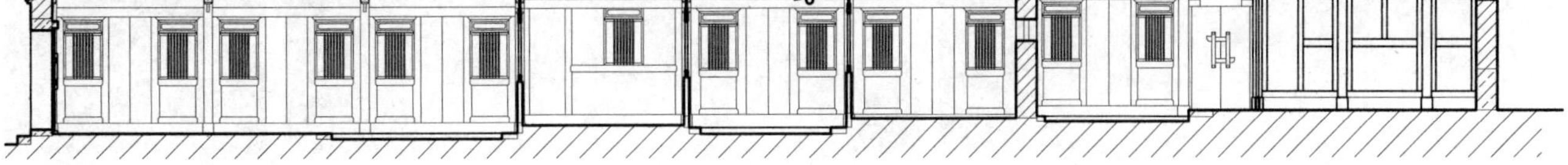
图 3-2-45　德棣厝 5-5 剖面图

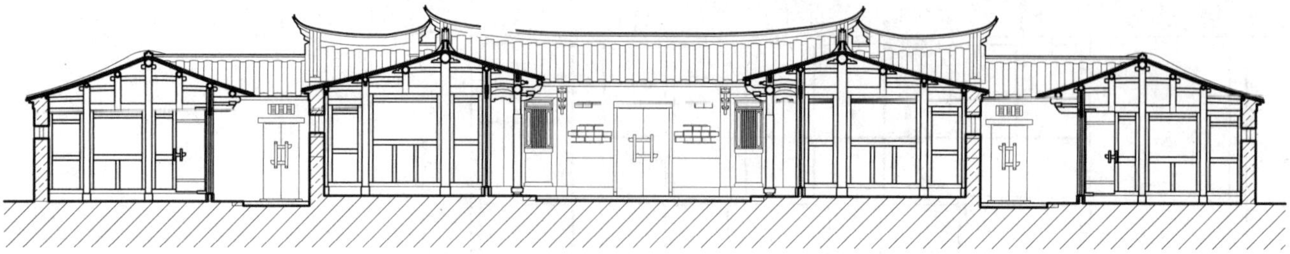

图 3-2-46　德棣厝 8-8 剖面图

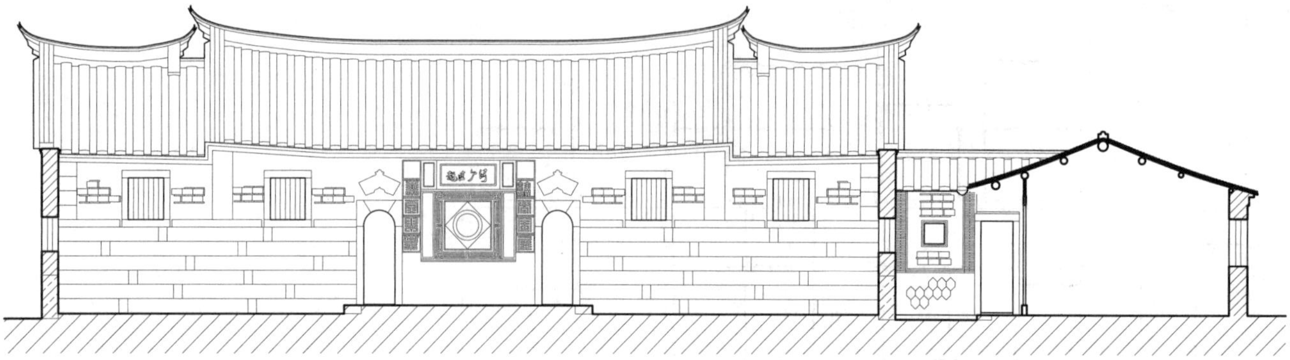

图 3-2-47　德棣厝 10-10 剖面图

图 3-2-48　世用厝正面

图 3-2-49　世用厝中落天井

图 3-2-50　世用厝中落正厅

图 3-2-51　世用厝石雕

图 3-2-52　世用厝木雕

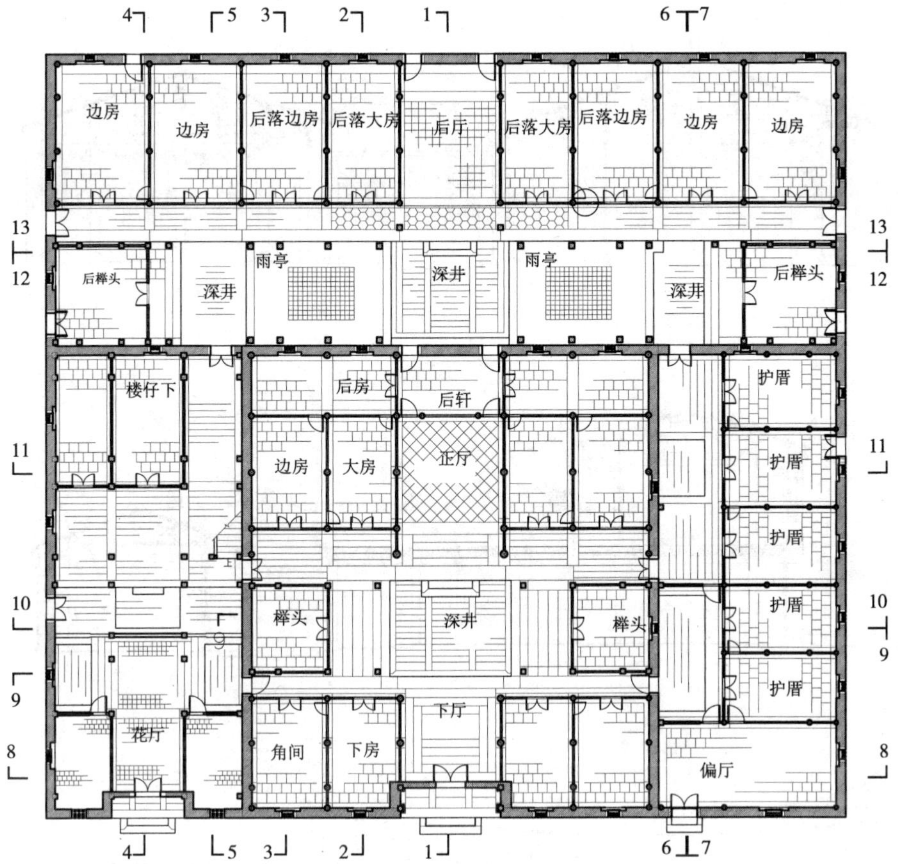

图 3-2-53　世用厝总平面图

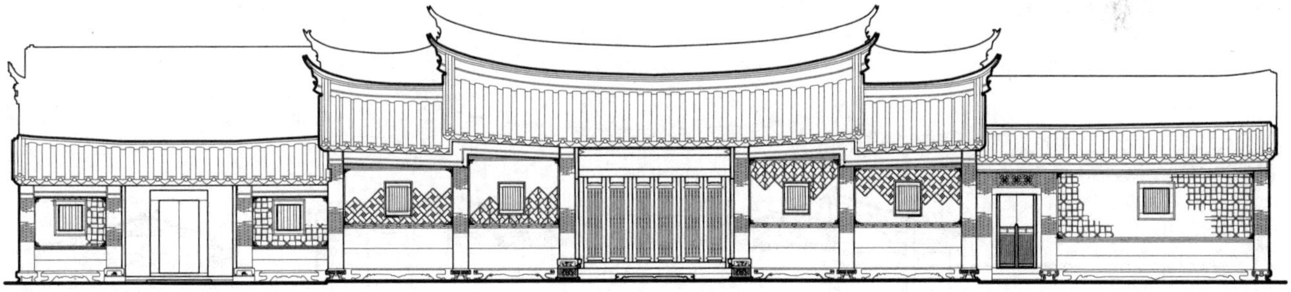

图 3-2-54　世用厝立面图 1

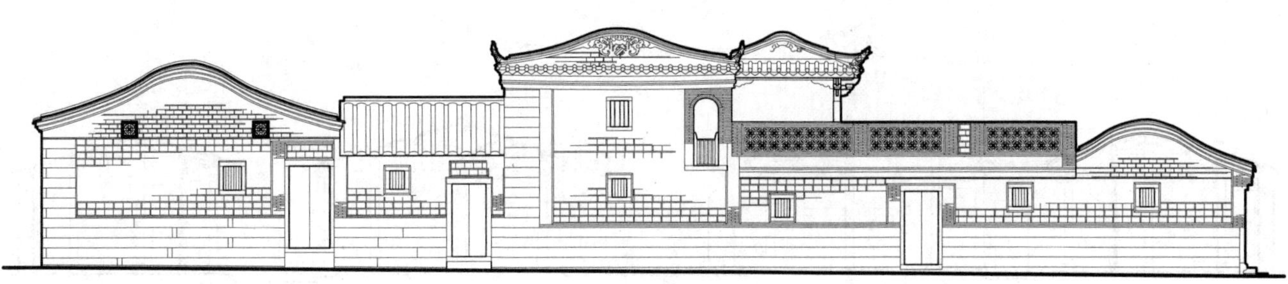

图 3-2-55　世用厝立面图 2

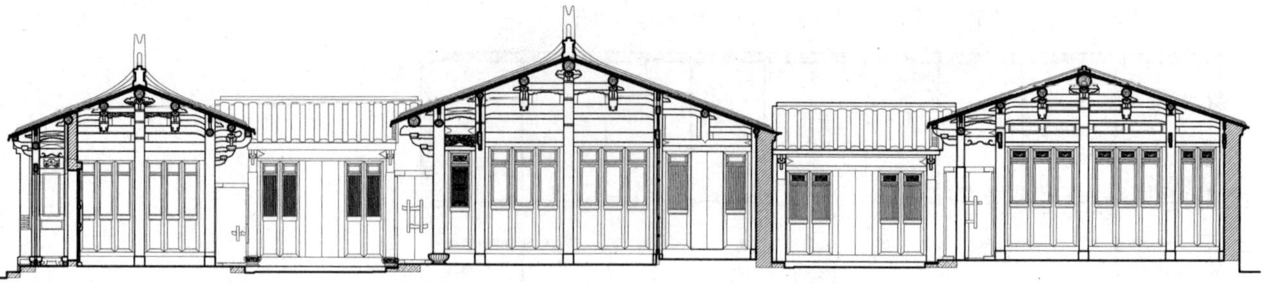

图 3-2-56　世用厝 1-1 剖面图

图 3-2-57　世用厝 5-5 剖面图

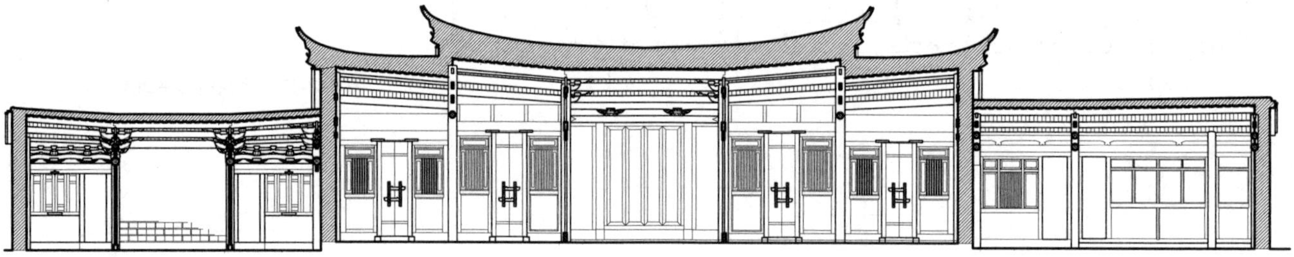

图 3-2-58　世用厝 8-8 剖面图

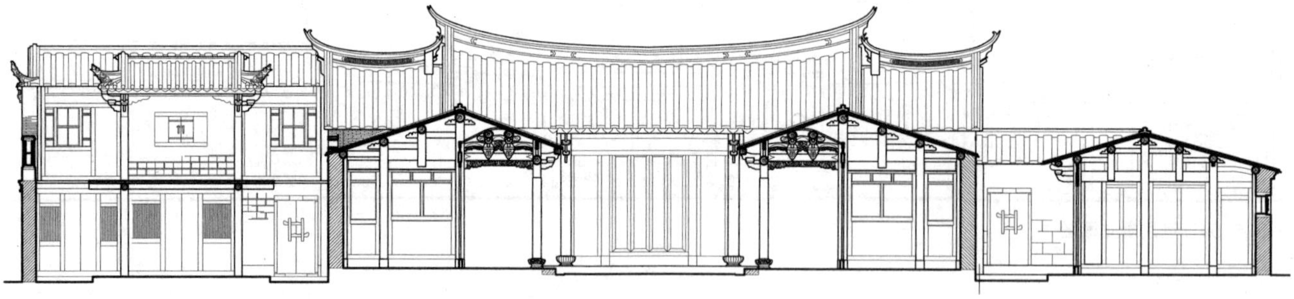

图 3-2-59　世用厝 10-10 剖面图

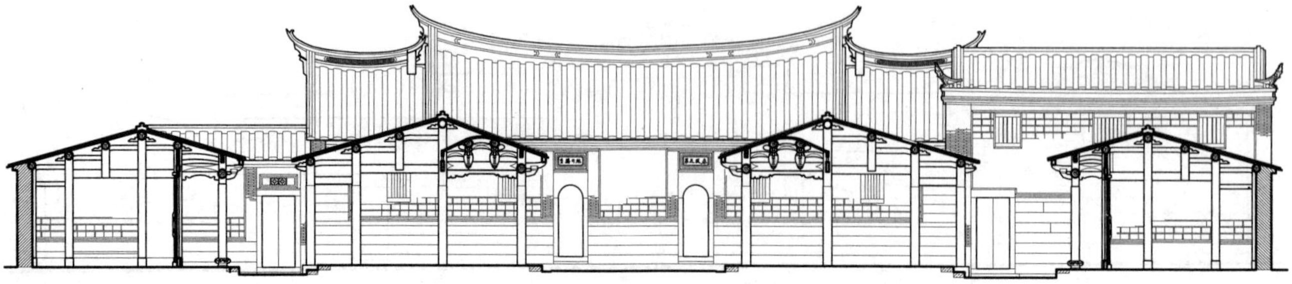

图 3-2-60　世用厝 12-12 剖面图

图 3-2-61　悠辑厝

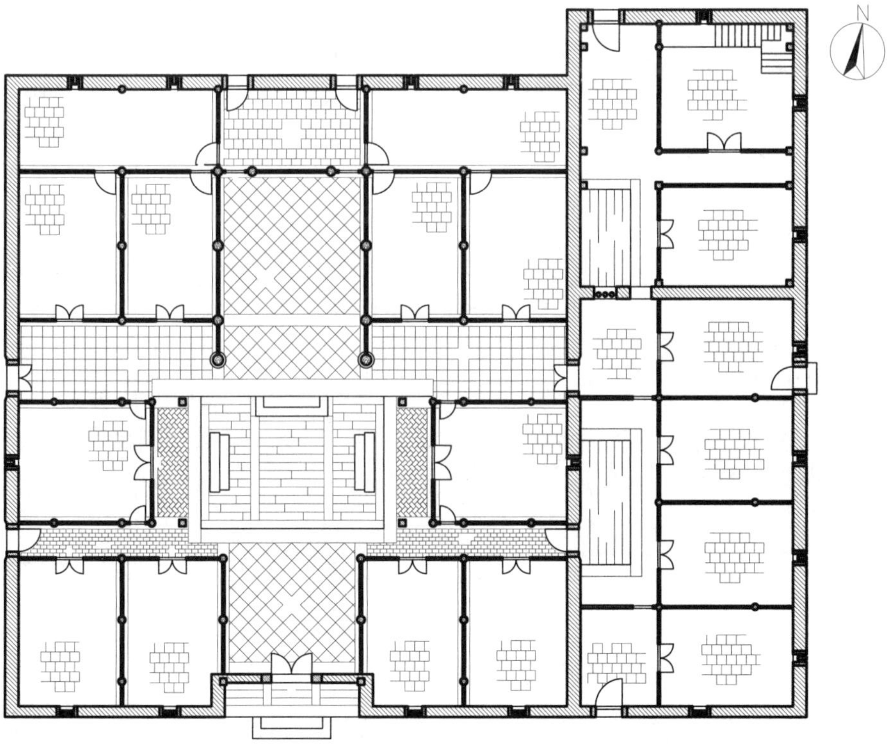

图 3-2-62　蔡氏古民居建筑群——悠辑厝平面图

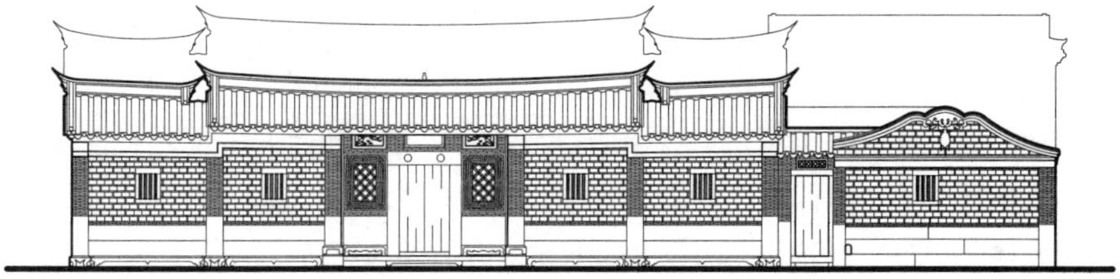

图 3-2-63　蔡氏古民居建筑群——悠辑厝正立面图

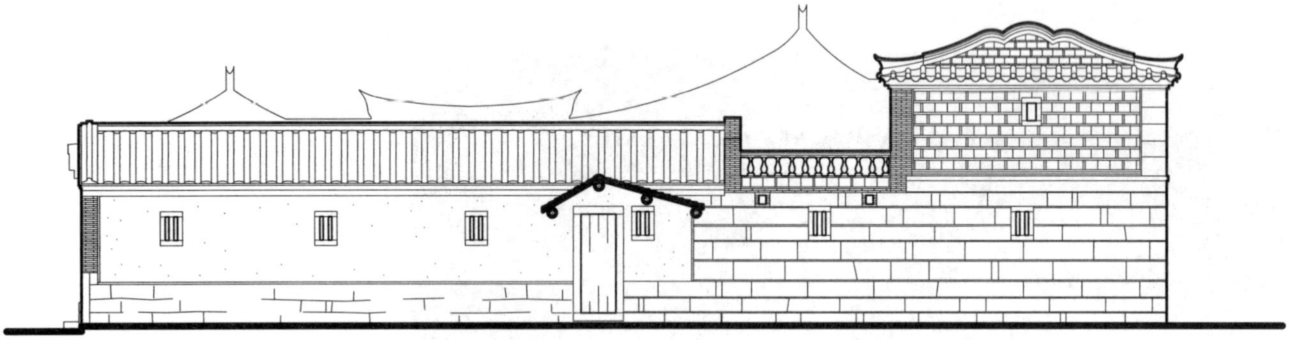

图 3-2-64 蔡氏古民居建筑群——悠辑厝侧立面图

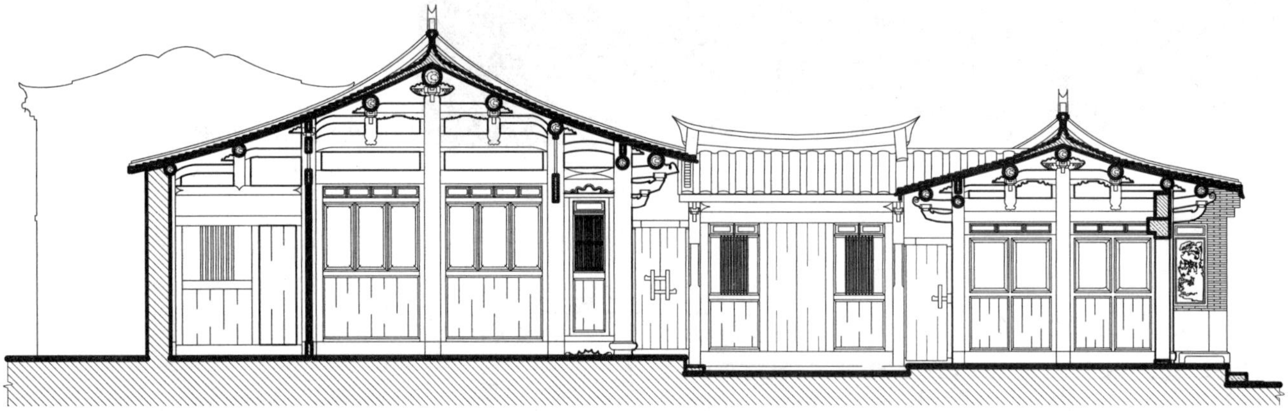

图 3-2-65 蔡氏古民居建筑群——悠辑厝剖面图 1

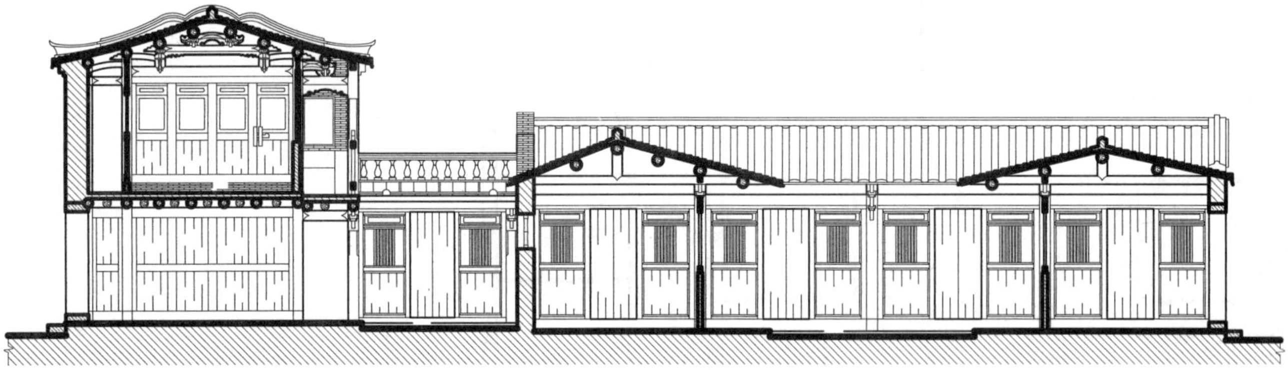

图 3-2-66 蔡氏古民居建筑群——悠辑厝剖面图 2

珠嫁给蔡世添。不料蔡世添婚后不久病逝，宝珠在小姐楼中终生守寡，成为当地佳话。

蔡氏民居中留下较多当时名流的书画，篆、隶、行、楷，各具韵味。如读书楼上木隔扇中，就有清末状元吴鲁的书法真迹。木雕、泥塑、砖雕及石雕处处可见，工艺精美，多数采用透雕、浮雕、平雕等手法。雕刻内容包括禽兽、花鸟、鱼虫、山水和人物等，十分丰富。古民居精美的雕饰，表现了闽南成熟的雕塑艺术，同时受印度佛教、伊斯兰教及南洋文化和西方建筑艺术的影响，是多文化融合的集中体现。蔡氏古宅的很多建筑装饰材料从南洋海运过来，与闽南风格的雕刻、装修共同构成了这栋闻名海内外的民居建筑。

二、中西合璧建筑

泉州作为著名的侨乡，清末民国时期的建筑多受海外建筑风格的影响，出现为数众多的中西合璧建筑。在泉州西街中段116号(图3-2-67～图3-2-75)，有一栋传统民国建筑，该建筑坐北朝南，1915年由宋文圃建成，建筑占地面积406.5m²。共两层，东、西、南三面带廊，一层建筑面积为382m²，二层建筑面积为340m²，总建筑面积为622m²。建筑南北长17.58m，东西宽21.69m。前院是五开间的红砖大厝，后院则是两层的小洋楼。主厝建筑形式闽南称之为“四房看厅”，四周廊饰琉璃瓶式栏杆，四坡屋顶，屋面铺设红色板瓦；该洋楼为三开间，明间称厅，次间称房（大房、后房）。一层西北角各带一边房。外墙下碱为条石砌筑，中间墙身为红砖砌筑，上部墙体为砂浆抹面。一层边房为红砖铺地，厅、廊及房地面均为水泥抹面；二层为木地板，建楼时木料全部从菲律宾运来。小洋楼与前面的古大厝形成鲜明的对比，在其平面布局、立面构图、细部特征等方面均体现了该房建筑风格融合了西班牙、菲律宾、泉州的建筑风格，这是保持传统空间布局，并与外来建筑式样结合的典范。

图3-2-67　西街116号洋楼（左）
图3-2-68　西街116号洋楼内部（右）

图3-2-69　西街116号洋楼楼梯（左）
图3-2-70　西街116号洋楼细部（右）

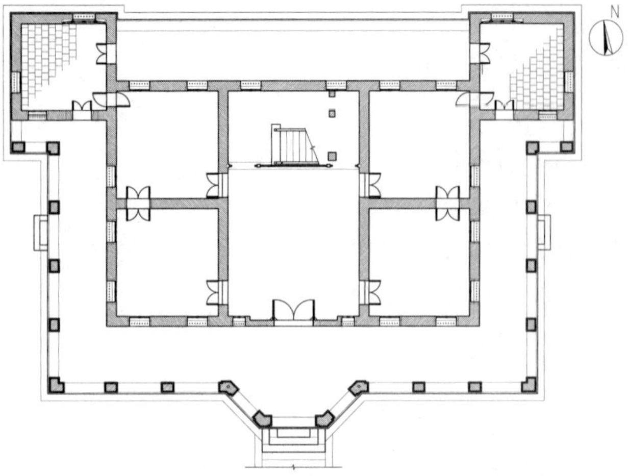

图 3-2-71　西街 116 号洋楼一层平面图

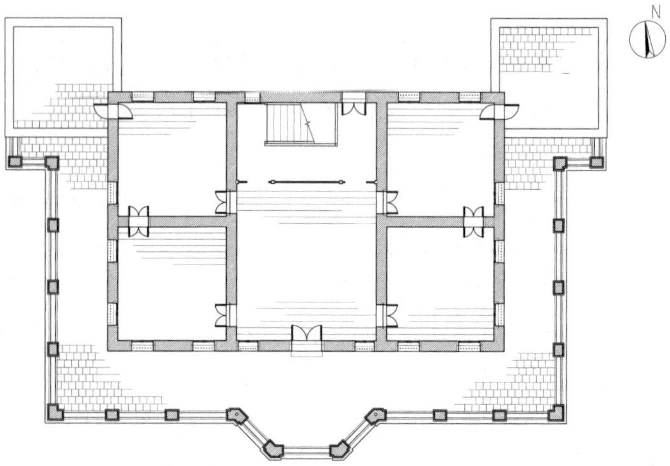

图 3-2-72　西街 116 号洋楼二层平面图

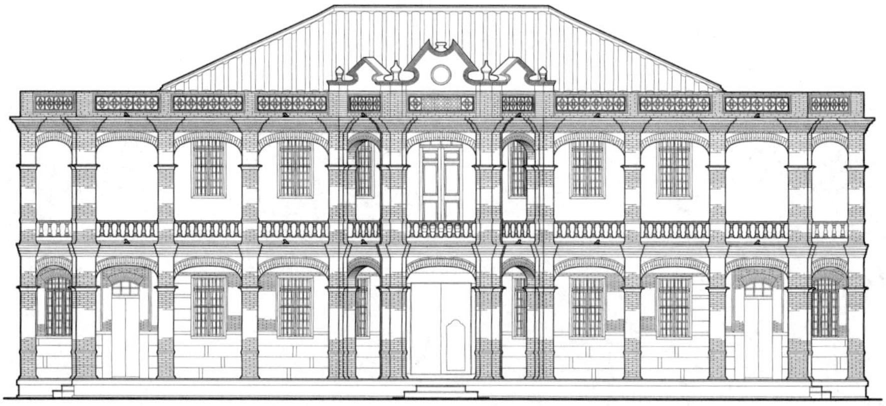

图 3-2-73　西街 116 号洋楼立面图

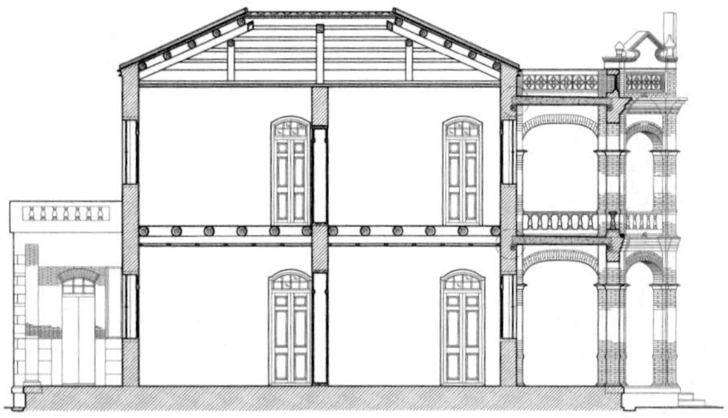

图 3-2-74　西街 116 号洋楼剖面图 1

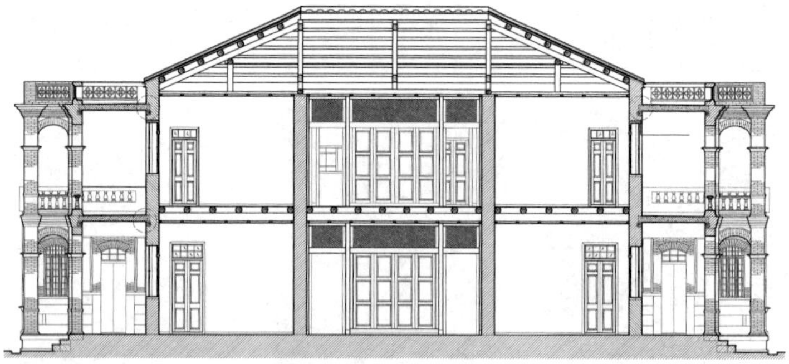

图 3-2-75　西街 116 号洋楼剖面图 2

在晋江、石狮、南安等华侨较多的县市，也有许多中外建筑风格结合的建筑。1930 年代、1940 年代，是土匪猖獗、战争烽火四起的时代，泉州安海侨胞俞少川有诗《家乡兵祸有感》:“传闻兵革起萧墙，满目疮痍遍故乡。图挂流民知惨劫，弓弹惊鸟暗神伤。”当时闽南地区除了大大小小的军阀割据外，还有集兵匪于一身的“民军”、盗匪。很多在海外创业成功、衣锦还乡的华侨及其家属，更是成为兵匪们虎视眈眈的肥肉。为了保卫家园，守卫亲人，在晋江梧林社区还出现了特别的碉楼——“修养楼”，又名“悠闲楼”、“枪楼”（图 3-2-76、图 3-2-77），初建时是当时当地归侨或名流乡贤的聚会之所，战乱年代，则成了当地族人守护家园的要塞。该楼建于 1934 年，三层构造，是钢筋混凝土夯实墙体结构，不

图 3-2-76　台商投资区望远楼

图 3-2-77　晋江梧林碉楼正面及侧面

似当地建筑设敞开式的大门，只设小门。四面出规，形成圈形外廊，末端以两支独立的罗马科林斯叠柱支撑，形成四面八柱的构造。各层各面的门窗雕花，形态各异，构搭“一层一境，四面八境”的建筑景观。在其楼隘口设高墙坚门，可于楼上高点俯窥、控制隘口，楼群内部却四通八达，可达到守望相助的功效。

又如位于石狮市宝盖镇龙穴村的景胜别墅（图 3-2-78 ~图 3-2-89），由菲律宾华侨高祖景创建于民国 35 年（1946 年），1949 年落成。该民居占地面积 1565m^2，坐西朝东，为面阔五开间四周带回廊的四层楼房结构。主体第一层为石构，大门两侧镶嵌传统花鸟、吉祥图案。而窗户的花纹和样式则借鉴西洋建筑风格。第二层、第三层墙体均为砖砌。平台上各建一座仿木结构的亭子，均采用钢筋混凝土浇筑而成，中西方建筑风格、建筑材质交相使用，融为一体。外墙开设左右两个门楼，墙体为闽南典型砖石砌筑，门楼外形模仿传统木结构样式，却采用钢筋混凝土浇筑而成。主体建筑一、二层四周出檐 2m，设置回廊为走廊，双层骑楼，各有 80 根圆形廊柱，具有西洋建筑特色。“景胜别墅”四字出自清代泉州进士、书法家林翀鹤手笔。“曝麦观书”大门石匾以及楹联、题刻的作者则是近代泉州书法家、诗人张鼎。楹联作品内容丰富，隽永清新。分别采用篆书、隶书、楷书、魏碑多种字体书写，富有较强的艺术感染力。尤其是大门两侧镶嵌张鼎题赠高祖景的七绝四首石刻诗，其中，第二首“少小耘田壮远游，岷江拓业几春秋。腰缠万贯非容易，历尽艰辛运尽筹。”第三首“世界风云几变迁，艰危历尽庆安全。归来松菊存三径，满室团圆相卮天。”概括了旅菲华侨高祖景出洋谋生、艰苦奋斗、心怀桑梓的情怀，富有教育意义，成为石狮华侨史研究的重要实物见证。该别墅建筑规模宏大，造型美观，融合中西方建筑文化特色，其亭台楼阁、门楼采用钢筋混凝土仿木结构，做工精细；泥塑、石雕、砖雕、木雕、堆剪堆砌等技艺精湛。西洋的钢筋水泥结构与中国传统的土木构造巧妙结合；且别墅式的设计空间宽敞舒适，体现了人文关怀的韵味，是近代闽南红砖建筑与西洋建筑文化完美结合的典范之一。1998 年公

图 3-2-78　景胜别墅

图 3-2-79　细部

图 3-2-80　内部 1

图 3-2-81　内部 2

图 3-2-82　外墙

图 3-2-83　砖刻

图 3-2-84　景胜别墅细部构件

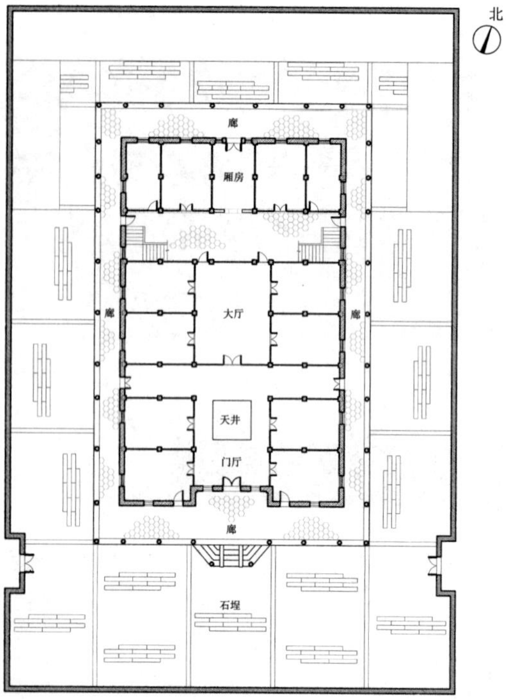

图 3-2-85　景胜别墅平面图

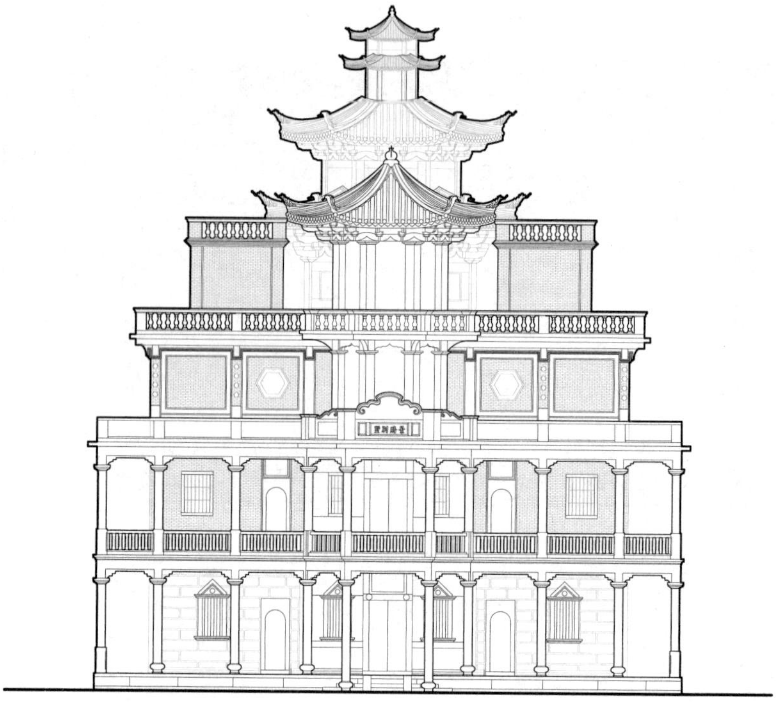

图 3-2-86　景胜别墅立面图 1

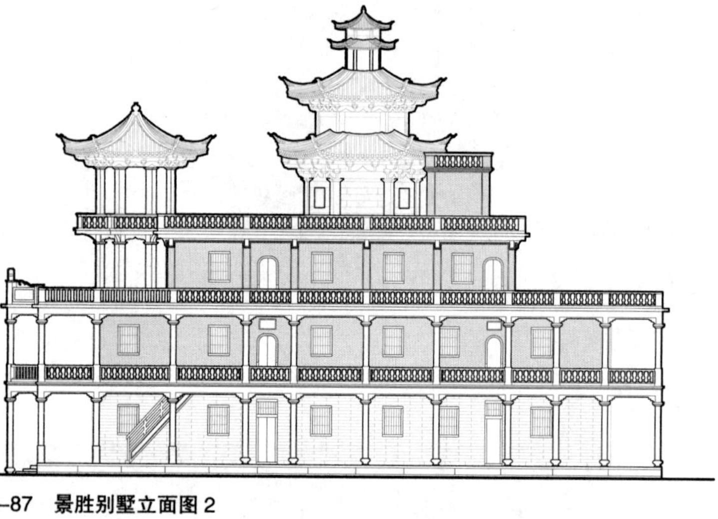

图 3-2-87　景胜别墅立面图 2

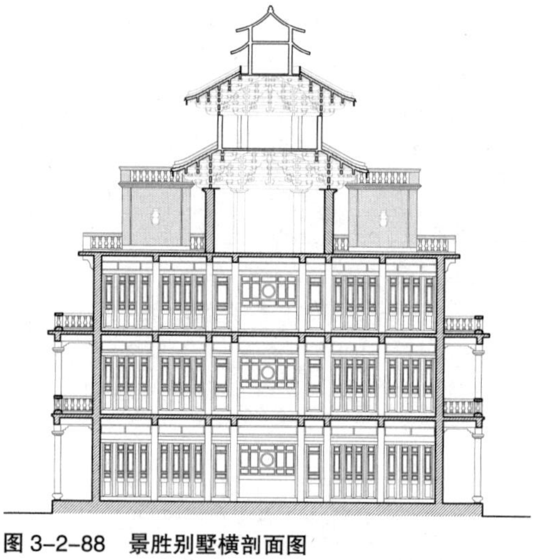

图 3-2-88　景胜别墅横剖面图

图 3-2-89　景胜别墅纵剖面图

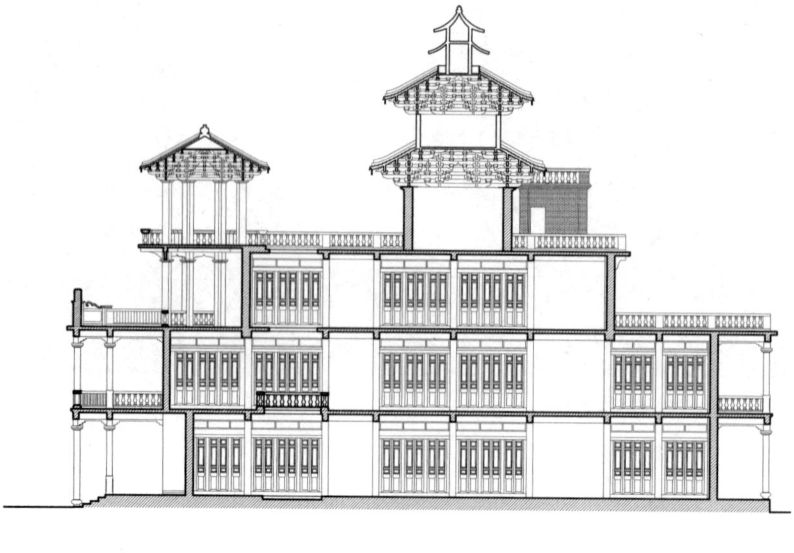

布为石狮市第二批市级文物保护单位。2013 年公布为福建省第八批文物保护单位。2006 年被评为泉州市“十大魅力古民居”。

除了本文列举的中西合璧建筑外，泉州地区尚存为数较多，保存较好的华侨建筑（图 3-2-90 ~ 图 3-2-92），这些中西合璧的华侨建筑，充满异域风情，成为当地一道亮丽的风景线。

图 3-2-90　番仔楼——晋江梧林成堑楼

图 3-2-91　晋江灵源番仔楼

图 3-2-92　其他番仔楼

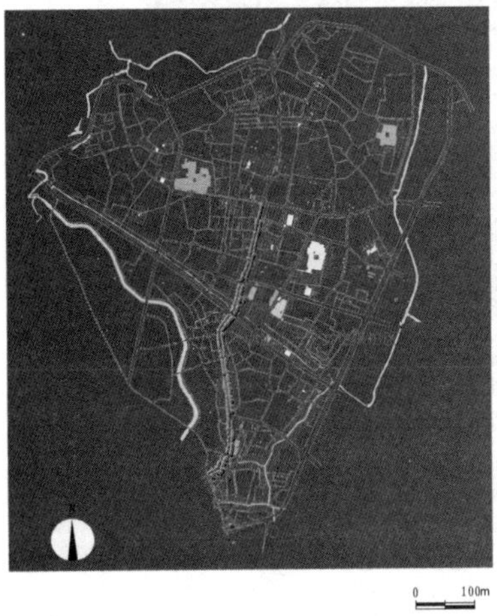

图 3-2-93　中山路历史文化保护区平面位置图

三、骑楼建筑

泉州市最为大众所熟悉且广受欢迎的建筑结构之一是中山路的骑楼建筑（图 3-2-93、图 3-2-94），其外廊为杜列空间，形式为券式或梁柱式。起源自南洋新加坡住商一体的建筑，马来文称为 kaki lima，骑楼式洋楼又称五脚基、五脚距式券廊（five foot way），闽南语中“基、气、起”的发音相似，“基”指的是雨水下泻不会淋到墙体的脚线，所以也称“雨脚基”，现在普遍称呼走廊通行处为五脚基，甚至泛指一般洋楼的外廊形式。这种建筑风格常见于马来西亚、泰国、印尼等东南亚国家，中国南方的福建、广东、香港、澳门、台湾等地皆受其影响而引进现代街市的兴建参考。因为亚热带气候温和湿润，跟南洋炎热多雨相似，为了使行人躲避艳阳及多雨、暴雨（闽南称西北雨），达到“晴不曝日，雨不湿鞋”的效果，街道两边设置开放的、连续的、有顶的走廊。

随着中外交流的频繁，这种骑楼式洋楼也在闽南发展开来。1922 年泉州工务局改为市政局，由菲律宾归来的叶青眼主持城市建设。1924 年泉州市开始改拓市区的中山路商业街道，整条街分为南、中、北三路段，涂山街头以南至新桥头称中山南路，涂山街头至钟楼称中山中路（旧称“南街”），钟楼以北至华侨新村模范巷口为中山北路。中山街宽 12m，街的两侧是骑楼式建筑，一般为两层，前面是临街商铺，后面多为手巾寮式的民居住宅，骑楼柱廊宽度为 2.7m。这种人性化十足的建筑样式体现了现代文明的曙光，是泉州街区从古代过渡到现代的一个重要体现。这个风格是“海交”文化的建筑精华，既有西方

图 3-2-94　中山路骑楼

建筑的特点，又有闽南建筑的风格——在建筑材料的使用上运用本地材料和工艺，是外来建筑文化与本地传统建筑风格完美结合的典范。1935 年东西街十字路口的标准钟楼完工建成（图 3-2-95），至此，这条长 2400 多米，路面宽 12m,两旁有可作遮阳避雨人行道的柱廊式骑楼建筑基本定型。中山路形成以来，一直是泉州最繁华的商住两用街，当时泉州名气大、上规模的百货业、图书文具业、照相业、药业、金融业、制花业、电影院大多汇集在这条街上。过去的岁月里，中山路还曾一直占据着泉州金融街的地位，银行、钱庄、金铺、银楼、典当行，举目皆是。中山路犹如泉州各行各业的万花筒，折射出泉州一段时期的商业文明，以它的多样风姿展现着泉州丰富的风土人情和文化传统，完整保护了泉州城市的历史风貌，至今仍维持着原有的社会功能和经济文化活力。1998 年泉州市对中山路开展了“洗脸式”和“镶牙式”相结合的保护整治工程，恢复了中山街的始建形态，这一做法，获得联合国教科文组织颁发的“2001 年亚太地区文化遗产保护优秀奖”（图 3-2-96），这是福建省建筑物首次获此殊荣，也是一次成功的整治先例。2010 年 6 月，中山路被列入第二届“中国十大历史文化名街”名录（图 3-2-97、图 3-2-98）；凭借深厚的历史文化底蕴、较高的艺术价值和文物价值，2015 年，在住房和城乡建设部、国家文物局对外公布的第一批 30 个中国历史文化街区中，泉州市中山路历史文化街区成功入选。

泉州各地乡镇大规模建造骑楼则是在 1930 年代以后，其中以南安市、永春县兴建的骑楼最多，据陈志宏《闽南近代建筑》载：南安县华侨纷纷投资建

图 3-2-95　钟楼（左）
图 3-2-96　中山路历史文化保护区获“2001 年亚太地区文化遗产保护优秀奖”（获奖证书）（右）

图 3-2-97　铭牌（左）
图 3-2-98　揭牌仪式（右）

街道，当时南安骑楼式街坊有30余处，其中规模较大的有诗山、码头、下店、罗溪、芸尾、后坑埔、千金庙、洪濑、溪美、官桥、水头等地。永春县的蓬壶镇、玉斗乡、桂洋乡等乡镇也建有大量的骑楼。另外，晋江、石狮、惠安、同安等县市于1930～1940年代也建设了一些骑楼。

四、土楼石堡

在泉州的安溪、德化、洛江等县、区，还分布着为数不少的土楼，从其外观上来看，有方形土楼、圆形土楼等类型，其外墙主要是由夯土、三合土砌就，内部木结构与红砖大厝的木结构建造形制大体一致。土楼一般都是聚族而居，其外墙多留有枪眼，用来防御土匪、流寇等。比较有特色的土楼、石堡主要有以下几处。

（1）安溪聚斯楼（图3-2-99～图3-2-106）：位于安溪西坪镇赤石村长坑，又名赤石土楼。据当地林氏族谱记载，该土楼始建于明朝洪武五年（1372年），这是福建省目前发现的最早的、保存也最为完好的土楼。相传，聚斯楼是当时赤石村的林氏四兄弟花了整整3年时间造就的，如今土楼还居住着20多位林氏后裔。该土楼全土木结构，坐北朝南，整体建筑由主体建筑、“虎牙”（图3-2-107）、池亭（丹池）、蜈蚣须护翼组成，总占地面积9048m^2，建筑面积2000多平方米，主体建筑呈方形。外墙为生质夯土，土墙内为回形三层建筑，穿斗式木构架，屋面为单檐歇山顶。现存夯土墙为明洪武五年建造，其内木构

图3-2-99　聚斯楼正面

图3-2-100　聚斯楼侧面

图3-2-101　聚斯楼梁架

图3-2-102　聚斯楼内部

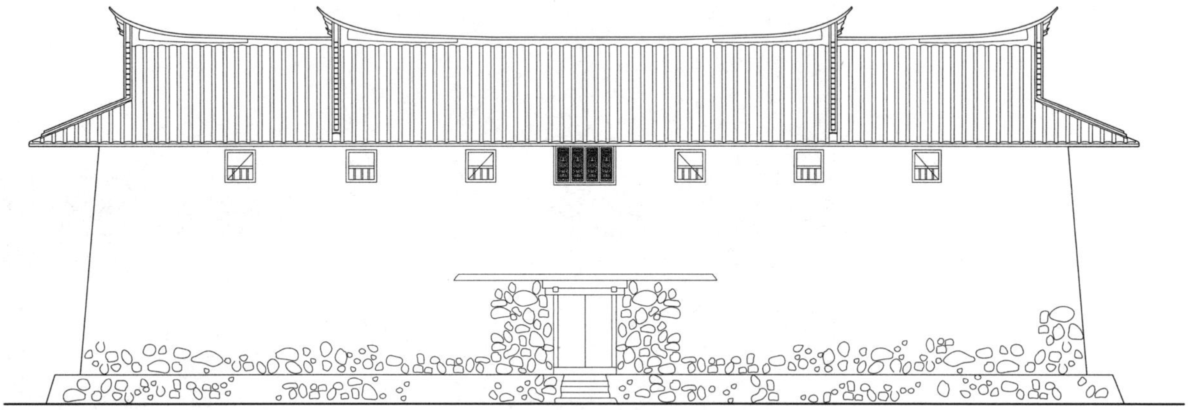

图 3-2-103　聚斯楼正立面图

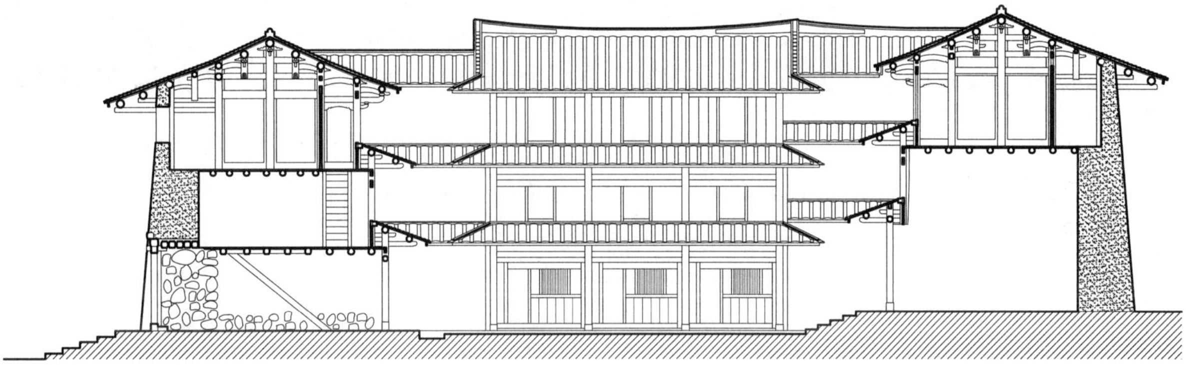

图 3-2-104　聚斯楼横剖面图

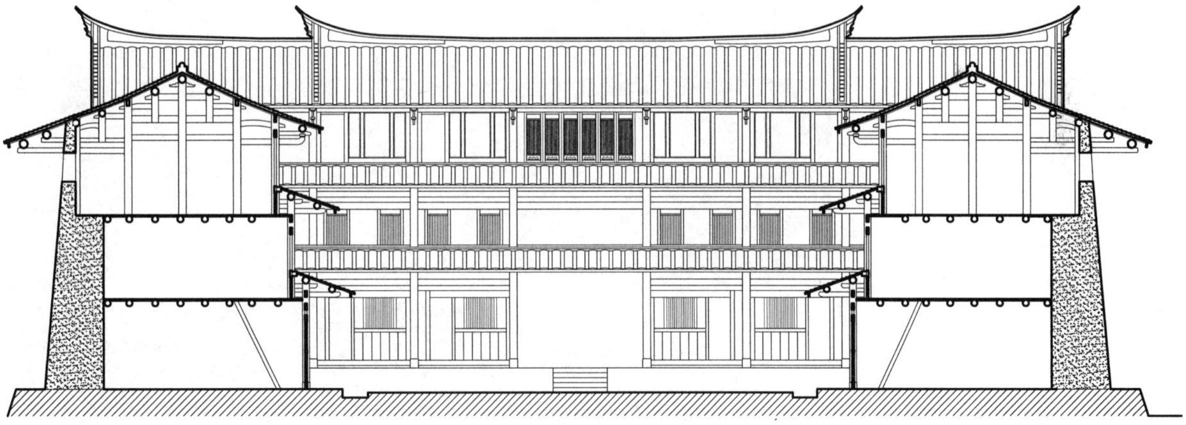

图 3-2-105　聚斯楼纵剖面图

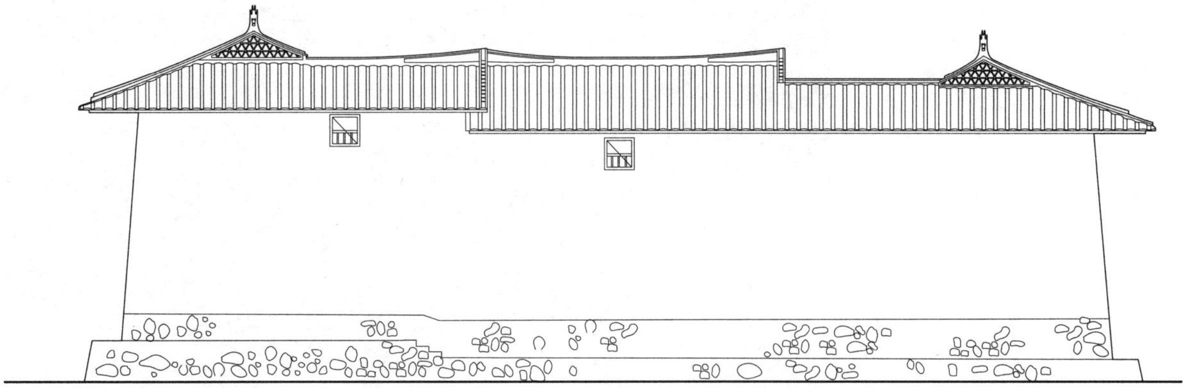

图 3-2-106　聚斯楼纵立面图

图 3-2-107　聚斯楼“虎牙”

架经多次维修，还保留有清中期的风格。该楼建筑工艺朴素，其外墙底部砌石全都是用自然山石砌就，没有人工雕凿的痕迹。木料与木料之间的结合都用竹钉、藤条来联结加固，这些都充分体现了传统建筑就地取材及高超的建造技术特征。

（2）德化大兴堡（图 3-2-108 ~ 图 3-2-115）：位于德化县三班镇硕杰村，俗称“大兴土楼”。坐西南向东北，平面呈长方形。城墙东西最长为 61.46m，南北最宽为 49.74m，高 7.5m，全堡总建筑面积 4732m^2，共有房间 207 间。城

图 3-2-108　大兴堡局部

图 3-2-109 大兴堡全景

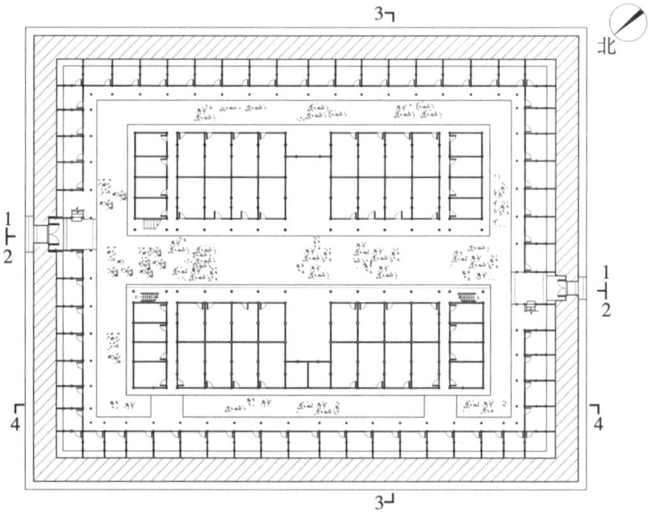

图 3-2-110 大兴堡一层平面图

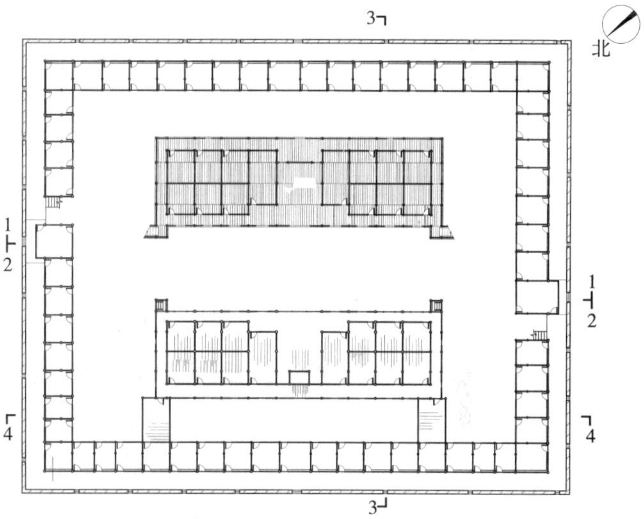

图 3-2-111 大兴堡二层平面图

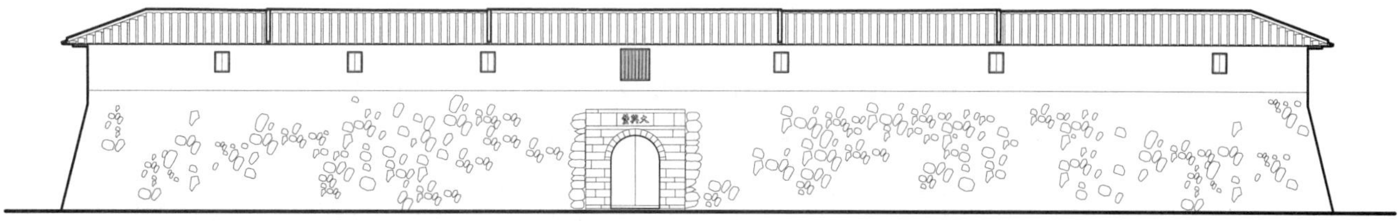

图 3-2-112 大兴堡北立面图

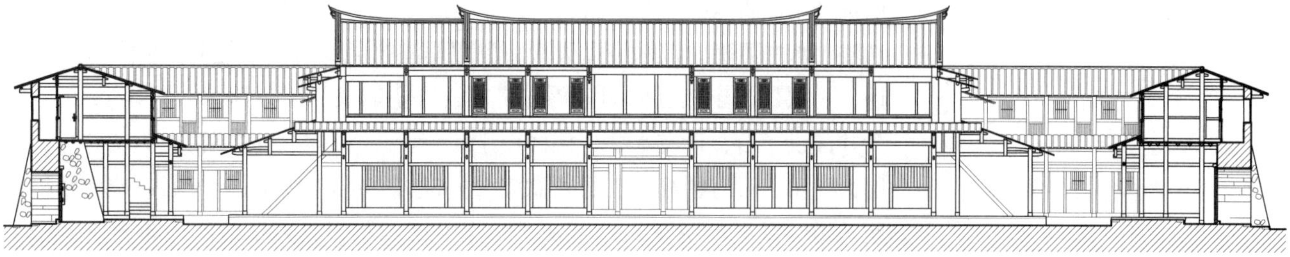

图 3-2-113 大兴堡 2-2 剖面图

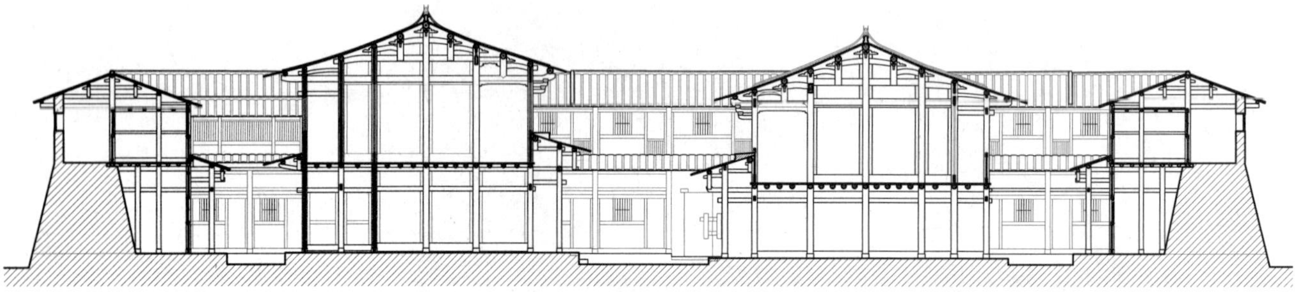

图 3-2-114　大兴堡 3-3 剖面图

图 3-2-115　大兴堡北 4-4 剖面图

墙底部呈封闭式，垒砌溪石，上部砌夯土墙，南、北辟有大拱门各 1 座。北门为正门，门楣上镌刻“大兴堡”3 个楷体大字。城门用青条石（俗称“青沟石”）砌成，质坚光滑，石块嵌接紧密。原来每座城门安装有内外 2 道 4 扇厚达 0.2m 的木质门。民国中期，外道门毁于匪。城门内有 1 条曲尺形石台阶可通城垣。东北、西南隅各有凸出的角楼 1 座，面积约 13.8m^2。堡内建筑布局对称严谨，轴线分明。以横贯东、西门的通道为中轴线，沿中轴线有天井，天井两侧建有悬山式屋顶的阁楼，两厢格式大体对称，上层中央为厅堂，其中北楼大厅为议事、祭祀、寿庆等大事之用，每座楼东西两端有简易木梯。环绕城垣四周架设双层倚楼，屋顶为硬山式，梁柱斗栱托瓦檐，木构组织简单壮硕。

（3）泉港黄素石堡（图 3-2-116 ~ 图 3-2-123）：俗称“土楼”，又名“定楼”，位于泉港区前黄镇前黄村西南面，坐东朝西，为石木结构方形三层楼阁。始建于清乾隆六年（1741 年），是福建省唯一一座纯粹的石筑土楼。系黄素、黄堂官父子历时 30 多年建成的。该石楼以其独特的建筑特色闻名遐迩，总体结构主次有别，统率有序，恢宏壮观，楼内有房 36 间，楼外有屋 72 间，形成一个取象“三十六天罡七十二地煞”的雄伟建筑。黄素石楼总长 20.8m，总宽 20.8m，整体结构为口字形，中间为天井，四周为 36 间房间。总占地面积约 5400m^2，建筑面积约 432.64m^2。石堡内部防备森严，是福建众多土楼里最独特的一座，其外墙为条石砌筑，屋面为歇山式，铺设筒瓦。一层外墙厚度达 1.39m，四面墙角各伸出一个设有射击孔的哨楼，长宽各 2.8m，高 3.6m，每处哨楼设有两处射击孔，楼下四壁仅西面设一拱形石大门，外门之内再设两重门，中门为大铁闸，内外两重则用优质坚固的桧木做门板，外门板用铁皮包起来，门框上方还设有水槽，从楼内水井可随时汲水浇灌灭火，用以防备盗贼火攻。足见其防御措施周密严谨。一层用夯土墙在四周分隔出房间，夯土墙顶部架设楞木，承托二、三层。天井铺设条石，设有水井，楼梯设于北侧。二、三层房间用竹夹泥墙分隔，内围为廊步，设有栏杆。三层紧靠墙壁处设有一道宽 1.69m 的可通达四面哨楼的跑马道，既宽敞明亮，又通风透气。1992 年惠安县人民政府公布为第三批文物保护单位。2005 年福建省人民政府公布为第六批省级文物保护单位。

图 3-2-116　黄素石堡

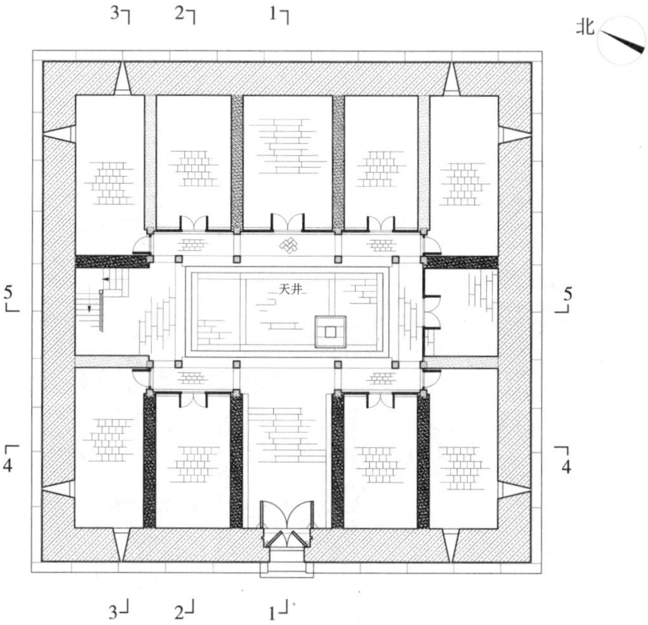

图 3-2-117　黄素石堡一层平面图

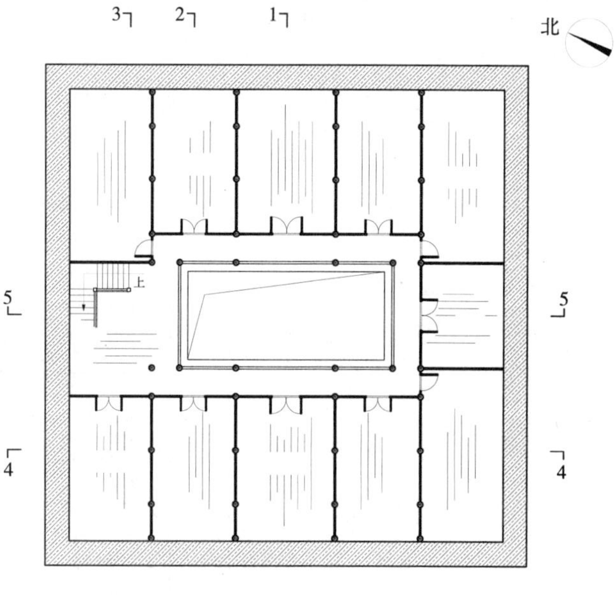

图 3-2-118　黄素石堡二层平面图

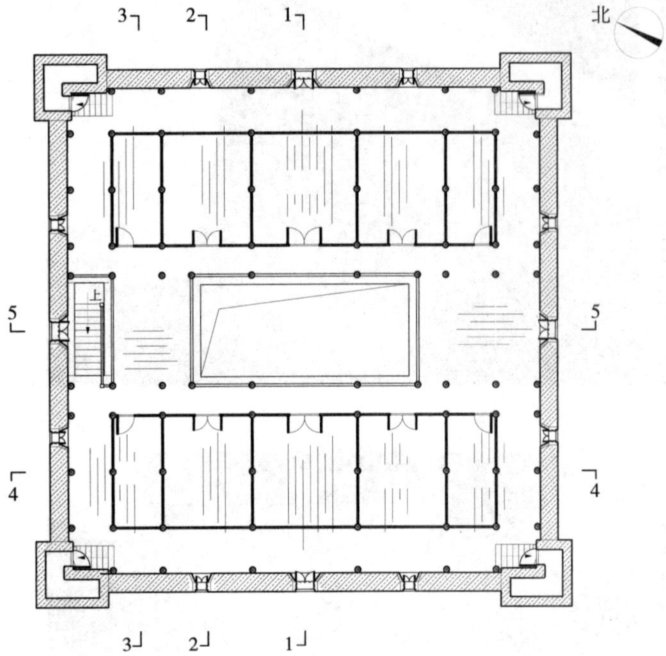

图 3-2-119　黄素石堡三层平面图

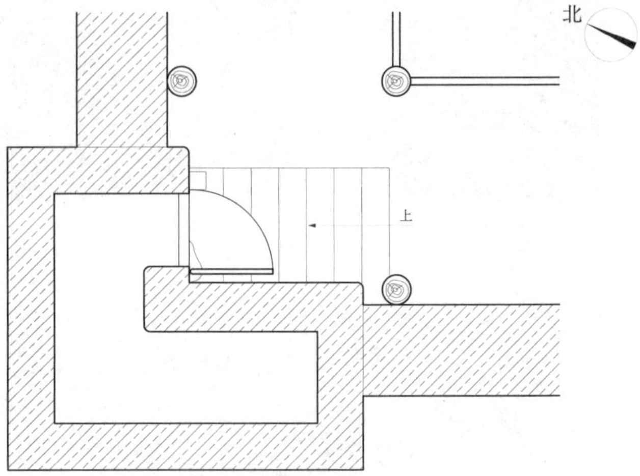

图 3-2-120　黄素石堡三层哨楼平面图

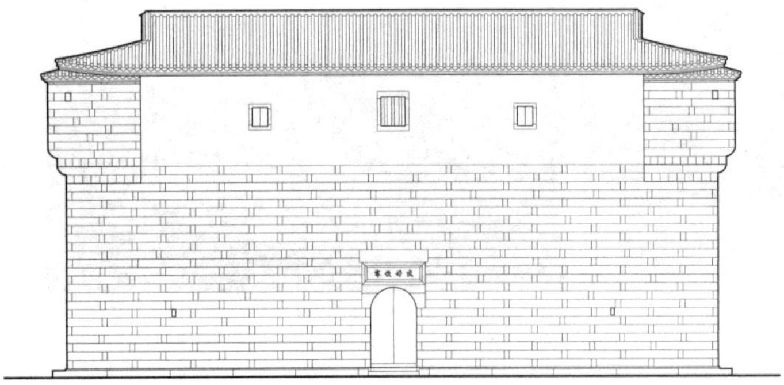

图 3-2-121　黄素石堡立面复原图

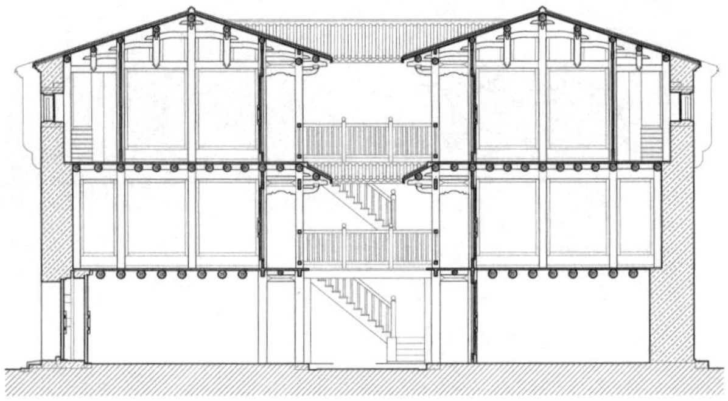

图 3-2-122　黄素石堡 H 剖面复原图

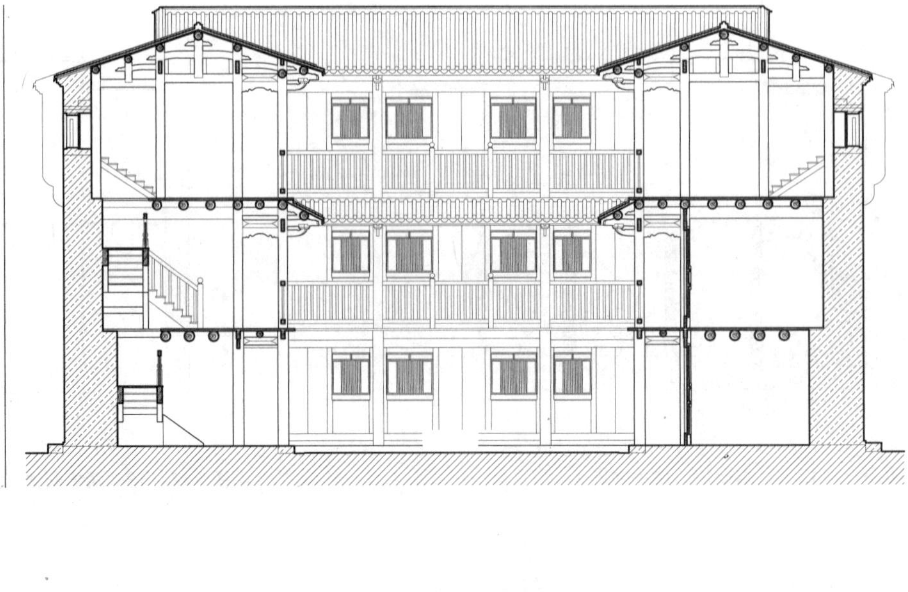

图 3-2-123　黄素石堡 5-5 剖面复原图

2013年11月22日《东南早报》报道，据初步调查结果，泉州总共有土楼63座（图3-2-124～图3-2-127），分布在安溪、南安、永春、德化、洛江、石狮和泉港，其中安溪占了将近一半——以28座居首。这些土楼以方形为主，其中明代的有4座，清代的有57座，民国时期建成的有2座。

图3-2-124　泰山楼

图3-2-125　马甲曾氏土楼

图3-2-126　马甲谢氏土楼

图 3-2-127　安溪西坪映宝楼

此外，在德化县赤水镇还保存着一条别具特色的古街——赤水古街，据《赤水乡志》载，明代隆庆年间，设立赤水集市，并在赤水街头设隘门，清末增设水巷、街尾两个隘门，民国时期，这里成为建有百余间店铺、较为繁华的街道，民国期间，几经损毁及重建。目前，所保留的古街建在半山腰上，两侧店屋单体多为下店上（后）宅的形式，店铺为联扇的竖板门，二层基本为木板外墙或白色编竹墙外抹灰。一般以一至两开间为主，梁架为穿斗式，地板铺设木楼板，内部空间较为通透，以木板隔墙。悬山顶屋顶出檐很大，土坯砖砌筑的山墙多用竹钉钉挂青瓦，当地称之为“穿瓦衫”。一侧店屋靠山，另一侧的房屋则沿山势而建，其基本特点是正屋建在实地上，厢房除一边靠在实地和正房相连，其余三边皆悬空，靠柱子支撑。房屋一般为四至六层，早期一、二层作为牲畜栏及存放农具、谷物之用，三层用作客房，四、五层一般为卧室，每层有三四个房间。从外侧看是五层楼，而从内侧看是三层楼。街内密如栉比，顺应山势蜿蜒而上，青瓦屋面顺着坡度错落有致。这种临街吊脚楼有很多好处，前屋作为店铺，后屋高悬地面，既通风干燥，又能防毒蛇、野兽，楼板下还可放杂物，是德化山区内因地制宜的一种特色建筑。

图 3-3-1　开间与进深

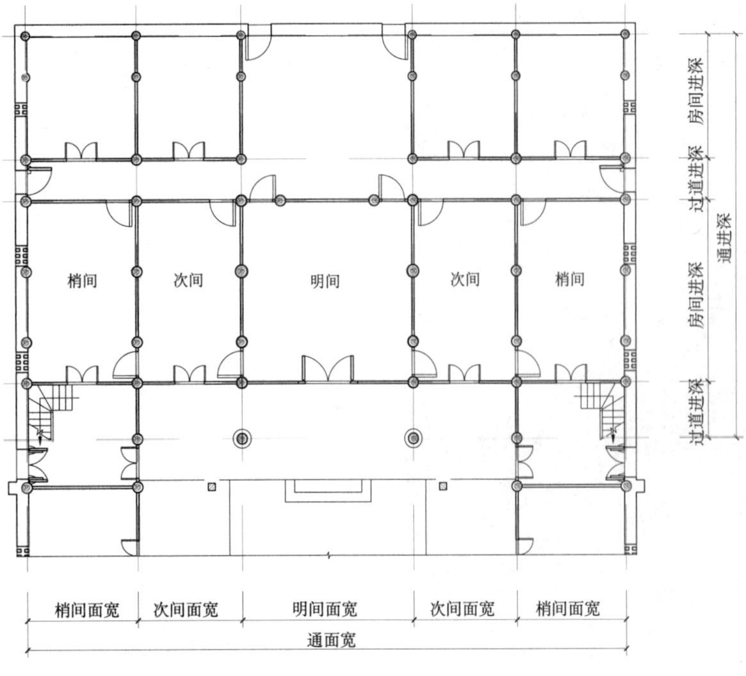

第三节　建筑布局

一栋传统建筑物的平面，由阔与深组成。中国古建筑因特有的木构栋路规制，先用立柱横梁构成屋架，再加筑墙壁或格扇。凡四柱之中的面积，称为间。间的宽称“阔丁”（面阔），间之深度，称“深丁”（进深）（图 3-3-1），各部件名称详见图 3-3-2。泉州传统民居平面布局有单开间（手巾寮）、三开间、五开间、带单护厝、双护厝等类型。

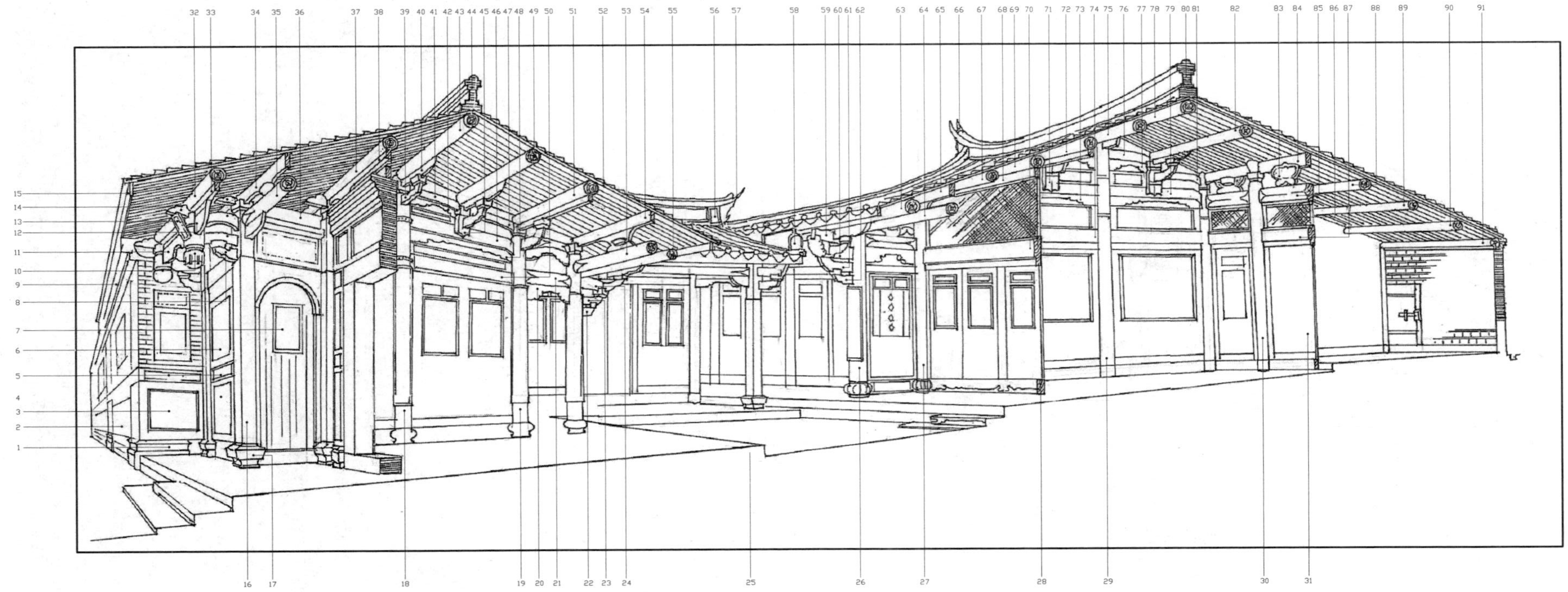

1—角牌座；2—粉堵；3—相向堵；4—麒麟堵；5—盖仔（腰盖）；6—雌虎窗；7—叫门；8—下尾拱；9—水车堵；10—吊筒；11—连托；12—托木；13—竖财；14—水尾；15—封檐板；16—步柱；17—柱珠；18—脊柱；19—青柱；20—大方通；21—圆光；22—下尾拱；23—尾拱；24—圆光出拱；25—石砛；26—步柱；27—青柱；28—下槛；29—脊柱；30—回心柱；31—太师屏；32—寮圆；33—圆引；34—步枋员；35—寿梁；36—小青束；37—副圆；38—圆引；39—生拱；40—鸡舌；41—上副束；42—束巾；43—脊圆；44—正脊；45—方筒；46—二行；47—下副束；48—二行巾；49—青圆；50—行；51—小青圆；52—角枝；53—寿梁；54—步枋员；55—寮圆；56—规带；57—燕尾；58—角牌盖；59—步通出榉；60—圆光出拱；61—尾拱；62—下尾拱；63—寮圆；64—寿梁；65—步枋员；66—燕尾；67—大方圆；68—圆引；69—小青圆；70—眉；71—方筒；72—青圆；73—二行巾；74—一行；75—副圆；76—上副束；77—束巾；78—脊圆；79—二行；80—正脊；81—下副束；82—青圆；83—枋圆角；84—枋圆；85—上部；86—花格；87—眉随；88—青圆；89—青圆；90—青圆；91—壁路圆

图 3-3-2　泉州民居构件名称

一、单开间

单开间（图 3–3–3）在闽南地区也称手巾寮，只有一开间，适用于人口稠密处和集镇地区，一般面阔 3 ~ 4m，进深则根据建筑的面积来定。最小的手巾寮只有一进，平面上分布着门口厅、厅后房、天井和厨房四部分。二进及二进以上的手巾寮，其平面布局跟一进布局相似，但把前一进的厨房改为通道，后一进的厅堂前，留一小段走廊。

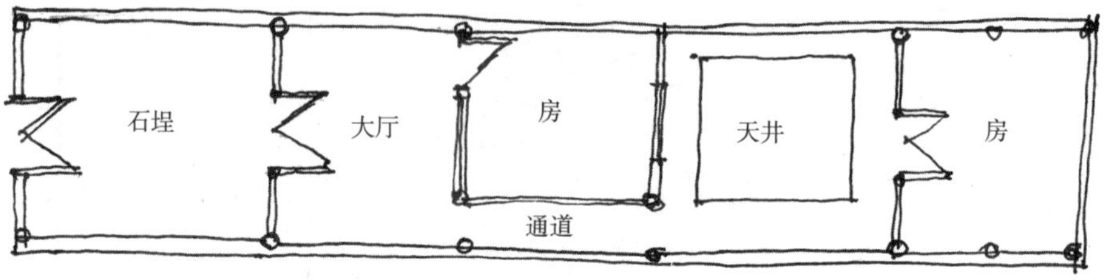

图 3–3–3　单开间（手巾寮）

二、三开间

三开间（图 3–3–4 ~ 图 3–3–11），当地话也叫“三间张”。在泉州地区，三开间一般都为两落（进），前落（下落）平面布局上一般是大门、门厅及大门两侧的下房。后落也称顶落，平面上依次为大厅、大厅两侧的大房及厅堂屏风后的后轩。连接前、后落的是两侧厢房（榉头）及中间的深井（天井）。这种两落的大厝自成一个围合的院落，也称小三间张。经济上更为宽裕的，根据实际需要，有的还建有第三进。第二进大厅后留有天井、厢房，以及后大厅和后大房组成的第三进或三进以上，为大三间张大厝。如果房间还不敷使用，则在房屋左右两侧加盖护厝。护厝有自己独立的入口，与第一、二、三进之间也各有通道。一般二、三进的大厝，多数人家在顶落梢间前开辟灶台。讲究的人家，则将厨房移至护厝中，将世俗生活之烟火与大厅会客之高雅分割开来。随着人口的繁衍，有的大厝还涉及多户人家共同居住的问题，那灶台（图 3–3–12）设在何处，则依各自的实际需求而定。

图 3–3–4　祖间苏正面

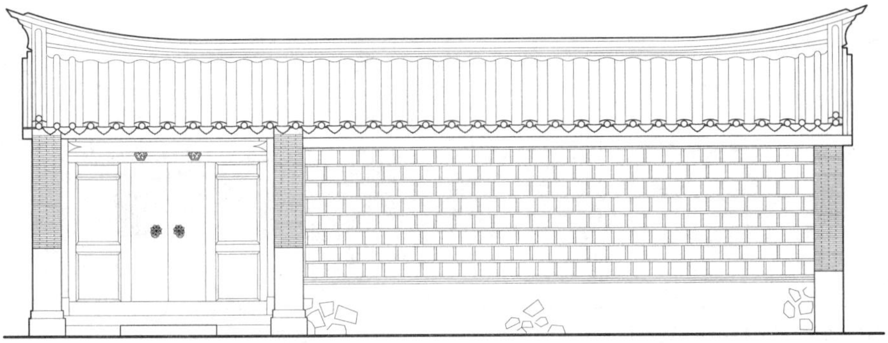

图 3-3-6 三开间正立面图（祖间苏民居 25 号）

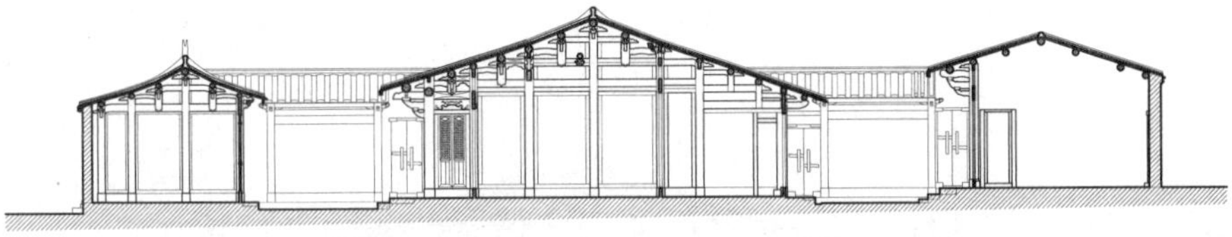

图 3-3-7 三开间剖面图（祖间苏民居 25 号）

图 3-3-8 晋江五店市传统街区——庄材膑宅正面

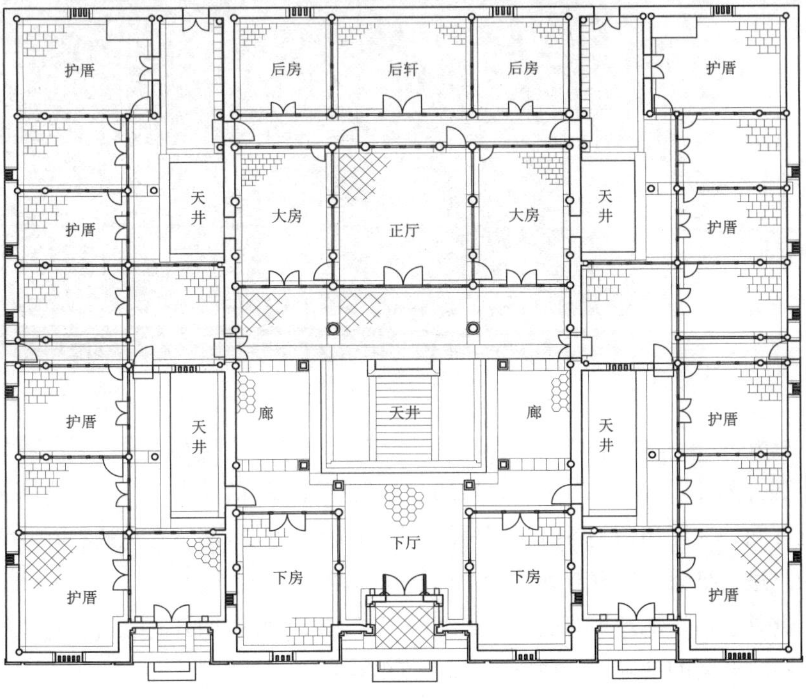

图 3-3-9 三开间带双护厝平面图（晋江五店市传统街区——庄材膑宅）

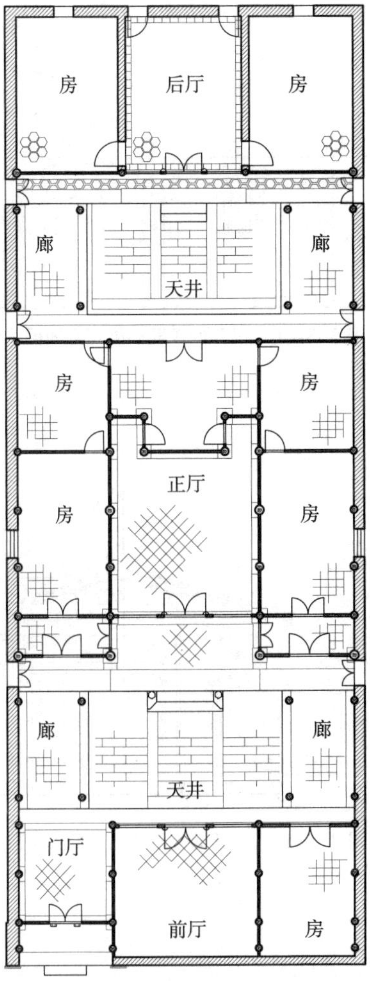

图 3-3-5 三开间平面图（祖间苏民居 25 号）

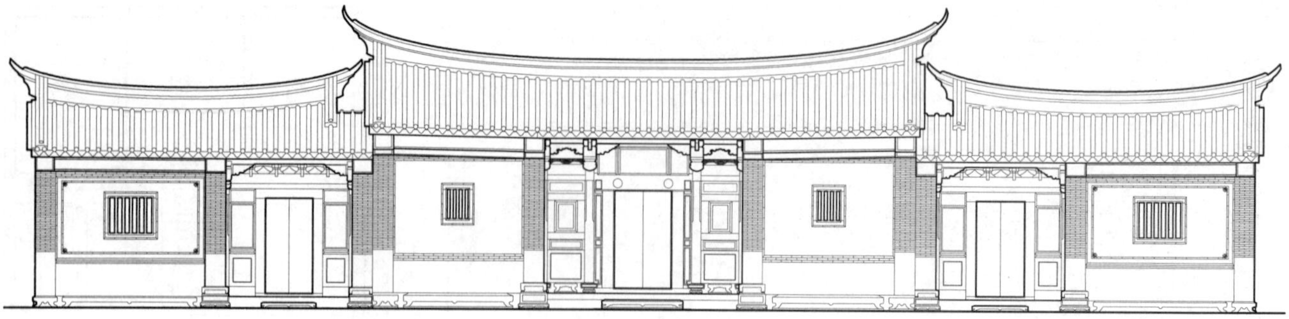

图 3-3-10　三开间带双护厝正立面图（晋江五店市传统街区——庄材腙宅）

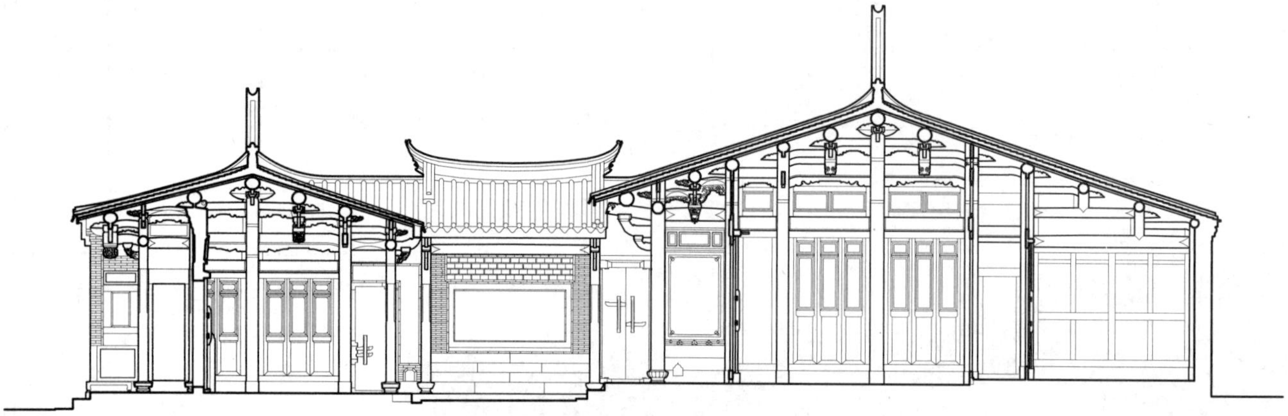

图 3-3-11　三开间带双护厝剖面图（晋江五店市传统街区——庄材腙宅）

图 3-3-12　灶台

三、五开间

五开间（图 3-3-13 ~ 图 3-3-20）是三开间大厝的扩大，即由三开间扩大为五开间，大厅和两侧各有两间房间，分别为大房和梢间。常见的五开间大厝多为三进，且大多配有双列护厝，称五开间带双护厝。

此外，由于地理等原因，泉州地区还有比较特殊的四开间建筑，其建筑格局是在三开间的基础上，加建一开间（图 3-3-21）。

图 3-3-13　晋江五店市传统街区——庄杰线宅正面

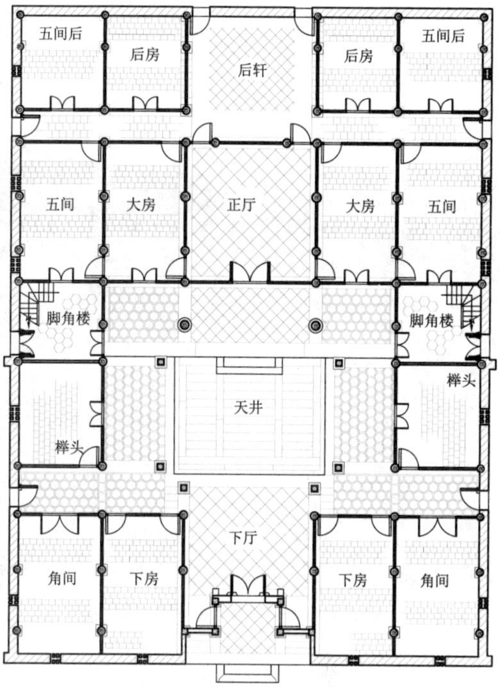

图 3-3-14　五开间平面图（晋江五店市传统街区——庄杰线宅）

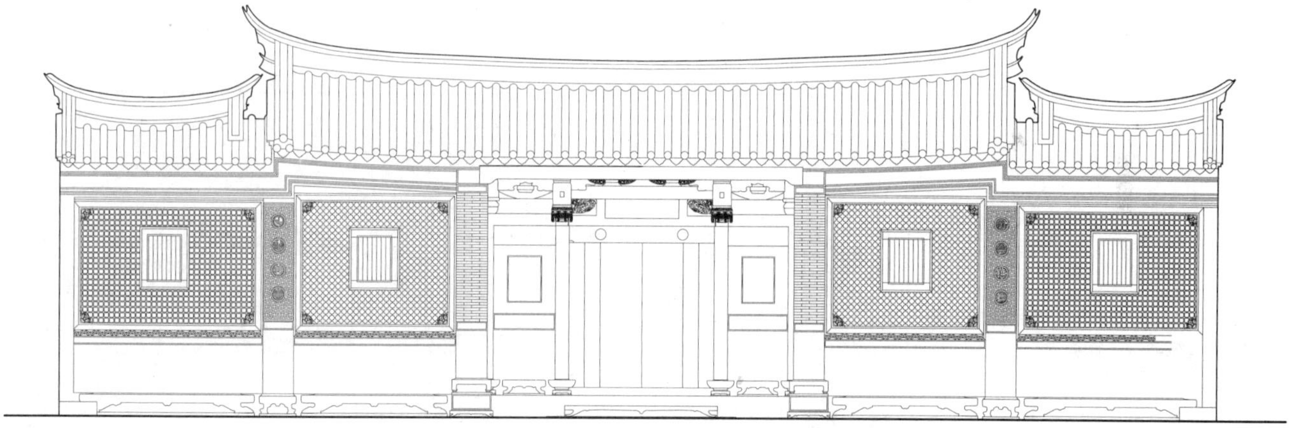

图 3-3-15　五开间正立面图（晋江五店市传统街区——庄杰线宅）

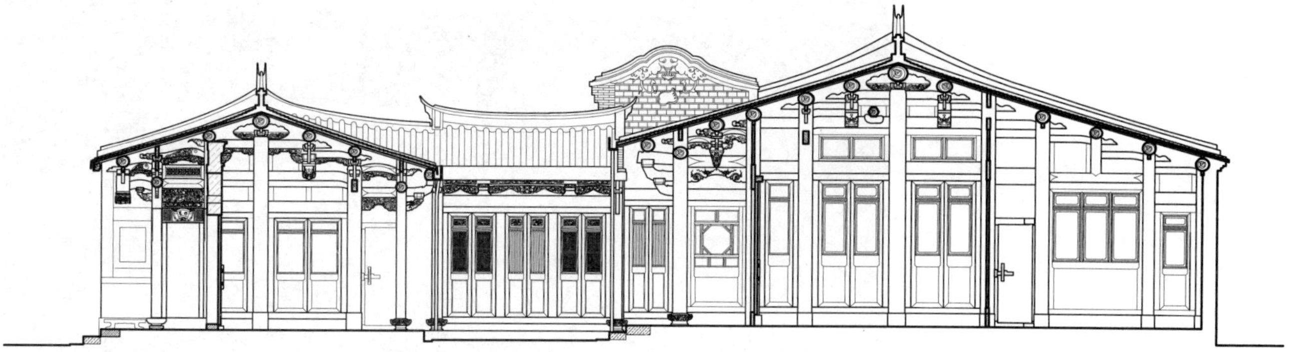

图 3-3-16　五开间剖面图（晋江五店市传统街区——庄杰线宅）

图 3-3-17　蔡氏古民居建筑群——德典厝正面

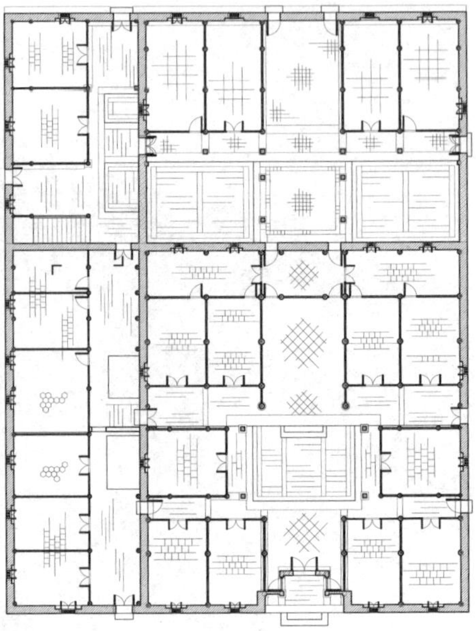

图 3-3-18　五开间带单护厝平面图（蔡氏古民居建筑群——德典厝）

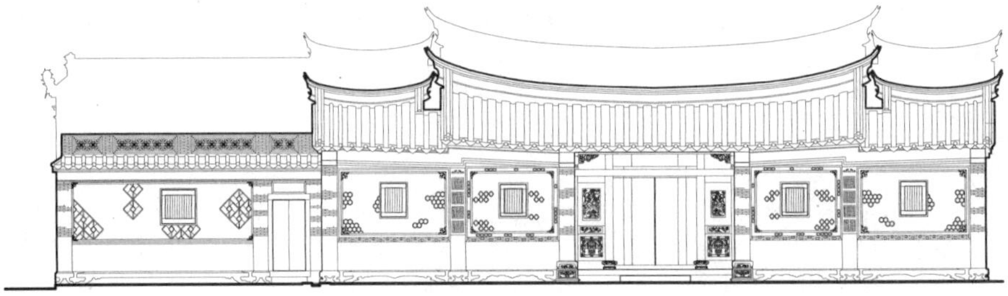

图 3-3-19　五开间带单护厝正立面图（蔡氏古民居建筑群——德典厝）

图 3-3-20　五开间带单护厝剖面图（蔡氏古民居建筑群——德典厝）

图 3-3-21　四开间

第四章　营造工艺

泉州传统民居建筑一般由大木、小木、石匠、泥水匠、油饰、彩绘、堆剪、灰塑等八种匠师来完成其营造工作。大木匠师在闽南传统建筑中既是创作者，又是营建者，身负着择地、测量、设计、取材与施工等重任，是整栋建筑的领头人、总设计师和总工程师。建筑过程中是以大木匠师（图 4–1–1）为主来规定其构造的统一尺寸。一般具有实践经验的大木匠师，都需熟悉“坐山”、“寸白”，会画水卦图，懂得使用“篙尺”等算法与应用，才能胜任设计与施工任务。其中，“画水卦”、“点篙尺”是施工前的准备工作。

图 4–1–1　大木匠师

第一节　画水卦图

画水卦图（图 4–1–2），类似绘制房屋栋路的剖视图，相当于设计图，一般采用 1 ∶ 10 的比例画在整块木板上，各类施工人员依据水卦图进行施工。

一、依据

画水卦首先要弄清推算出来的寸白和该房屋的屋顶造型。泉州民居屋顶造型一般采用硬山顶。画水卦图前，大木匠师需要熟悉坐山、八卦纳坐山和古建筑使用几种尺的算法与应用，并推算寸白等，一般画水卦图的高度以桷枝向下面为准，面阔、进深以柱子的圆半径（即柱丁中轴线）为准。寸白的具体推算方法是[1]：

[1] 本章节资料引自：泉州鲤城区建设局．闽南古建筑做法 [M]. 香港：香港闽南人出版有限公司，1998 并加以整理。

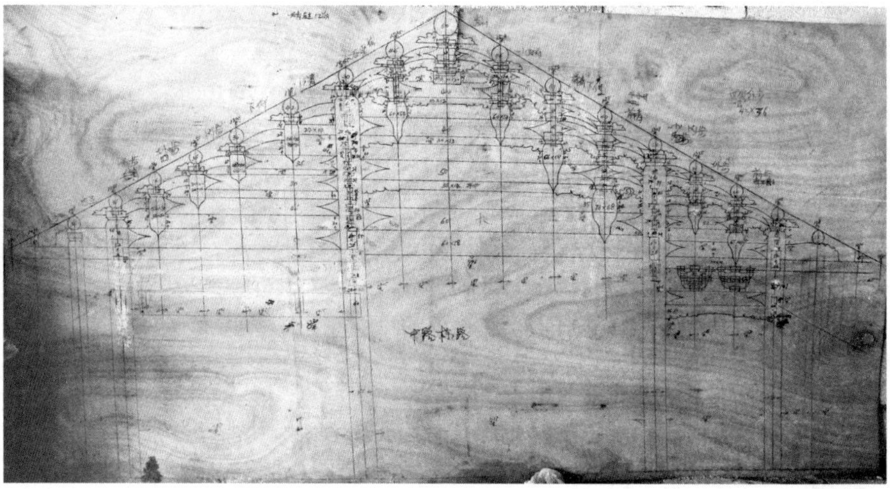
图 4-1-2　水卦图

坐山：共分二十四个山头，即乾甲、坤乙、艮丙、巽辛、丁巳、酉丑、庚亥、卯未、癸申、子辰、壬寅、午戌共 24 字，它是将整个圆周划分为 24 格，叫做二十四个山头，即二十四个朝向。

八卦纳坐山：八卦即乾、坤、艮、巽、兑、震、坎、离，八卦纳坐山，是九星中“天父地母”起数的依据。其归纳为：乾纳乾甲、坤纳坤乙、艮纳艮丙、巽纳巽辛、兑纳丁巳酉丑、震纳庚亥卯未、坎纳癸申子辰、离纳壬寅午戌。

九星：因中国“九”为极数，亦因寸白最高限位九，故将鲁班尺的一寸至九寸分别命名为一白、二黑、三碧、四绿、五黄、六白、七赤、八白、九紫。名曰九星。

天父：九星纳入天父，天父的起数为：乾四绿、震七赤、巽五黄、坎二黑、坤三碧、艮六白、兑九紫、离八白。天父不起一白。天父卦的尺白、寸白是用于垂直向度的尺度口诀。

地母：九星纳入地母，地母的起数为：乾一白、离二黑、震三碧、兑四绿、坎五黄、坤六白、巽七赤、艮八白。地母不起九紫。地母卦用于水平向度的尺寸设计中。

寸白：根据古建筑的坐字，纳入八卦，查出天父地母在九星中的起数，其起数为鲁班尺的第一寸，接连推算，凡算到一白、六白、八白谓之寸白，是画水卦计算尺寸的依据（附 1、附 2）。

水卦图首先根据平面图画出该建筑物的中路栋路，即确定是几架梁。接着确定建筑物的滴水、加水等数据。滴水是指瓦板到地面的尺寸，加水是在滴水的基础上往上折 45°，二者的尺寸皆应根据寸白来确定。如果是两进的建筑物，先确定下落的滴水、加水、中脊等尺寸，再确定顶落的滴水、中脊的尺寸。一般下檐不超过庑水，因为南方风雨天气较多，如果超过的话，风雨对于檐口的侵蚀比较严重。确定上下两落的中脊后，就可以画出牵手规了。至此，大概的水卦图就画出来了。

二、用尺

图 4-1-3　鲁班尺

（1）鲁班尺（图 4-1-3）：全称“鲁班营造尺”，为建造房宅时所用的测量工具，类似今工匠所用的曲尺。相传为春秋末著名工匠公输班所传的尺。春秋战国时期，我国建筑木工的生产技术已经达到相当高的水平，鲁班和当时的工匠建造房屋、桥梁就离不开木工工具。《续文献通考·乐八·度量衡》“鲁班尺，即今木匠所用曲尺，盖自鲁班传至唐……由唐至今用之”。鲁班尺主要用来校验刨削后的板、枋材以及结构之间是否垂直和边棱是否成直角。由于鲁班尺构造简单，功能多用，所以几千年来它仍被木、石工匠广泛地应用。鲁班尺有八格，分别为“财、病、离、义、官、劫、害、吉”，一般来说，大家都认为八字中财、义、官、吉所在的尺寸为吉利，另外四字所在的尺寸表示不吉利。但在实际应用中，鲁班尺的八个字各有所宜，如义字门可安在大门上，但不宜安在廊门上；官字门适宜安在官府衙门，却不宜安于一般百姓家的大门；病字门不宜安在大门上，但安于厕所门反而“逢凶化吉”。

（2）玉尺：其实也是鲁班尺，只是叫法不同，算法不同。玉尺计算，同样是根据“坐山”纳八卦，分别天父、地母，计算出玉尺的尺，它的起点为 1 尺，叫尺白。玉尺的九星是：一贪狼、二巨文、三禄存、四文曲、五廉贞、六武曲、七破军、八左辅、九右弼。其中，取一贪狼、二巨文、六武曲、八左辅、九右弼为吉祥。玉尺天父的起数是：乾右弼、离破军、兑贪狼、巽廉贞、艮武曲、坎文曲、坤禄存、震巨文。天父不起左辅。玉尺地母的起数是：巽右弼、乾巨文、离廉贞、兑禄存、坎武曲、艮文曲、震左辅、坤破军。地母不起贪狼。其计算程序与计算寸白程序相同。

（3）文光尺：是专门用于选配门窗尺寸的尺，即“造门窗一切阳用”。每尺分八格，名曰：财、病、离、义、官、劫、害、本 8 字，其中取财、义、官、本 4 字，即一、四、五、八格，余者不用。门窗以室内净光面积为准，计算尺寸。文光尺每尺等于 1.44 鲁班尺，每格为 1.8 鲁班寸。但使用时不取“齐头尺”，也就是不使用整尺。例如，取用第三尺财字，换算鲁班尺是 2.88 尺加 1.8 寸，为 3.06 尺。使用时，只能用 2.9 尺或 3.05 寸，因 3 整尺叫齐头尺，不取用。而 3.06 尺，刚好在字边，叫太边，也不取用，所以才用 2.9 尺或 3.05 尺。

（4）子思尺：专门用于佛座、佛身、佛龛定神位，及制作香案桌、八仙桌等细木使用，即“制神主石牌神龛人像等阴用”。选配构件尺寸的尺，每分 10 格，名曰：财、失、兴、死、官、义、苦、旺、害、丁 10 字。其中，一般只可用财、兴、官、义、旺、丁 6 字，个别的地方只用官、财、义、丁 4 字，每尺为 1.28 鲁班尺，每格为 1.28 鲁班寸（图 4–1–4）。

三、做法

水卦图下方标注檩距，上方标注前檐口和中脊标高，最关键的是加水数值与报水尺寸。也要标出与水卦设计密切相关的构件高度及木柱下方的石柱标高。在这个设计过程中，最基本的原则是要合乎寸白，这需要将具体的“尺法”手段落实到建筑设计上。

1）首先确定中脊、前后桷枝脚出檐的高度，产生屋面前后棚的坡度。一般三开间、五开间房屋顶落坡度是 30% ~ 40% 或者大一些，祠堂和寺庙的坡

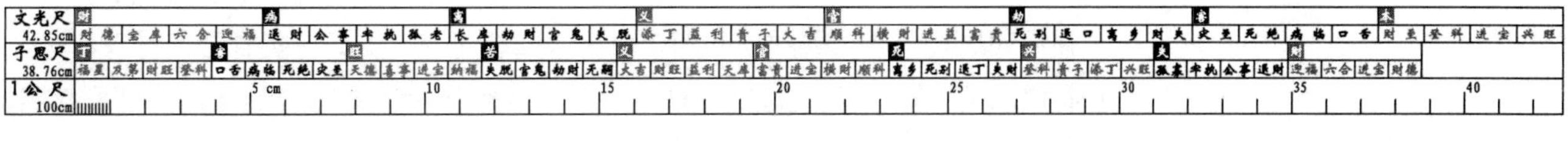

图 4–1–4　文光尺、子思尺

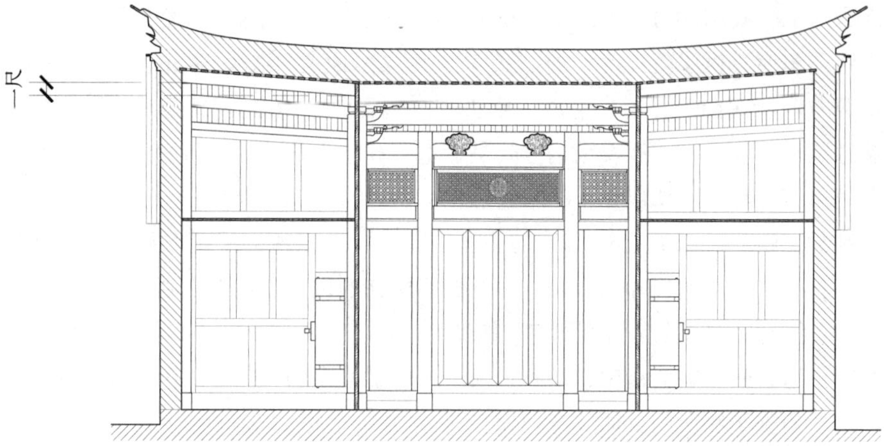

图 4-1-5　阔丁

度要更大一点，但下落与榉头的坡度受到要比顶落低的限制，所以会较小一些。

2）深阔丁的约制。房屋格间大小要主次分明。厅比房大，主房略大于次房。即中厅大于大房，大房大于五间，五间大于护厝。再者，顶落约制下落，例如顶落厅宽与榉头阔丁为 1 ∶ 0.8，即 1 丈厅配用 8 尺榉头阔丁；榉头的深丁应退过中厅中路的公孙桷枝约 7 寸至 8 寸；顶落厅阔丁要比下落厅阔丁大 1 尺左右（图 4-1-5）；下落房阔丁要比顶落房大 5 寸左右。总之，要根据寸白进行计算，确定具体制约的尺寸。

3）构件标高的约制。为保证顶落的通风、采光，下落脊圆的标高不能超过顶落的寮圆，因而下落与榉头的屋面较低下；下落向天井一面的桷枝脚与榉头的桷枝脚要保持同一标高，所以下落与榉头的屋面坡度就会比较小。

4）地座的标高前低后高。地座的标高及砛石的厚度均按天父地母的寸白来推算，一般顶落后房的地面应高于厅地面 4 寸左右，称为擅土；顶落厅地面应高于榉头与下落地面 4 寸左右，称为踏土；下落厅与榉头的地面平。

5）屋顶的起翘与落运（屋面举折）。通过起翘与落运，使得屋面成为具有优美曲线的天际线。

（1）中脊与规带（垂脊）的弧形起翘，其做法：一是中路栋与四路栋按寸白计算，高差 1 尺左右，使构架两边高于中间；二是钉桷枝后，在桷枝面上加暗厝圆角枝，俗称蜈蚣脚；三是泥水在土路方面加以制作。因此，整条中脊成弧形，两端燕尾脊高高翘起，规带同样也做弧形起翘。

四路栋的起翘数字的控制与脊下圆仔的下降数相等；四路栋一起翘，脊圆与桷枝脚也随之起翘，但脊圆的起翘数应大于桷枝脚的起翘数。闽南地区将整体构架称为“栋架”，明间的横向构架称为“中路栋”，次间为“四路栋”、“前廊半架”以及“后轩半架”等。

（2）落运在产生前后棚时确定：除四路栋高于中路栋，棚身两边已有起翘外，前后棚的排水消风不能成直线，在棚身中部降低，成弧形，其曲线的大小，根据房屋的进深而定，普通三间张、五间张和手巾寮，一般落运 3 ~ 6 尺（图 4-1-6），祠堂、宫殿则要大得多。

（3）屋角安装起翘的帅杆梁（也有叫笑杆的）。帅杆梁是钉在桷枝后，安装在屋四周转角处，寮圆顶的桷枝面上。安装起翘，上面有剑脊形，杆身两边加补水木条，使两边随之起翘。杆身长应伸出桷枝，使封檐板能钉成向外圆形起翘。

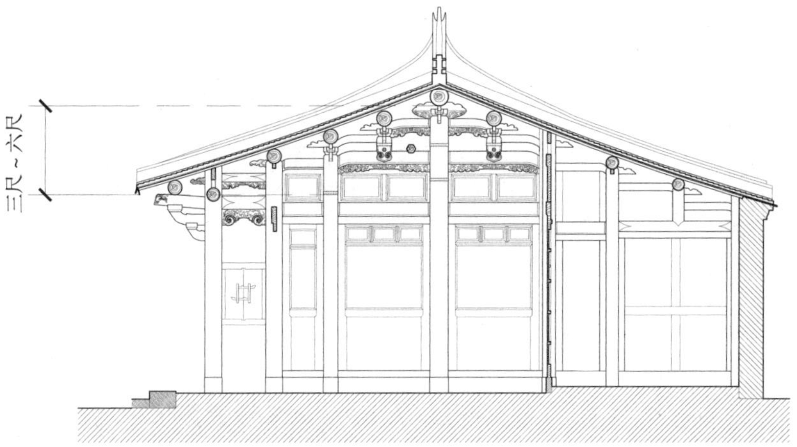

图 4-1-6　落运

6）算水：算水是计算屋面坡度与高度的设计技艺。算水需要全面考虑建筑的平面布局、柱网尺寸以及桁间距离等才能确定。算水要对建筑的规格、规模、功能以及组群关系和主人偏好、审美要求等进行综合的考虑，最终确定屋面的曲率。算水首先确定中脊高度，然后定加水数值。加水指屋面坡度总举高值。报水则是每檩下折高度。比如，民居、家祠加 30~35 水，庙宇加 60~70 水。也就是说，民居家祠建筑中，挑檐桁高、跨度比值为 30%~35%；庙宇建筑中，脊桁到挑檐桁高、跨度比值为 60%~70%。这样就初步算出了屋面总体坡度和挑檐桁的高度值。然后进行补水。补水分为加小水和减水，加小水是在加水基础上再小幅度增加桁的高度，减水是小幅度降低桁的高度。比如挑檐桁加 2.5 寸，二桁（也就是脊桁下面的一根）加 1.5 寸。通过补水的微调，最终使得屋面形成平滑曲线。接下来进行屋面开间方向的曲率计算。开间方向的屋面由中间向两边逐渐弯起，称为升起。升起的计算是由脊桁高度开始计算的。中间明间脊桁不动，由次间开始，每一丈升起五寸，直至梢间。以此方式，其他桁条也与脊桁保持一致，使屋面形成双向凹曲面。大木匠师确定屋面曲线后，便可以确定每一根桁条的标高，进而检验柱料长度、榫眼位置是否合适。

总之，要将脊高、檐高、柱高、地座、阔丁、深丁等关键性的尺寸写在水卦上，使各色匠师在建造过程中均可使用此设计图。

在这一过程中，还得注意以下事项：

（1）就是不能使得屋子“不见天”（图 4-1-7），即站在顶落的步口柱处，按照一人的身高大约 170cm 的视线往下落看，不能看不到天空，如果看不到天空，为“不见天”，会使得该建筑物变为“阴宅”，不利于该宅中居住的人。另：站在同一地方，往顶落滴水看去，遮檐要能遮住滴水，如果遮不住，那就得加大楣，这在建筑物的进深不够长的情况下，比较容易出现。

（2）在顶落与榉头中间开门的话，如果尺寸允许的话，一般会处理成双开门，尺寸不够，则处理成单开门，门轴安置在榉头这一方向。在开门的过程中，要注意到门栋不能超过顶落的砛石，最少得压住砛石 2 寸。

（3）榉头柱与顶落大石砛之间要有距离，一般距离 5 寸（1 尺约合 29.8cm），称之为公孙巷。按照闽南习俗，这叫给户主留下一条子孙后代的通道。如果二者之间没有距离，则会被认为诅咒户主无子孙后代。

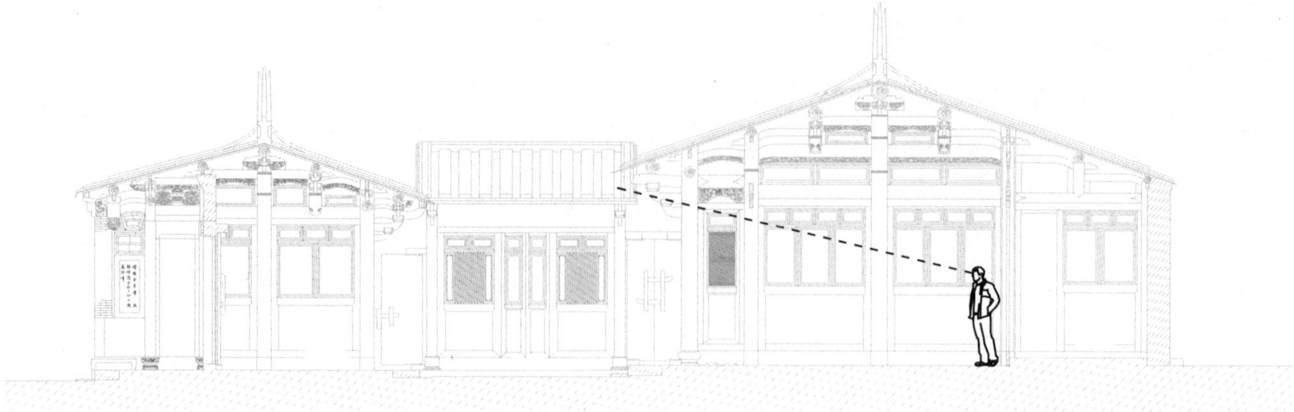

图 4-1-7　屋子要“见天”

7）深井与大埕。顶、下落之间设深，也称深井。深井宽是顶落厅加两边公孙桷（指明间前后坡各有两根通长的椽条，通常是在上梁仪式时钉上去的），即两缝桷枝的 1.2 ~ 1.4 尺左右，深是榉头宽两边加柱畔 6 ~ 7 寸左右，具体数码以寸白计算。深井与大埕的周边均设有明沟，集水流入沟涵（即暗沟），沟道一般设计为带有一定的弯度。

房屋的设计要保证木构架的稳定性，还要达到既充分通风采光，又能保暖的目的，强调下落低于顶落，以便于纳凉、采光、排水等需要。

第二节　点制篙尺

篙尺是泉州营建传统民居大木作最重要的工具之一，由设计房屋的大木匠师针对该屋的构架点制的，就是大木匠师将房屋的高度、进深、面阔和各种构件等用统一的尺寸系统地标注在木料上，利用篙尺上标注的记号来放样木构件尺寸、木构件上的榫卯位置，再进行大木构件的制作，似于施工图纸，是每栋建筑独一无二的营建尺。

一、篙尺的内容

图 4-2-1　篙尺图

篙尺（图 4-2-1）主要记载构架内大部分构件的垂直距离，以符码交叠方式表现各构件之间的相互关系及设计构思。其内容以线型符号为主，实际上包括了整体屋架的形式、构材之间相互的关系及构材的实际尺寸。原则上以一副篙尺记录一落建筑的尺寸。匠师在落篙程序中，对柱、梁、楣等整个构架的设计和安排皆是以三维立体的空间形象进行思考操作的。一副篙尺不仅涵盖了整座建筑构造的绝大部分信息，同时也通过层层分工的协作方式将篙尺上的设计符号转化成立体的构架关系，这一设计技艺与传统营造工匠技术培养的方式密切相关。对大木匠师而言，这是其技艺中最为关键的技术内容。篙尺在传统建筑的营建过程中具有不可取代的地位，在设计阶段时制作，应用于营建工作，兼备放样、对比、栋架组合构成的功能。在建筑物完工后，一般安置在步口檐处（图 4-2-2），也可以作为日后建筑物修葺参考之用。

篙尺是建筑构架尺寸的主要记录工具，它所记录的标示与建筑构架的尺寸为等比例关系，因此也是最全面反映建筑构件尺寸和比例关系的辅助工具。篙

图 4-2-2 安装在步口檐处的篙尺

尺的绘制与建筑构架设计思考的顺序是一致的，侧样图与篙尺的绘制都是建筑设计的重要步骤，侧样图是反映构架剖面关系的图。

二、点制的顺序

点制篙尺需根据建筑物的尺寸及水卦图，篙尺与建筑物是采取 1 ∶ 1 的比例来绘制的。篙尺的制作是每到一处工地，架起新做的木马后在现场才做的。丈篙的杉木料要先刨细、片成四方形，点制好后悬挂于工寮中或制作现场，悬挂高度以眼睛平视易看为准。篙尺所标示的每个构件与实际建筑物的构件是严格采用 1 ∶ 1 的比例来制作的。

篙尺的点制，根据画水卦的报水，推算中梁及梁架各个部分的高度，由中梁往下点制到房顶通楠，依构件在栋架空间上的标高以及与柱子的关系按顺序标在篙尺上。自上向下至大通之后，再最后一架楹的位置往回检视计算。大通为一个尺寸控制点。先从脊圆皮面点起，将整条脊柱所有的构件，用各种代号在篙尺的左角上点制成一条直线，然后点制副圆、青圆、步圆等，每圆都从圆皮面点起，将所有的构件在同一面的篙尺上点制成一条直线。每路每丛柱身的构件，也点制在同一篙尺面上（表 4-2-1）。

泉州地区将建筑进深方向的一榀构架称为一扇，五开间建筑则有六扇构架，自边扇起称为一到六扇。由于建筑两侧有升起，柱子的标高也因此不同，所以每扇构架会有小的差异。而构架以中轴对称，因此一、六扇的篙尺标示相同，二、五扇的篙尺标示相同，三、四扇的篙尺标示相同。而在篙尺上，则将其分为三个区，将三组数据分别标识在三个区域上。如最左边为一、六扇尺寸，中间为二、五扇尺寸，最右边为三、四扇尺寸，同时在中间一列还会注上二、五字样。

三、篙尺的统一性

篙尺具体标明房屋的高度、深丁、阔丁和各种构件的标高位置，是施工指挥者的具体根据。因此，房屋建筑过程中是以大木匠师制定出来的水卦图和篙

篙尺符号示意图　　表 4-2-1

构件名称		符号	构件名称		符号	图示
1	中脊		5	束子		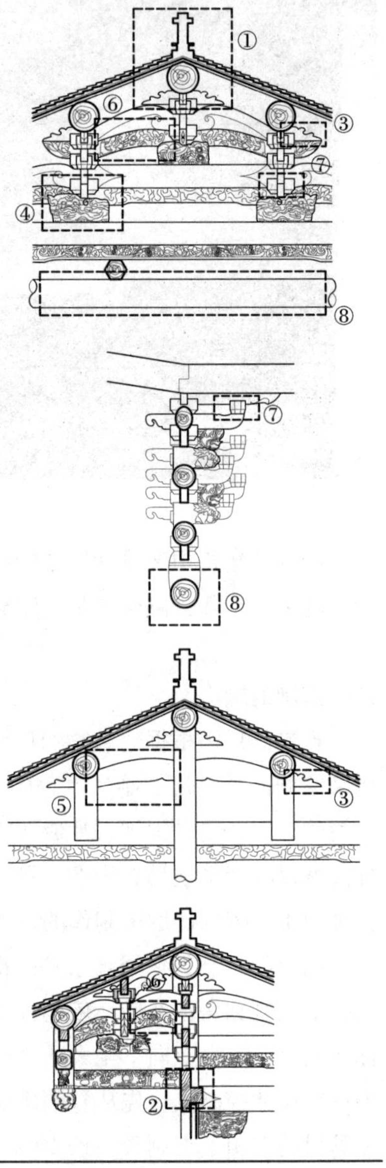
2	眉枋		6	弯枋		
3	水尾		7	斗		
4	狮座		8	大通		

尺为施工准则。一定要根据篙尺进行施工，具体尺寸要一律使用这统一的篙尺所刻的尺寸，不仅木作工匠绝对不能使用篙尺以外的任何尺寸，就是泥水和石匠也一定要从篙尺传引出尺寸相符的尺使用，以确保尺寸的统一无误。

第三节　大木施工

泉州民居的屋架称为“栋架”或“栋路”等（图 4-3-1）。木构架的结构形式是“坐梁式栋架”的木构架。这种梁架的节点受力形式与穿斗式相似，空间形式与抬梁式相似，其特点是承重梁的两端插入柱身，而不像抬梁式构架中承重梁压在柱头上，也不像穿斗式构架中柱间无承重梁、仅有穿枋拉结。大木施工是根据篙尺标定的数据来进行的。

图 4-3-1　泉州民居的屋架

一、栋路

（1）立柱。柱子根据其所在位置的不同，有着不同的称谓。前后檐柱，在闽南称之为步柱，步柱以内的金柱称为青柱，位于梁架中间支撑脊檩的中柱，称为脊柱。柱的断面一般为圆形或方形，圆形应用较多，而方形一般应用于走廊、护厝等。除此以外还有截面为梅花形，被称之为梅花柱的形式。按照既定的寸白，以水尾为基准点，到屋脊处的屋面坡度的比例来推算立柱的高度，一般为坡度尺寸的 3% ~ 3.5%。柱身采用收分直柱，那么柱身向上收分约柱径的 1%。柱与柱础之间连接有平接和榫接两种，榫接是榫与柱础相连，而卯在柱子上。柱头榫卯形式根据木构架构造而定。如果柱子上端直接承檩，则以柱包檩的形式开榫，将柱顶挖出与檩相配的弧形，并留有凸榫进行固定。檩的下方两侧也要挖出与柱顶相配的两个弧形，使两个构件咬合在一起。如果柱顶不直接承檩，一般以坐斗承接，则需将柱顶做凸榫，顶在坐斗下的卯眼上，坐斗上承檩并与鸡舌连接。

通梁之上的短柱称为瓜筒，最上层承接脊檩的瓜筒称为脊瓜筒，其余则称为副瓜筒。瓜筒断面呈圆形或椭圆形，早期也有的呈瓜瓣形。瓜筒柱与通梁连接十分重要，它是整个梁架承载传力的关键，也直接决定了整个梁架的稳定性。所以瓜筒的制作也十分讲究，是梁架构件中比较费工的一类。瓜筒下端一般做成鹰爪状或鸭蹼状，咬住下面的大通。安装时，需要先将大通穿过瓜筒，然后再将通梁固定在青柱上。这种瓜筒较为费料，其直径需明显大于通梁，才能将通梁包住。瓜筒的筒身宽大，给装饰加工留下了发挥的空间，雕刻、彩画经常应用在瓜筒上，形态各异的瓜筒成为集中展示建筑工艺美的地方。瓜筒之上一般并不直接承檩，而是以斗栱承接梁檩，当只有一个斗时，也常常将瓜柱上端直接雕刻成斗的形式。在当地民居中，也有些瓜筒的断面呈方形，称为方筒。筒的长度应加筒底，低于栱仔底 3 ~ 5cm；筒的直径应大于筒桦厚的三倍以上，各种筒身要留有适当的栋路高度作为藤步，以加固筒身（图 4-3-2 ~ 图 4-3-7）。

（2）步架。梁在当地称为通或通梁。通，根据其位置可分为大通、二通、三通、步通。大通插于两青柱（金柱）之间，其围合空间称为架内。二通以瓜筒架于大通之上，三通以瓜筒架于二通之上。步通则是一端插入青柱（金柱），另一端插入步柱（檐柱）。通梁以承接檩的数目决定其规格，如上面承接七个檩，称作七架梁。七檩之间有六个空档，相邻两檩中的水平距离称为步架，根据不同位置分为廊步、金步、脊步、顶步等，同一栋房屋中，除了廊步和顶步在尺度上有所变化外，其余各步架尺寸基本相同。每一个节间长度的尺寸，根据建筑进深大小、大通梁的长短、步架数量等而定。几层叠用的通梁，统称为梁架，各梁又按本身承托圆仔的总数目，称为“几架梁”，每架梁有几个圆仔档就均分几个等份，圆仔间的水平距离称为“步架”。一般前棚短后棚长，连脊圆算在内，不论前棚或后棚都是单数步架。大通长一般为六至四个步

图 4-3-2　朝北大厝站筒 1（左）
图 4-3-3　朝北大厝站筒 2（右）

图 4-3-4　德恩厝站筒（左）
图 4-3-5　启昌厝站筒（右）

图 4-3-6　世用厝站筒（左）
图 4-3-7　庄杰线宅站筒（右）

架，二通相对大通少两个步架，三通再少两个步架。步通一般长两个步架。通梁之中，大通用料最大，二通与步通相当，三通较小。梁的做法有圆作、扁作之分，圆作是指梁的断面呈圆形或椭圆形，扁作是指梁的断面呈矩形。圆梁的断面一般呈椭圆形，上下面刨平。也有的通梁断面呈细高的六边形。通梁两端有卷杀，以便接榫插入柱中。由椭圆形柱或六棱形的柱过渡到榫，自然形成横放的人字棱纹或曲线纹，称为鱼尾叉。鱼尾叉所围成的三角形或长半圆形区域，向内凹进。扁作梁架中，其上瓜筒也呈矩形断面，称为方筒。束木断面同样为矩形，弯曲较小，雕饰较少，这种梁架称为扁柴栋（图 4–3–8、图 4–3–9）。

（3）举架。相邻两檩中的垂直距离称为举高，举高与对应步架的比值称为举架。举架按屋面的坡面要求，举架的高低，由步架举数计算出来。举步的高度一般等于步架长的百分之五十（五举）、百分之六十（六举）、百分之六十五、百分之七十等，以百分之九十为极限，民居中较为少见。即每一步升起的高度就是举架。屋面举架的变化，使屋面形成柔和的曲面（图 4–3–10 ~ 图 4–3–19）。

（4）榫卯。木构在垂直构件与水平构件的拉结、互交处使用各种榫卯组合，做工较细的工匠会根据各个构件的大小来调整榫卯结合处，使其不至于过大而需要使用钉子来加固，这是古代建筑的一大特点。宋《营造法式》对这种技术加以总结，将木构榫卯概括为鼓卯、勾头搭掌等数种，分别用于柱、枋、梁、檩之间的榫卯结合。榫卯设计巧妙，结合紧密，构造合理，结构功能很强。泉州传统民居常见榫卯的种类有透榫、半透榫、卡腰榫、压掌榫等（图 4–3–20）。

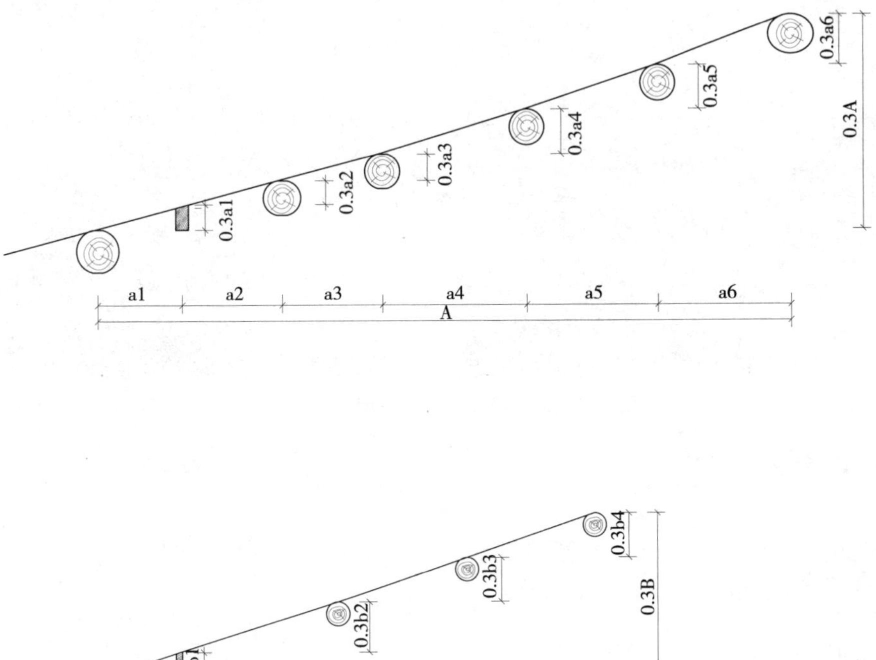

图 4–3–8 步架对比图

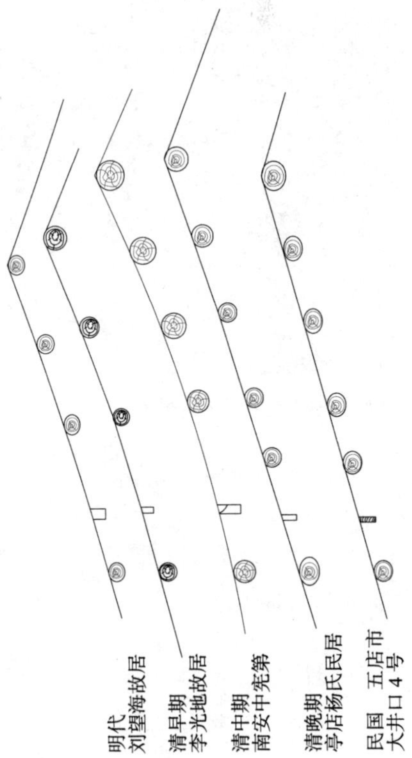

图 4–3–9 梁架对比图

图 4-3-10　刘望海故居举架

图 4-3-11　朝北大厝正厅举架

图 4-3-12　黄宗汉故居举架

图 4-3-13　晋海侯府举架

图 4-3-14　李光地旧衙举架

图 4-3-15　台湾客厝正厅举架

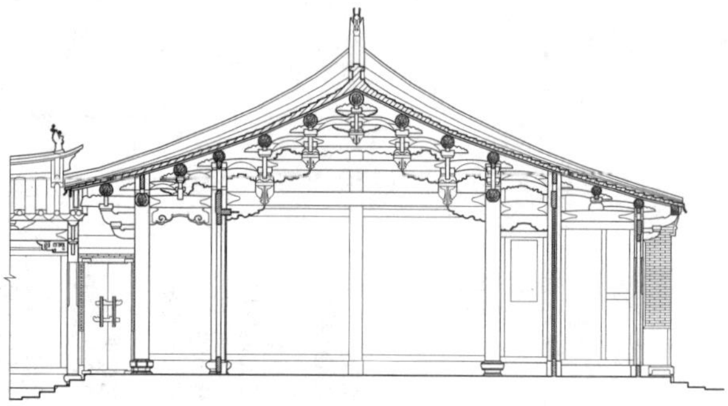

图 4-3-16　洪氏大宗祠梁架图

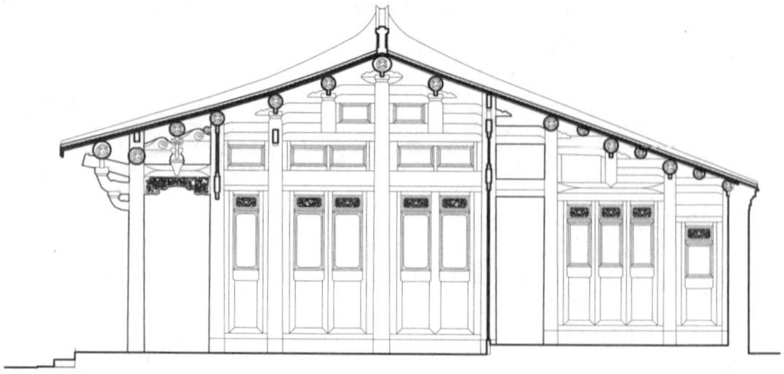

图 4-3-17　晋江五店市传统街区朝北大厝梁架图

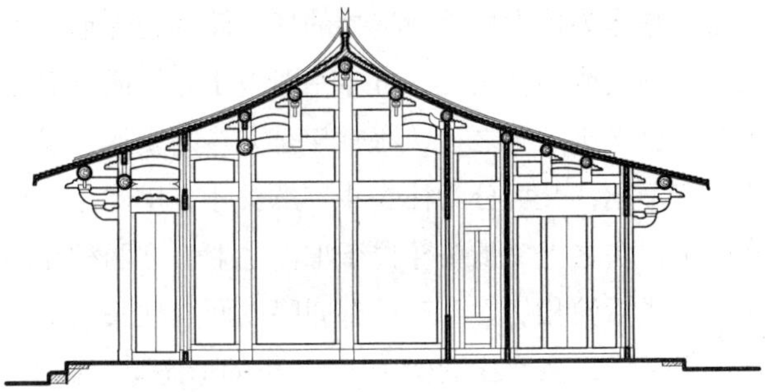

图 4-3-18　李光地故居梁架图

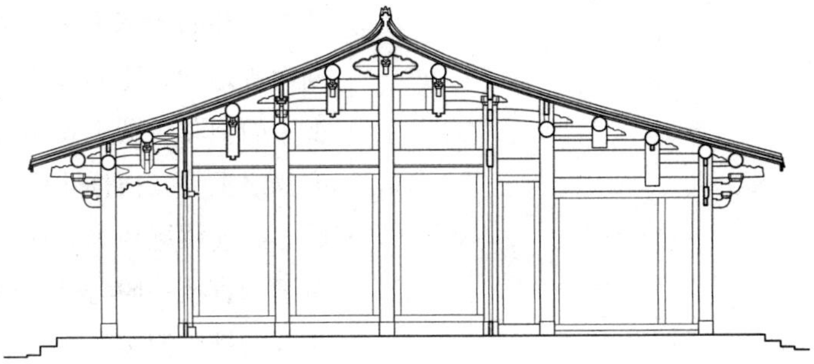

图 4-3-19　施琅故居梁架图

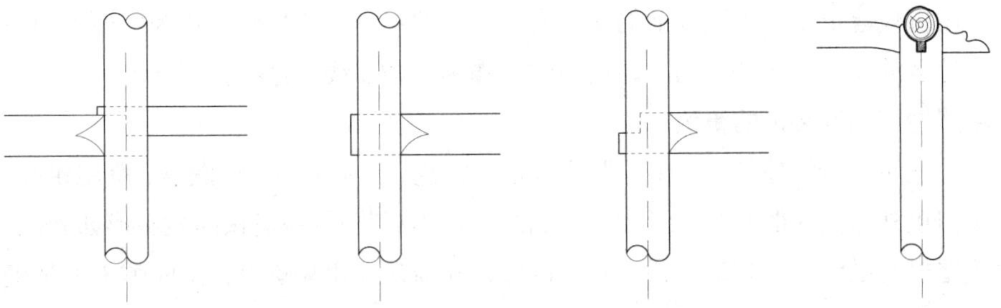

图 4-3-20　榫卯种类图

构件的榫卯有一定的要求。如寿梁上的栱、束仔的榫深，必须考虑不影响寿梁的截面，安排不当就会发生对砍，寿梁截面受到破坏，受力减退；其他束仔、斗仔衔鸡舌，一般需造 7 ~ 8 分；斗衔栱仔束，一般不超过 0.5 寸高，以防破斗眼；通梁、寿梁等的榫头宽度，高度比为 1 ： 0.4，就是一寸高 4 分宽。

几种构件在同一柱身上交叉时的做法。横柴与直柴在同一柱身上交叉，横柴一定要让直柴通过；非受力柴让受力柴通过，这是原则、不能变，才能使榫头受力传在全柱身上。直柴与直柴相互交叉在同一柱身上，则采用上下针互相叠置处理，受力较大的构件出下针，使榫头受力都传在全柱身上。

二、斗栱

斗栱是我国传统建筑特有的构件，由斗、栱以及斜昂组成。方形木块称斗，弓形短木叫栱，斜置长木叫昂，总称斗栱。在一组斗栱中，斗是传力构件，栱是出挑受弯构件，昂与栱相似，是斜着放置的出挑受弯构件。斗栱广泛地使用于构架各部节点上，是横层结构与立柱间最重要的关节。大部分传统木结构建筑中都能看到这种纵横层叠、逐层向外挑出的斗栱。斗栱一般置于柱与屋面之间，用于支撑上部荷载及出挑的屋檐，将上部荷载传到立柱，并兼具有装饰功能。斗仔有大、中、小各种规格，用何种规格的斗，是按柱距的大小宽比例来配置的，一般长度在 2 尺至 3 尺 3 寸（约 60 ~ 100cm）之间，也根据所衔构件离缝的大小来确定。如斗衔栱，斗的宽度以栱空后两边不少于栱的厚度为原则。斗高的三分之二以下起线做倒棱。鸡舌斗的鸡舌长度一般为两倍栱长，二分之一斗宽。再如，栋路用方筒，一丈宽厅的鸡舌长可配 8 寸；走筒因筒身肥大，一丈宽厅，鸡舌一般常在 2 尺 2 寸至 2 尺 5 寸（约 65 ~ 75cm）。

斗根据形态可分为方斗、圆斗、八角斗、六角斗、海棠斗、梅花斗、莲斗等。斗的形态不同，主要是由它作为传力构件所连接的柱、筒等构件形态不同而决定的。比如圆斗一般坐于圆筒或圆柱之上，方斗一般坐于方柱或方筒之上；而梅花斗则是圆斗的变形，也坐于圆筒之上，海棠斗是方斗的变形，坐于方筒之上等。根据斗所处的位置不同，又可分为柱头斗、瓜头斗、栱尾斗、鸡舌斗、连栱尾斗等。柱头斗位于柱头之上，瓜头斗位于瓜筒之上。这两种斗的宽度或直径一般与其下面的柱头或瓜筒相仿。斗底设有卯眼以便与柱头或瓜筒顶部的榫头相接。斗的形态呈扁平形，高宽比近似于1/3。栱的形态呈窄高形，斗与栱在宽度上比例近似于1/3。这样，斗与栱结合形成了T形的外观，这与北方地区的斗栱形成了鲜明的对比。除此以外，斗的加工工艺也别具特色。在中国古代建筑中，宋及以前的斗欹有内凹的曲线，至清代则简化为斜面。而泉州地区的斗欹，向外突出一两道线脚，作为装饰曲线。这些精细加工，显示了泉州地区建筑装饰的精致。

在泉州传统建筑中，栱的形式也很有特色，如关刀栱、螭虎栱、草尾栱等。关刀栱外缘呈S形曲线，形如半个葫芦，也称葫芦栱；螭虎栱的栱头形如螭虎；草尾栱的栱头雕成卷草形状。除此以外，在清末泉州建筑中，工匠雕工愈加繁缛，还出现了龙头、象鼻等栱头形式（图4-3-21 ~图4-3-35）。

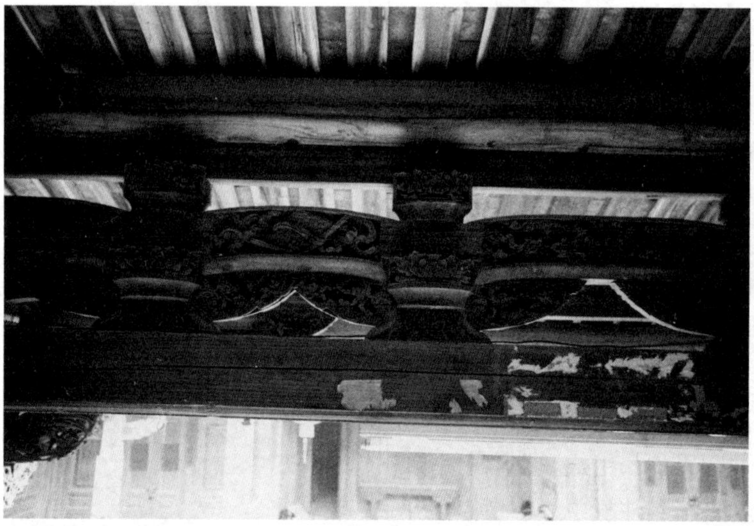

图4-3-21　连栱弯枋

图4-3-22　斗栱1

图4-3-23　斗栱2

图4-3-24　斗栱3

图 4-3-25　斗栱 4

图 4-3-26　斗栱 5

图 4-3-27　斗栱 6

图 4-3-28　吊筒

图 4-3-30　施琅故居

图 4-3-29　雀替

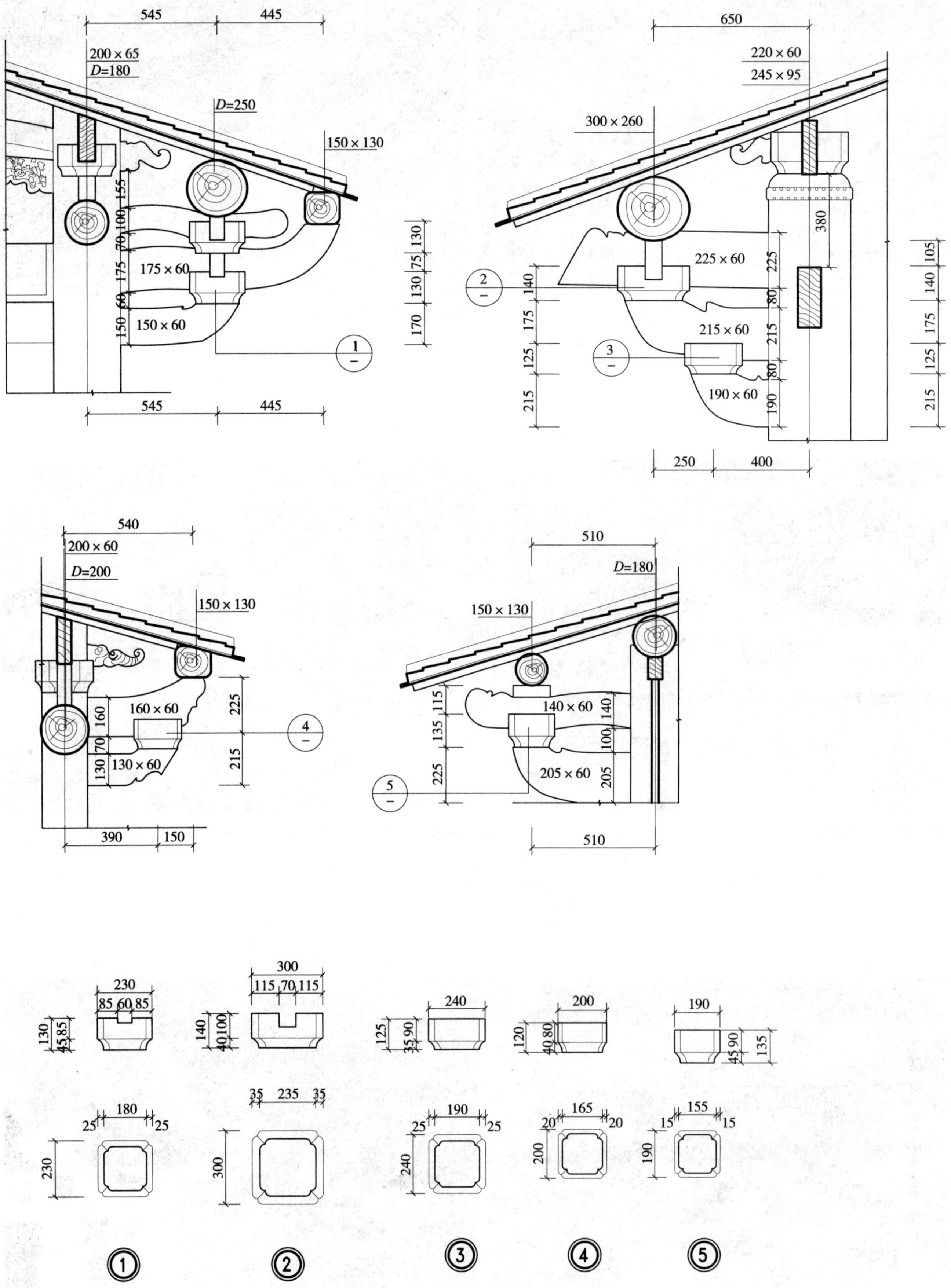

图 4-3-31 各种规格斗栱

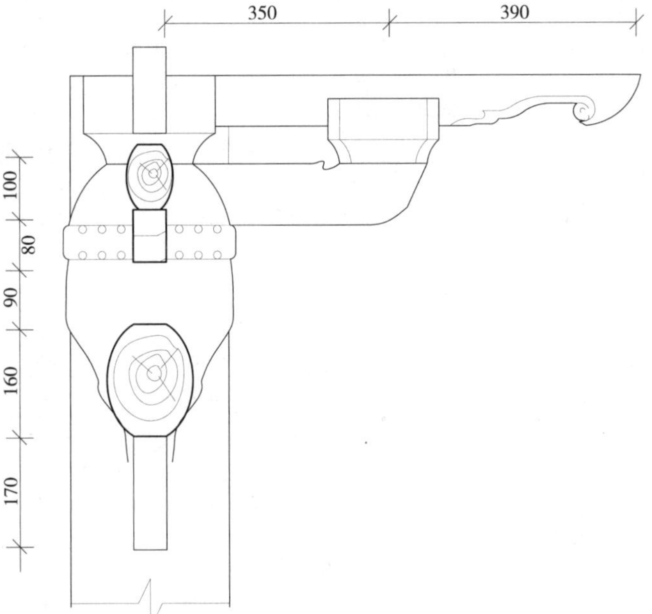

图 4-3-32　斗栱示意图

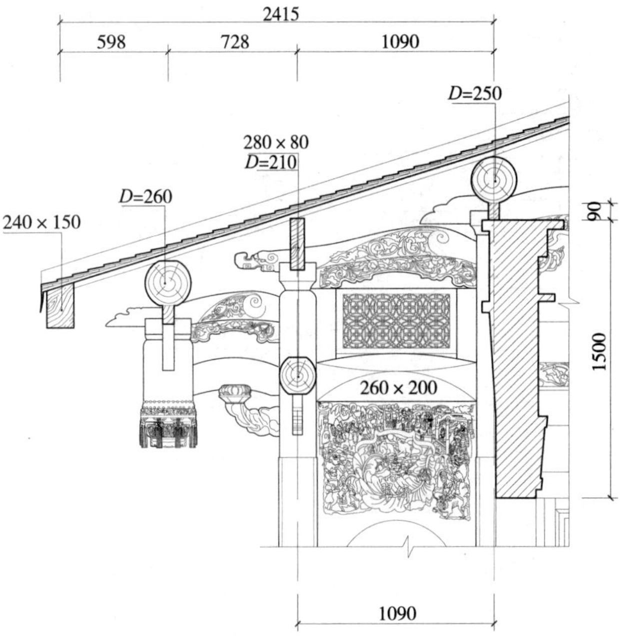

图 4-3-33　朝北大厝斗栱

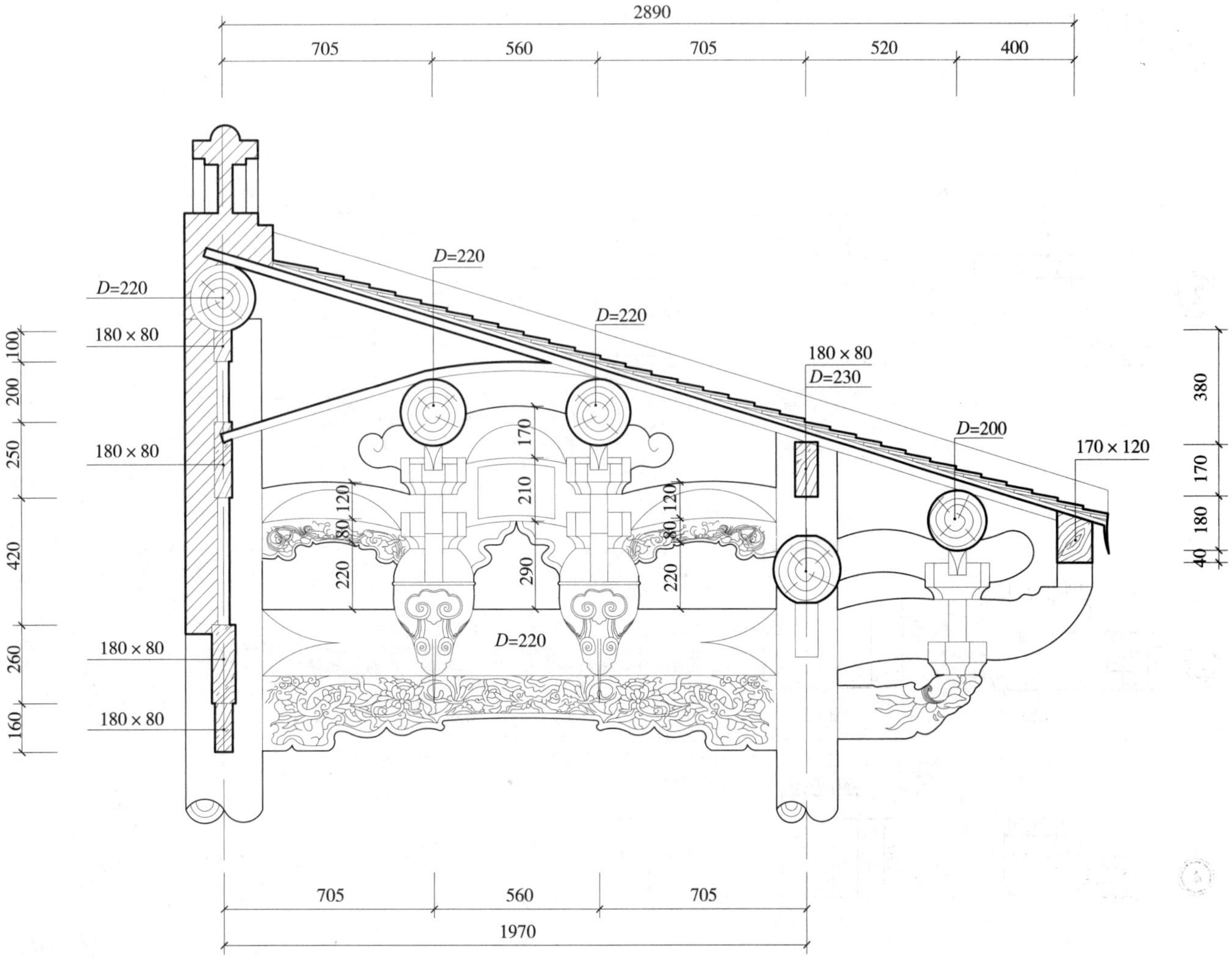

图 4-3-34　枋类构件

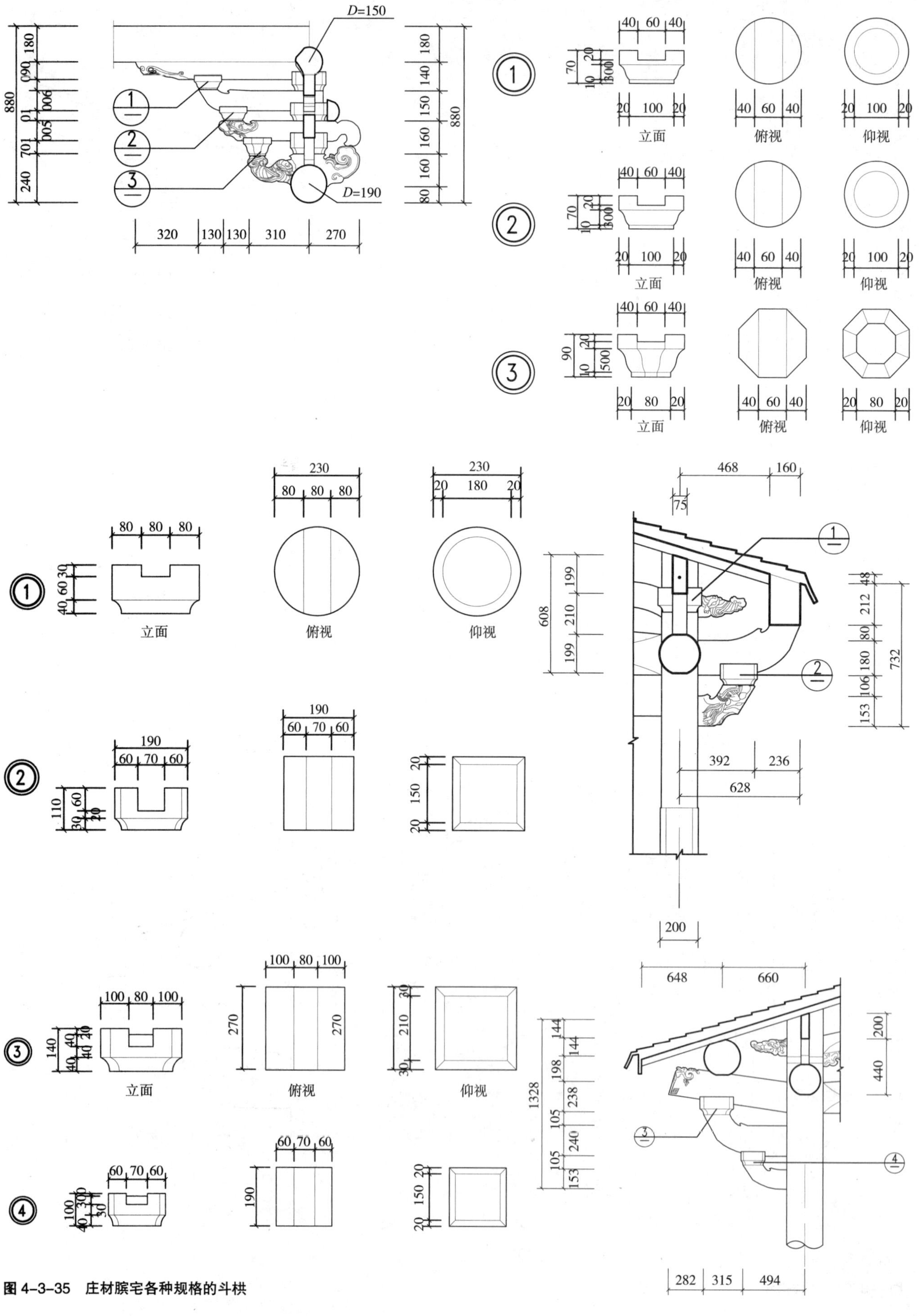

图 4-3-35　庄材朕宅各种规格的斗栱

三、枋类构件

枋为水平受力构件，承接上面的受力。通梁之下，有类似于随梁枋的构件，称为通楄或梁巾，常常雕刻各式花纹。前檐阑额位置的构件，称为寿梁。寿梁呈弓形，挖底削肩，并将底部木料拼在背上，形态粗壮，造型美观，在前檐立面十分抢眼。弓形的寿梁不仅仅在明间使用，在次间也会使用，使得民居立面更加大气、精美。

束木是位于梁架之上，两根檩之间起到拉结作用的水平构件。虽然同为水平受力构件，但几乎不受弯剪应力，其受力功能比枋更为纯粹。束木通常呈弯月形，故也称弯弓、弯插。束木较为扁平，束头与束尾高差较小，侧面不施卷杀，称为扁束。

四、檩椽构件

檩在闽南称为圆或楹。脊檩称为脊圆，上金檩称为前一架楹或后一架楹，中金檩称为二架楹，下金檩称为三架楹。或者按照檩下的柱子名称称呼，如前后檐口的檩称为寮圆，步柱上的檩称为步柱圆，青柱上的檩称为青柱圆，正脊下的檩称为脊圆。在次要建筑中，寮圆上沿开口，兼作封檐板。脊圆是建筑中位置最高、直径最大的檩，又称中脊、中脊梁，绘有太极八卦图，安放时举行上梁仪式。相邻的两根檩之间的水平距离称为一步架，如果檩上椽子的长度相同，则步架长度会随着屋面坡度增加而减少，称为步步紧。闽南民居的步架一般较小，常常以一根椽子跨越两三个步架，甚至自寮圆至脊圆仅用一根椽子，称为通椽做法。檩一般为圆形断面，下面不设檩板或随檩枋。但青柱圆下设置门扇时，则需在檩下增设称为圆引或楹引的枋木。除硬山搁檩外，圆的两端一般设有鸡舌承托。

托木，也叫雀替，早期雀替的功能是在梁枋与立柱之间的节点起到辅助增强节点拉力的作用，并减小跨度，后来大部分失去其结构功能，成为装饰性构件。其长度可以该开间宽度的八分之一或九分之一左右装置，个别刻花，因装饰上的需要可适当加长一些（图 4–3–29）。

五、其他构件

（1）桷枝。椽在泉州地区称为桷、桷子或桷枝。桷子的断面为扁方形，高宽比为 1/4 左右。由于形似木板，又称为桷子板、板条等。将桷子满铺屋面，可以兼作望板，是闽南传统建筑中的特别做法。在闽南建筑中一般只做檐椽而没有飞椽，并在椽子的端头用封檐板封住。圆仔间密排的桷枝，先在中厅的中心线上钉合角，然后分两边钉起。合角用一根长圆木对开为透长角。每开间包括两边栋路的牵栋在内，所钉的桷枝数都为双数。

（2）暗厝（蜈蚣脚）。暗厝在民居中一般有三处：一处是为了便于排水，设在榉头与下落斜接处；一处是在前轩处；一处是在中脊处，为了屋脊能形成优美的曲线而加高屋脊，起到分散承担屋脊重量的功效。在中脊圆两端加竖一短柱，柱长按脊尾起翘的要求而定。短柱上钉暗厝圆，圆身的长短，按整条中脊的弧线形的要求而定，一端钉在短柱上，一端钉在脊圆上。暗厝桷枝的长短，按屋坡面的曲线要求而定（图 4–3–36）。

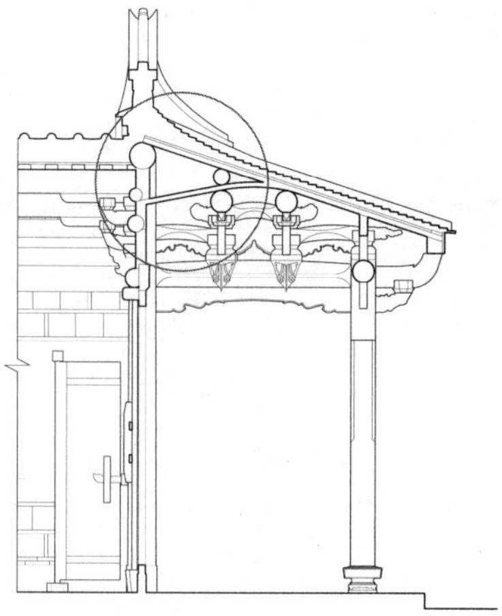

图 4–3–36　暗厝（蜈蚣脚）

（3）灯杆。六角形，采用以九、五分六角的做法。灯杆一般安装在中厅前副圆外至下副圆之间，高度与一郎顶平，由刻花灯杆座钉在一郎身顶托，房屋较低的可钉在二郎身顶托（图 4-3-37）。

图 4-3-37　灯杆

大木构架组构程序是在各种构件制成后，先分栋路在地面进行试装，经试装完好，将五弯面架在地面先组好，立起来后与前点金柱榫接，再将大通榫接前点金柱与后点金柱，接着先组立完成其他所有构架，最后再组立四点金柱内的瓜筒、弯插等，最后钉棚，作暗厝，装帅杆，至此构架制作组装完成（图 4-3-38）。木构件在垂直构件和水平构件的拉结、互交处使用各种榫卯。做工较细的工匠会根据各个构件的大小来调整榫卯结合处，使其不至于过大而需要使用钉子来加固。当然，偶尔也会有出现榫卯结合不牢固的情况，这时就用得上竹钉。竹钉，顾名思义，就是竹子做成的钉子。将竹子削成约 10cm 长的钉子形状，用糠拌花生油来炒竹钉（一斤糠约可炒三斤竹钉），炒完出锅冷却，作防腐处理后即可使用（图 4-3-39）。

图 4-3-38　大木构架组装

图 4-3-39　竹钉

附 1：天父卦、地母卦吉星尺

天父卦吉星尺

乾甲二山吉星尺

一尺弼星，二尺贪狼，三尺巨门，
七尺武曲，九尺辅星，一丈弼星，
丈一贪狼，丈二巨门，丈六武曲，
丈八左辅，丈九弼星，二丈贪狼。

乾甲二山吉寸白

三寸，六白。
五寸，八白。
七寸，一白。

坤乙二山吉星尺

四尺武曲，六尺左辅，七尺右弼，
八尺贪狼，九尺巨门，丈三武曲，
丈五左辅，丈六右弼，丈七贪狼，
丈八巨门。

坤乙二山吉寸白

四寸，六白。
六寸，八白。
八寸，一白。

子癸申辰四山吉星尺

三尺武曲，五尺左辅，六尺右弼，

七尺贪狼，八尺巨门，丈二武曲，
丈四左辅，丈五右弼，丈六贪狼，
丈七巨门。

子癸申辰四山吉寸白
五寸，六白。
七寸，八白。
九寸，一白。

午壬寅戌四山吉星尺
二尺左辅，三尺右弼，四尺贪狼，
五尺巨门，九尺武曲，丈一左辅，
丈二右弼，丈三贪狼，丈四巨门，
丈八武曲，二丈左辅。

午壬寅戌四山吉寸白
一寸，八白。
三寸，一白。
八寸，六白。

艮丙二山吉星尺
一尺武曲，三尺左辅，四尺右弼，
五尺贪狼，六尺巨门，一丈武曲，
丈二左辅，丈三右弼，丈四贪狼，
丈五巨门，丈九武曲。

艮丙二山吉寸白
一寸，六白。
三寸，八白。
五寸，一白。

巽辛二山吉星尺
二尺武曲，四尺左辅，五尺右弼，
六尺贪狼，七尺巨门，丈一武曲，
丈三左辅，丈四右弼，丈五贪狼，
丈六巨门，二丈武曲。

巽辛二山吉寸白
二寸，六白。
四寸，八白。
六寸，一白。

酉丁巳丑四山吉星尺
一尺贪狼，二尺巨门，六尺巨门，
六尺武曲，八尺左辅，九尺右弼，
一丈贪狼，丈一巨门，丈五武曲，
丈七左辅，丈八右弼，丈九贪狼，
二丈巨门。

酉丁巳丑四山吉寸白
二寸，一白。
七寸，六白。
九寸，八白。

卯庚亥未四山吉星尺
一尺巨门，五尺武曲，七尺左辅，
八尺右弼，九尺贪狼，一丈巨门，
丈四武曲，丈六左辅，丈七右弼，
丈八贪狼，丈九巨门。

卯庚亥未四山吉寸白
二寸，八白。
四寸，一白。
九寸，六白。

地母卦吉星尺（厝用阳居）

乾甲二山吉星尺
四尺武曲，六尺左辅，七尺右弼，
八尺贪狼，九尺巨门，丈三武曲，
丈五左辅，丈六右弼，丈七贪狼，
丈八巨门。

乾甲二山吉寸白
一寸，一白。
六寸，六白。
八寸，八白。

坤乙二山吉星尺
一尺右弼，二尺贪狼，三尺巨门，
七尺武曲，九尺左辅，一丈右弼，
丈一贪狼，丈二巨门，丈六武曲，
丈八左辅，丈九右弼。

坤乙二山吉寸白
一寸，六白。
三寸，八白。
五寸，一白。

子癸申辰四山吉星尺
二尺左辅，三尺右弼，四尺贪狼，
五尺巨门，九尺武曲，丈一左辅，
丈二右弼，丈三贪狼，丈四巨门，
丈八武曲，二丈左辅。

子癸申辰四山吉寸白
二寸，六白。
四寸，八白。
六寸，一白。

午壬寅戌四山吉星尺
三尺武曲，五尺左辅，六尺右弼，
七尺贪狼，八尺巨门，丈二武曲，
丈四左辅，丈五右弼，丈六贪狼，
丈七巨门。

午壬寅戌四山吉寸白
五寸，六白。
七寸，八白。
九寸，一白。

艮丙二山吉星尺
一尺贪狼，二尺巨门，六尺武曲，
八尺左辅，九尺右弼，一丈贪狼，
丈一巨门，丈五武曲，丈七左辅，
丈八右弼，丈九贪狼，二丈巨门。

艮丙二山吉寸白
一寸，八白。
三寸，一白。
八寸，六白。

巽辛二山吉星尺
一尺巨门，五尺武曲，七尺左辅，
八尺右弼，九尺贪狼，一丈巨门，

丈四武曲，丈六左辅，丈七右弼，
丈八贪狼，丈九巨门。

巽辛二山吉寸白
二寸，八白。
四寸，一白。
九寸，六白。

酉丁巳丑四山吉星尺
一尺武曲，三尺左辅，四尺右弼，
五尺贪狼，六尺巨门，一丈武曲，
丈二左辅，丈三右弼，丈四贪狼，
丈五巨门，丈九武曲。

酉丁巳丑四山吉寸白
三寸，六白。
五寸，八白。
九寸，一白。

卯庚亥未四山吉星尺
二尺武曲，四尺左辅，五尺右弼，
六尺贪狼，七尺巨门，丈一武曲，
丈三左辅，丈四右弼，丈五贪狼，
丈六巨门，二丈武曲。

卯庚亥未四山吉寸白
四寸，六白。
六寸，八白。
八寸，一白。

附 2：廿四山寸白洋细表

壬丙兼亥巳，天父寸白一,三,八寸
地母寸白五,七,九寸
壬丙兼子午，天父寸白一,三,八寸
地母寸白五,七,九寸
子午兼壬丙，天父寸白五,七,九寸
地母寸白二,四,六寸
子午兼癸丁，天父寸白五,七,九寸
地母寸白二,四,六寸
癸丁兼子午，天父寸白五,七,九寸
地母寸白二,四,六寸

癸丁兼丑未，天父寸白五,七,九寸
地母寸白二,四,六寸
丑未兼癸丁，天父寸白二,七,九寸
地母寸白三,五,七寸
丑未兼艮坤，天父寸白二,七,九寸
地母寸白三,五,七寸
艮坤兼丑未，天父寸白一,三,五寸
地母寸白一,三,八寸
艮坤兼寅申，天父寸白一,三,五寸
地母寸白一,三,八寸
寅申兼艮坤，天父寸白一,三,八寸
地母寸白五,七,九寸
寅申兼甲庚，天父寸白一,三,八寸
地母寸白五,七,九寸
甲庚兼寅申，天父寸白三,五,七寸
地母寸白一,六,八寸
甲庚兼卯酉，天父寸白三,五,七寸
地母寸白一,六,八寸
卯酉兼甲庚，天父寸白二,四,九寸
地母寸白四,六,八寸
卯酉兼乙辛，天父寸白二,四,九寸
地母寸白四,六,八寸
乙辛兼卯酉，天父寸白四,六,八寸
地母寸白一,三,五寸
乙辛兼辰戌，天父寸白四,六,八寸
地母寸白一,三,五寸
辰戌兼乙辛，天父寸白五,七,九寸
地母寸白二,四,六寸
辰戌兼巽乾，天父寸白五,七,九寸
地母寸白二,四,六寸
巽乾兼辰戌，天父寸白二,四,六寸
地母寸白二,四,九寸
巽乾兼巳亥，天父寸白二,四,六寸
地母寸白二,四,九寸
巳亥兼巽乾，天父寸白二,七,九寸
地母寸白三,五,七寸
巳亥兼丙壬，天父寸白二,七,九寸
地母寸白三,五,七寸
丙壬兼巳亥，天父寸白一,三,五寸
地母寸白一,三,八寸
丙壬兼午子，天父寸白一,三,五寸

地母寸白一,三,八寸
午子兼丙壬，天父寸白一,三,八寸
地母寸白五,七,九寸
午子兼丁癸，天父寸白一,三,八寸
地母寸白五,七,九寸
丁癸兼午子，天父寸白二,七,九寸
地母寸白三,五,七寸
丁癸兼未丑，天父寸白二,七,九寸
地母寸白三,五,七寸
未丑兼丁癸，天父寸白二,四,九寸
地母寸白四,六,八寸
未丑兼坤艮，天父寸白二,四,九寸
地母寸白四,六,八寸
坤艮兼未丑，天父寸白四,六,八寸
地母寸白一,三,五寸
坤艮兼申寅，天父寸白四,六,八寸
地母寸白一,三,五寸
申寅兼坤艮，天父寸白五,七,九寸
地母寸白二,四,六寸
申寅兼庚甲，天父寸白五,七,九寸
地母寸白二,四,六寸
庚甲兼申寅，天父寸白二,四,九寸
地母寸白四,六,八寸
庚甲兼卯酉，天父寸白二,四,九寸
地母寸白四,六,八寸
酉卯兼庚甲，天父寸白二,七,九寸
地母寸白三,五,七寸
酉卯兼辛乙，天父寸白二,七,九寸
地母寸白三,五,七寸
辛乙兼酉卯，天父寸白二,四,六寸
地母寸白二,四,九寸
辛乙兼戌辰，天父寸白二,四,六寸
地母寸白二,四,九寸
戌辰兼辛乙，天父寸白一,三,八寸
地母寸白五,七,九寸
戌辰兼乾巽，天父寸白一,三,八寸
地母寸白五,七,九寸
乾巽兼戌辰，天父寸白三,五,七寸
地母寸白一,六,八寸
乾巽兼亥巳，天父寸白三,五,七寸
地母寸白一,六,八寸

亥巳兼乾巽，天父寸白二,四,九寸
地母寸白四,六,八寸
亥巳兼壬丙，天父寸白二,四,九寸
地母寸白四,六,八寸

合计四十八坐向

第五章　细木作技艺

传统木作有大木与小木之分。大木作是指古代木构架房屋建筑中负担结构构件的制造和木构架的组合、安装、竖立等工作的专业。由于泉州传统民居建筑是以木结构为骨干的，因此房屋的设计也归属大木作。小木作指古代建筑中非承重木构件的制作和安装专业。在宋《营造法式》中归入小木作制作的构件有门、窗、隔断、栏杆、外檐装饰及防护构件、地板、天花（顶棚）、楼梯、龛橱、篱墙、井亭等42种。清工部《工程做法》称小木作为装修作，并把面向室外的木作称为外檐装修，在室内的称为内檐装修，项目略有增减。在泉州传统民居建筑中，台基以上，圆枋以下，左右到柱间的门窗隔扇，大门及天花等木构件的制作，叫做小木作，也称细木作。

泉州地区自古以来就为手工业发达地区，如陶瓷、漆器、刺绣、石雕及木雕等皆在我国工艺中占有一席之地。据《福建通志》记载："泉之为郡，风俗淳厚，其人乐善，素称佛国，百工技艺敏而善仿"。泉州木雕的历史很悠久，早期的木雕主要是用于木偶、神像雕刻等。据史书记载，木偶戏在汉代就已经开始盛行了。唐代《拾遗录》记载："泉州木偶戏，方言俗称'嘉礼戏'、'布袋戏'，始于唐代。"唐、宋是泉州经济发展的兴盛时期，从史料和遗存的文物史迹均可以看出当时的泉州民生富足、百业繁荣，是一个人文荟萃之邦。各种宗教的寺庙宫观星罗棋布，遍及城乡。宗教文化、民间信仰渗透到民众的精神世界和日常生活，各种神佛庆诞、迎神赛会活动不断增多，木偶和神像雕塑需求量也不断增加，这使得泉州木雕技艺的发展如鱼得水、异常活跃。

第一节　木雕沿革

晋江安海龙山寺正殿内供奉一尊明代中期的木雕千手观音（图5-1-1），整尊观音以樟木雕成，该神像最具特色的就是有1008只手，每只手掌中均雕1只慧眼，并分别执书卷、钟鼓、珠宝、花果、乐器等法器。手势自上而下排列开来，宛如佛光四射，整座立像刻镂既繁复入微又层次清晰。因此，这尊精美绝伦、保存完好的千手观音于1991年由福建省人民政府公布为第三批省级文物保护单位。2013年3月安海龙山寺由国务院公布为第七批全国重点文物保护单位。这是泉州地区现存最完好、最精美的木雕佳作之一。

泉州木雕雕刻何时运用到建筑中，史书上没有明确的记载。根据泉州开元寺所藏志书记载，开元寺始建于唐垂拱二年（公元686年），现存建筑为明初重建的建筑风格。该寺最富特色的是殿内两排石柱和桁梁结合处的二十四尊木雕飞天乐伎斗栱（图5-1-2）。这二十四位仙女手中或执管弦丝竹乐器，或捧文房四宝，翩翩凌空飞翔，艺姿飘逸舒展，融中国飞天、印度妙音鸟、欧洲安琪

图 5-1-1　龙山寺千手观音

图 5-1-2　开元寺妙音鸟

图 5-1-3　东岳庙藻井

儿造型艺术为一体，为木构建筑所罕见。另据《鉴湖张氏族谱》记载：“十四世孙仕逊，字法参，官主簿三余，以木雕游寺观，所治皆绝品，如泉州开元寺飞天……”。根据该族谱的排序推断，张仕逊是南宋时期人。从族谱和现存建筑实物来看，最迟在明代，泉州传统民居中的木雕技艺就已经达到非常高超的水平了。

到清代，泉州木雕技艺更趋成熟，艺术风格更趋于繁复，其中最负盛名的就是惠安木雕匠师，此时的木雕广泛应用于建筑之上。在制作木制梁柱、撑拱、雀替、垛头、瓜筒、垂花、笼扇、门簪等建筑部件时大量使用木雕装饰图案。清末民国时期，惠安地区出现了专业匠村，如“五峰石雕，溪底木匠，官住泥瓦”。这些专业匠师走出泉州，其建筑足迹遍及闽南地区，甚至走出国门，漂洋过海到我国台湾、东南亚等地，在当地留下了不少建筑珍品。清光绪十四年（1888 年），享有“八闽第一木雕大师”美誉的惠安县崇武镇溪底村匠师王益顺承建泉港峰尾东岳庙，设计制作了全木结构蜘蛛结网藻井并雕镂各种图案（图 5-1-3），此独创技法一经问世，便名噪一时。此后他在闽南及我国台湾地区承担了许多寺庙的改筑、建筑工作，创作出许多精品，现在闽南地区由其设计、最为有名的建筑是厦门南普陀寺。

第二节　木雕技艺

细木作对木质要求较高，最好是选择木纤维的横向结构紧密，木质细腻，具有一定的韧性，且纹理细密、色泽光亮，在制作和传世使用中不易断裂、受损的木材。其工艺从选材、截料、起稿、落墨、出胚、錾活、雕活，一直到出成品，均有一套约定俗成的操作规程，要求雕刻线条盘屈有力、繁而不乱、层次分明、疏密相间，刀口要求有力度感、层次感，这样整体看起来才美观大方。

一、主要工具

泉州细木作常用的整套雕刻工具通常有 43 只，大多为单刃全钢制无木柄，少数有特殊用法者有木柄，以双头木槌敲击。以刀刃形状分：有扁铲、圆铲、三角铲、翘圆铲、底铲、斜铲、挑铲等（图 5–2–1、图 5–2–2）。

二、主要用材

泉州植被茂盛，种类繁多，盛产杉木、樟木、楠木、竹子、马尾松等竹木材，本地细木作常用木材有杉木、樟木、楠木等。

（1）杉木：杉木是杉科杉木属的一种常绿乔木，又称刺杉，是我国分布较为广泛的用材树种，其生长迅速，一般 20 ~ 30 年即可采伐利用，杉木有香气，纹理直顺，木质轻韧，强度较低，加工容易。干燥后容易开裂，但不变形，耐腐性中等，抗虫性强，防腐处理容易，油漆、胶接性能好。因此，杉木在泉州

图 5–2–1　木雕工具 1

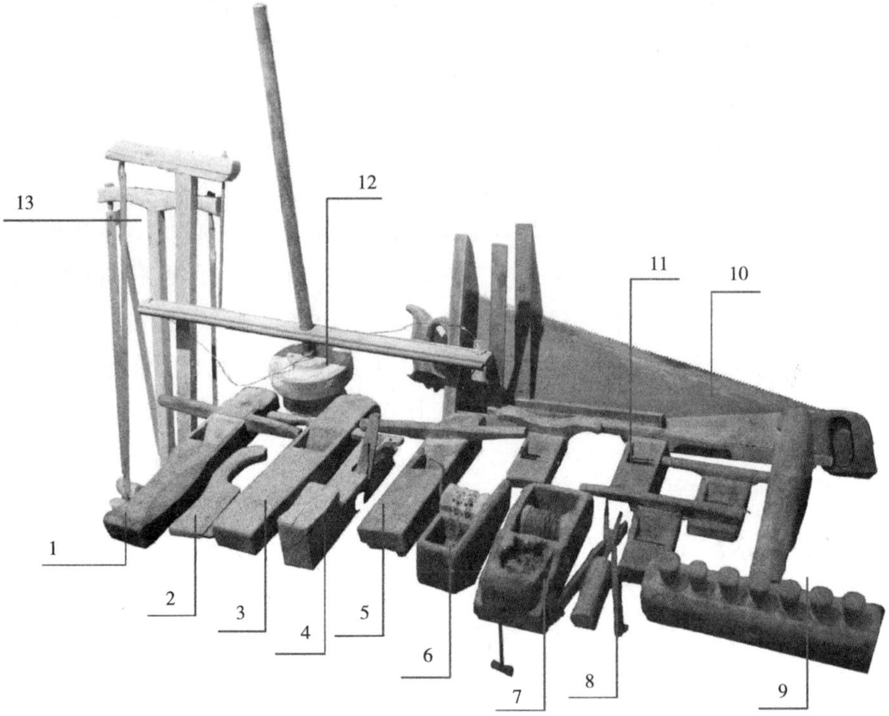

图 5-2-2　木雕工具 2

1—粗长刨；2—开板槽锯（手锯仔）；3—细长刨（拣光刨）；4—边仔；5—坎边；6—墨斗（一）；7—墨斗（二）；8—钝仔（锯钝）；9—画线卡；10—板锯；11—短刨、短拣光刨、短弯刨；12—拉杆钻；13—横锯、丛锯、幼锯、圆锯

常用作大木，特别是生长期较长，材质直且粗的，常用来作为梁柱，较少作为需要精雕细琢的木构件（图 5-2-3）。

（2）樟木：是樟科樟属的一种常绿乔木，樟木强度较低，但木材纹理交错，干燥后不易开裂、不易变形，本身有强烈的樟脑气味，具有很强的抗虫性，油漆、胶接性能好，加上樟木成材后树形巨大，适宜用作细木雕刻构件。泉州民居中，特别是雀替、瓜筒等可以用细木雕刻及彩绘来充分展现物主家底丰厚与否的地方，就大量使用樟木来制作雕刻构件（图 5-2-4）。

（3）楠木：是樟科楠属、润楠属类树种的总称。楠木有樟脑气味，色呈浅橙黄略灰，纹理淡雅，质地温和，硬度适中，加工容易，干燥后很少开裂和反翘，耐腐性、抗虫性中等，油漆、胶接性能好，是珍贵的建筑用材，在泉州民居中仅少量使用（图 5-2-5）。

图 5-2-3　杉木

图 5-2-4　樟木（左）
图 5-2-5　楠木（右）

三、雕刻工序

作为细木雕刻的木材，经过干燥处理后，即可进行雕刻。完成一件木雕作品，一般需经过画草图、凿粗坯、掘细坯、修光、打磨等工序。

（一）画草图

在雕刻房屋细木构件时，细木匠师一般多是根据屋主对于木雕的要求来雕刻，如果屋主没有特别的要求，则由细木匠师自行发挥。画草图时，熟练的匠师胸中自有丘壑，构想好了就可以直接下刀雕刻。一般匠师则多用铅笔将所要雕刻的图案直接画在木材上，也有先在白纸上画出 1∶1 的大草图，然后转印在木头上，再根据草图进行雕刻的（图 5-2-6 ~ 图 5-2-9）。

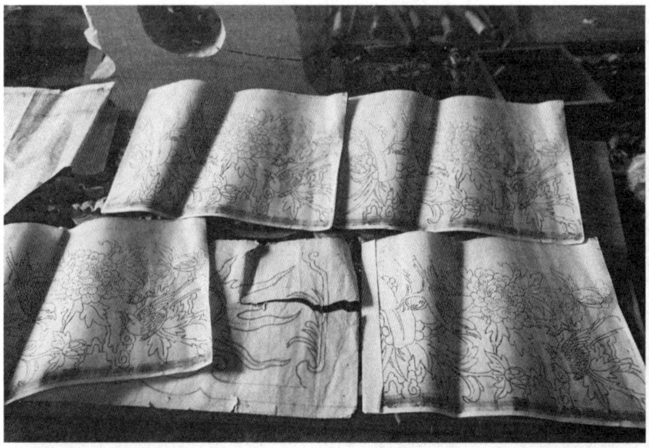

图 5-2-6　打稿 1

图 5-2-7　打稿 2

图 5-2-8　模样

图 5-2-9　画草图

（二）凿粗坯

凿粗坯即将要雕刻的图案之外的木材部分剔掉，使得图案很明显地凸显出来，刻成半立体状，主体在木材表面突起较高，最高点不在同一个平面上，高低起伏较大，层次较为丰富。凿粗坯是整个作品的基础，它以简练的几何形体概括全部构思中的造型结构，初步形成作品的外轮廓与内轮廓。在这一过程中要注意留有余地，如果有需要修改的地方，才好修改（图 5-2-10）。

（三）掘细坯

这是雕刻成型的一道重要工序，这道工序可以修补凿粗坯工序中的不足，并加强细节部分的雕刻。掘细坯注意要先从整体着眼，由内到外，调整比例和各种布局，然后将雕刻内容的具体形态逐步落实并形成。如雕刻人物，刻出人物形体结构后，人物的面部表情、动作、服装等细节都要充分注意到，要将人物的喜怒哀乐表现出来，眼睛和嘴角是最关键的；要让人物有动感，主要是通过各种表现手法来展示衣服的纹饰、皱褶的朝向等。这个阶段，作品的体积和线条已趋明朗定型，因此要求刀法圆熟流畅，要有充分的表现力（图 5-2-11）。

（四）修光

木雕行语“打坯不足修光补”。修光工序讲究用削、剔、刮等技法，运用精雕细刻及薄刀密片法按照木纹的顺序修去细坯中的刀痕凿垢，使作品表面达

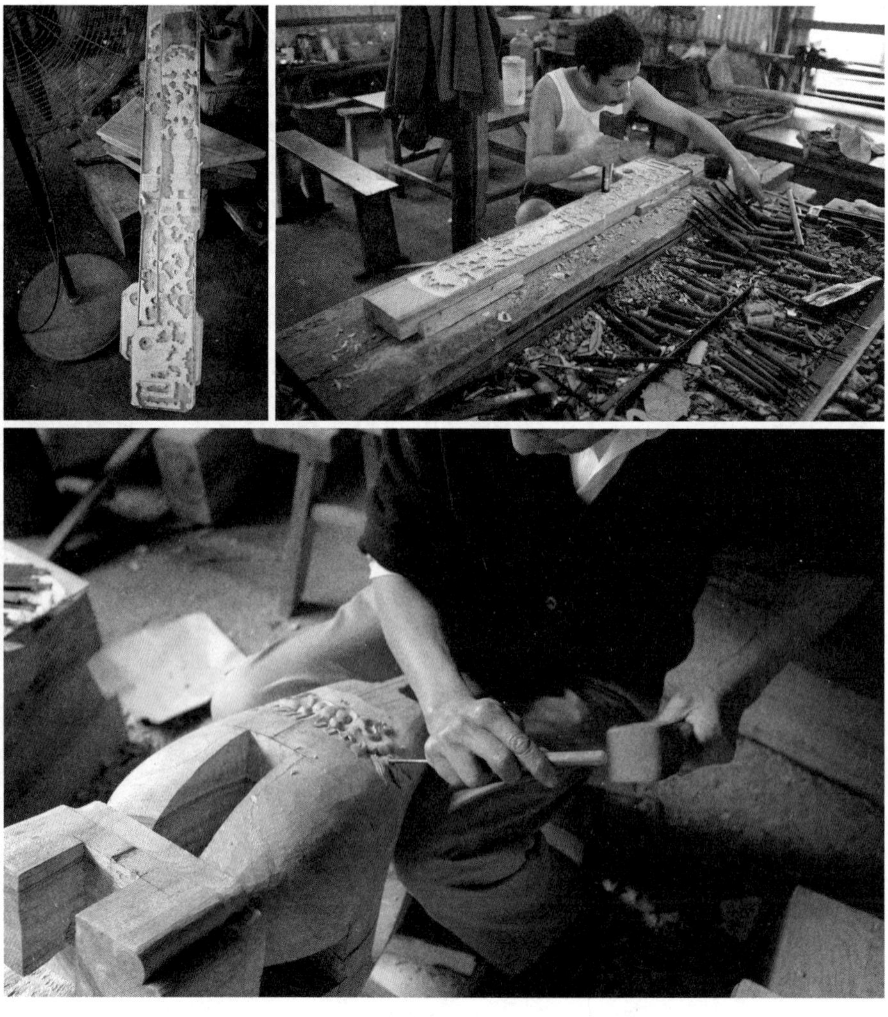

图 5-2-10　凿粗坯

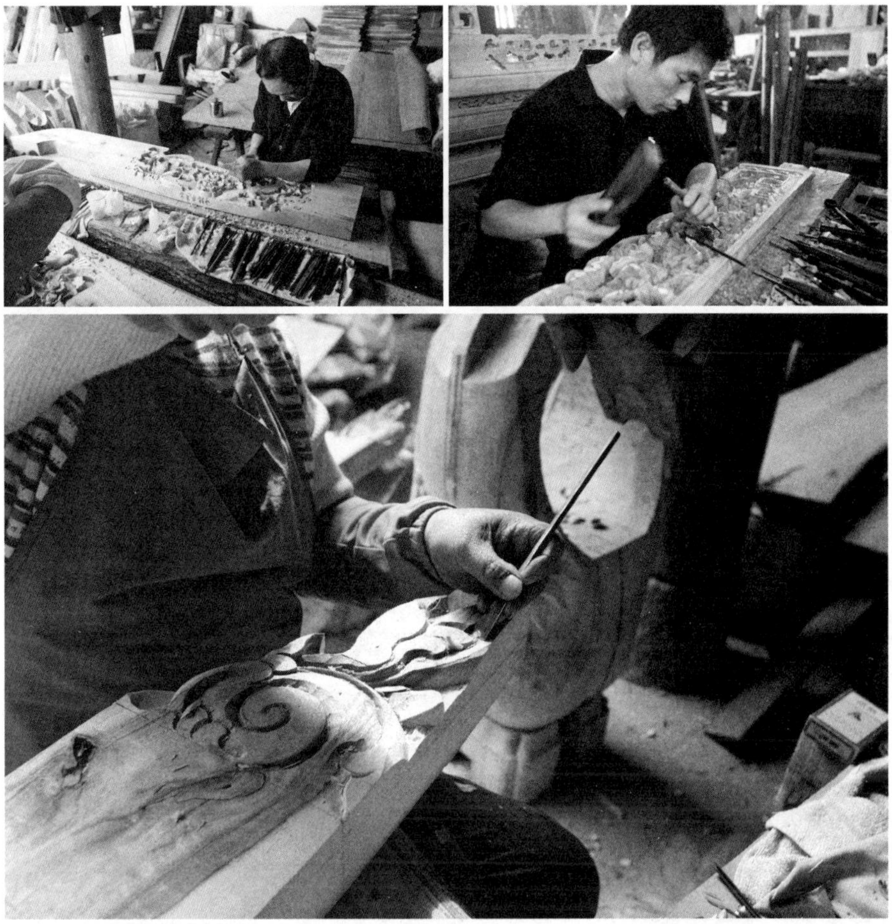

图 5-2-11　掘细坯

图 5-2-12　修光

到细致完美、质感分明的艺术效果。要求刀迹清楚细密，或是圆转，或是板直，特别是在作品的起伏错落交界处，一定要认真仔细地用小刀和凿子刻画修好，力求将雕刻痕迹巧妙地融入木材纹理之中，把各部分的细枝末节及其质感表现出来（图 5-2-12）。

（五）打磨

经过修光，所要雕刻的作品已经基本完工，为了更好地展现雕刻作品及木材的纹理，增强艺术感染力，让作品看上去浑然天成，雕刻完成之后，需要耐心细致地用粗细不同的木工专用砂纸将木雕作品打磨得细润、光滑。要求先用粗砂纸，后用细砂纸，顺着木纤维方向反复打磨，直至刀痕砂路消失，显示美丽的木纹。至此，一件细木雕刻作品方才算大功告成（图 5-2-13、图 5-2-14）。

四、雕刻技法

根据细木匠师对于木雕作品形象和空间的处理手法来看，泉州木雕技法可分为混雕、剔地雕、线雕、透雕、贴雕几大类。民居细木作雕刻一般常见的是以传统题材的混雕、剔地雕、透雕为主（图 5-2-15、图 5-2-16）。

（一）混雕

相当于雕塑技法里的圆雕，具有三维主体的效果，可多面观赏，观赏者可以从不同角度看到物体的各个侧面。它要求雕刻者从前、后、左、右、上、中、下全方位进行雕刻。这就要求匠师要注意从各个角度去推敲它的构图，要特别注意其形体结构的空间变化。民居中的撑拱、垂花等部位，常利用混雕技法，将雕刻造型刻画得非常精细，充满生机（图 5-2-17）。

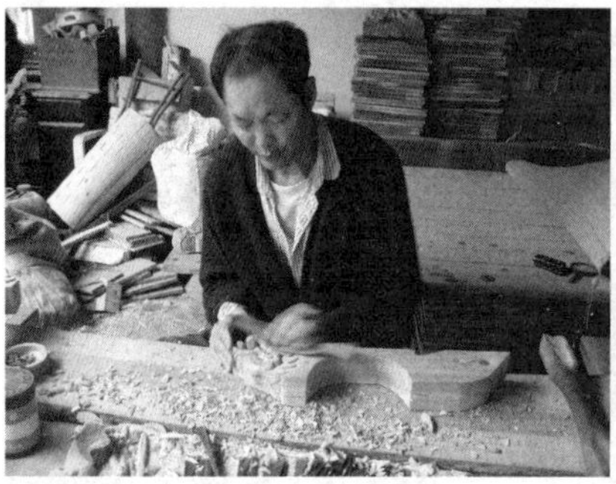

图 5-2-13　打磨

图 5-2-14　成品

图 5-2-15　线雕

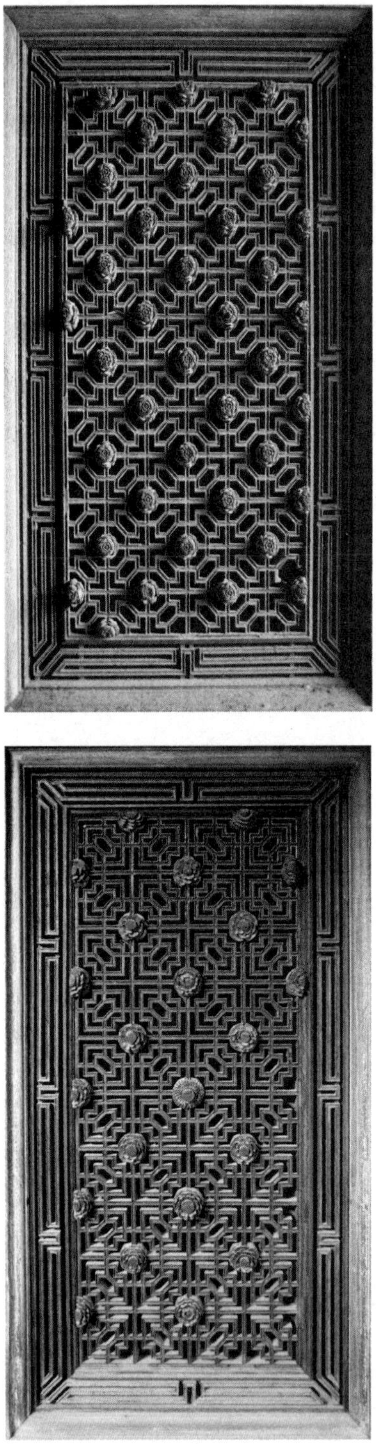

图 5-2-16　贴雕

图 5-2-17　混雕

（二）剔地雕

剔地雕是传统木雕中最基本的雕刻技法，即《营造法式》中提到的雕刻技法“剔地隐起华”，通常指的是剔除花形以外的木质，使花样明显突出。有两种刻法：一种是半混雕刻法，将花样做很深的剔地，再将主要形象进行混雕，成为半立体形象，常用于额枋上。另一种是浮雕刻法，花样周围剔地不深，花样不是很突出，然后在花样上作深浅不同的剔地，以表现花样的起伏变化。或者在花样上作刻线装饰，勾勒花形，增强作品的装饰效果，或表现花瓣的轮廓和结构，多用于装板、裙板的雕刻中（图 5-2-18）。

（三）透雕

即在木材上保留图案花样的部分，将木板凿穿，背景全部剔除，造成上下左右的穿透，形成镂空的效果。然后再做剔地刻或线刻，这种雕法需要有高超的技巧，刻成的作品正反两面都可观赏，常见于花罩、雀替、束随、木门窗、隔扇中，泉州传统民居木雕中多用透雕（图 5-2-19）。

图 5-2-18　剔地雕

图 5-2-19　透雕

第三节　装饰应用

一、木雕应用

泉州地区的民间木雕精致古雅，构思巧妙，有中国绘画的意境和趣味。木雕主要装饰部位在构架、门窗、隔扇上。装饰题材丰富多样，如民间传说、历史故事、虫草鸟兽、吉祥图案等，充满生活情趣。

（一）大门

大门的门钿一般是固定的，装笼扇的门钿则可拆卸移动，门钿左右紧靠柱子，从门钿面至大楣下竖门中柱，叫竖立框。门扇的宽度根据开间的大小，按文光尺计算，两边供安排笼扇。大门钿两端设门轮，扇转轴之下有木或石的门枕。大门转轴上头穿在连楹里，下头立在门枕上。大门门扇的结构，门外安门钹，内安插关。在较大的门上，门钹的形式做成有环的铜质兽面。双开大门的门闩的计算做法，是根据门每扇的宽度作为门闩的长度，双闩则是由门后算起，先扣起闩后约 3 寸左右，再扣除两支门闩宽度，剩余各分二分之一，厚度不小于 8 分[1]（图 5-3-1 ~ 图 5-3-4）。

（二）隔扇（笼扇）

装在门钿上、大楣下，根据屋主需要，可以自由拆卸移动。三开间的中开间正中因设有双开大门，门边贴柱外各安装一扇笼扇，形成三大堵。如设三通门的，两边开间笼扇的安装与中开间相同。笼扇的组拼，由两边立框，上中下横框形成支骨，正面上头设腰头堵、上半截、中腰堵及下半裙组拼而成。笼扇

图 5-3-1　大门

---

❶ 引自：泉州鲤城区建设局．闽南古建筑做法［M］．香港：香港闽南人出版有限公司，1998.

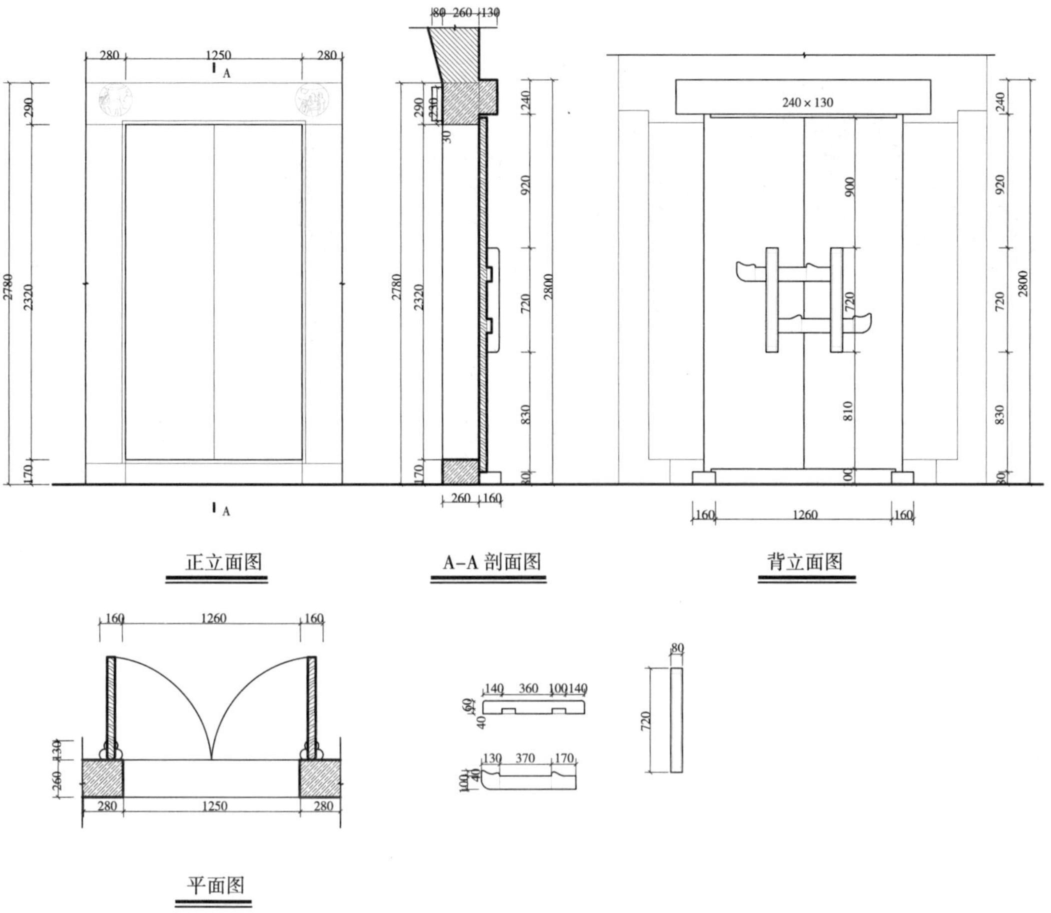

图 5-3-2　彩楼厝大门

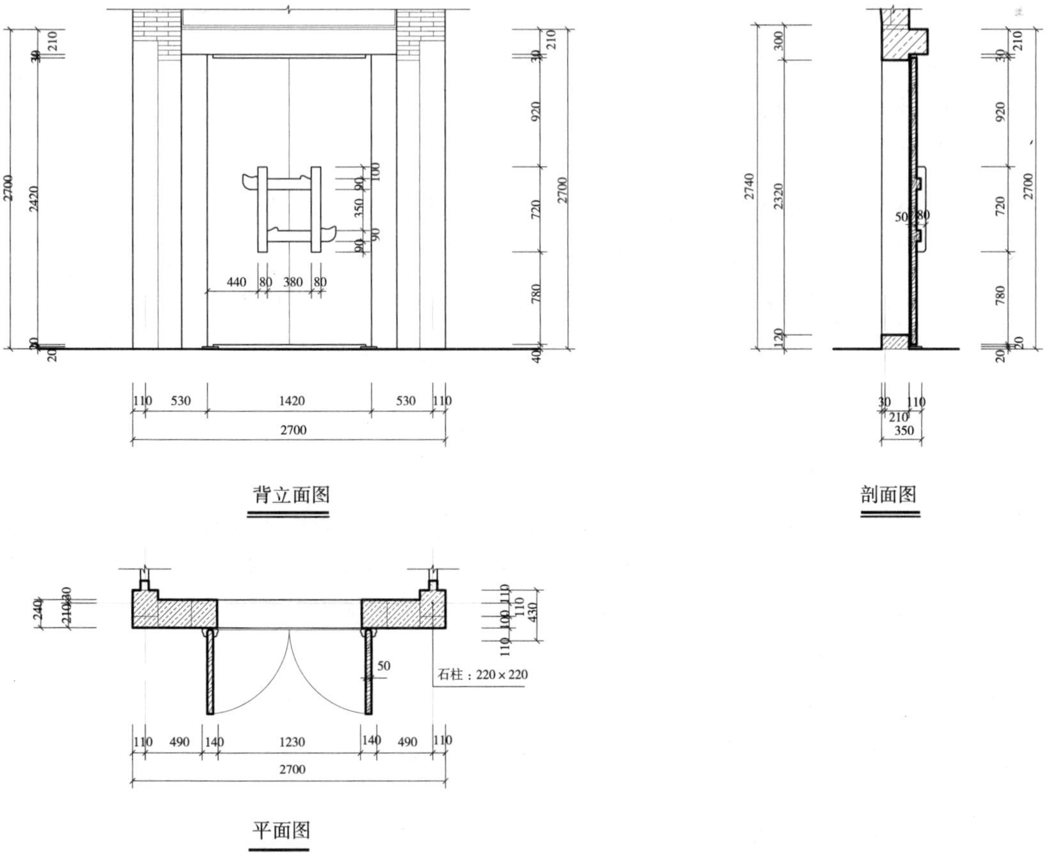

图 5-3-3　德典厝大门

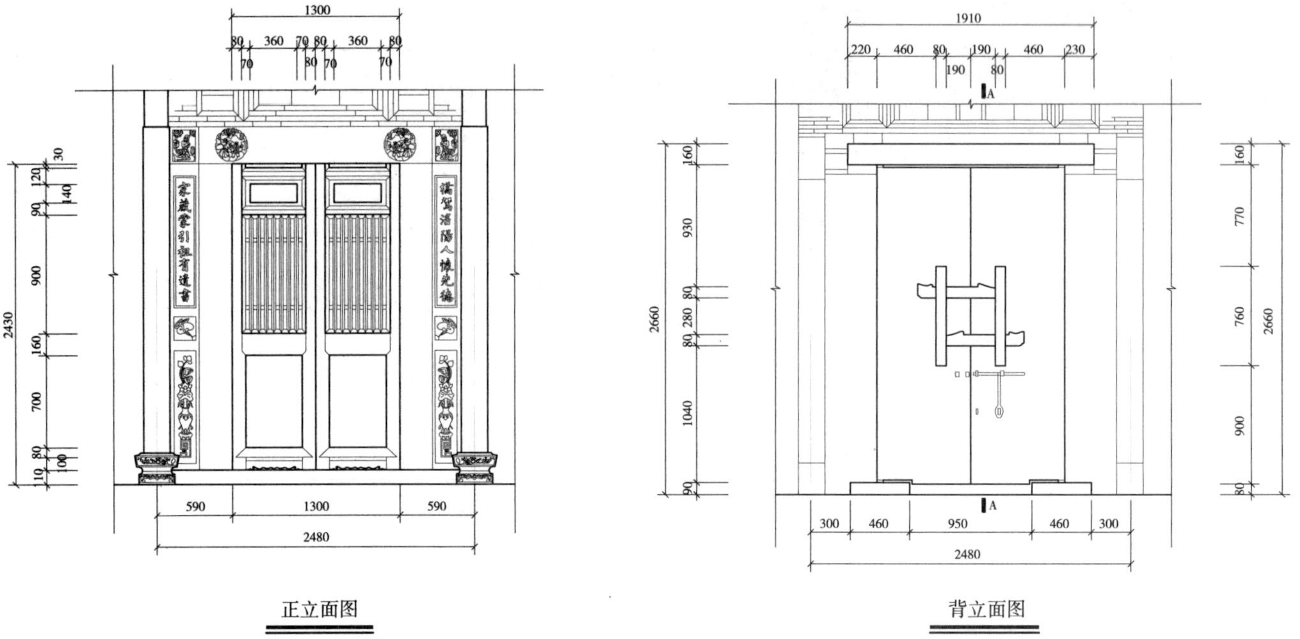

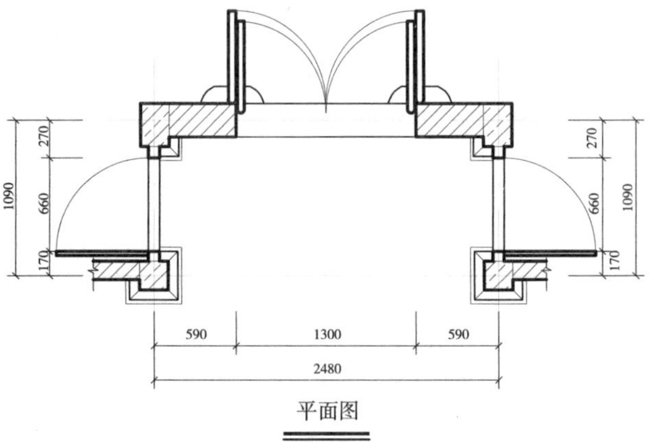

图 5-3-4　世切厝大门

的下半裙装饰比较简单，只修平面或起凸堵两种。中腰堵也只雕刻对棱角或其他简单的线条。腰堵头较多雕刻花、鸟、虫、鱼、人物等吉祥或戏曲人物图案。上半截一般有柳条枳、马鼻枳、斜格枳、六角枳、圆格枳、雌虎堵、带纹框花筒等图案的雕刻,也有巧妙地利用各种雕刻图案刻画出展示主人家雅好的诗句，种类繁多、丰富多彩。屏隔、漏窗、隔扇的窗花，如做双面雕，一般正面雕工比较细致、平滑；背面相比之下，则较为粗糙（图 5-3-5 ~ 图 5-3-11）。

（三）室内木雕

由于早期泉派大木匠师重结构，轻雕饰，室内构件的雕刻量少，梁枋多作素面，仅于吊筒、瓜筒、束随、弯枋等处略施雕刻，起点缀作用，其特点是：布局疏朗，线条简练，刀口重视力度，比较朴素大方。也有建筑在内檐柱头部的托木上进行雕刻，并施以彩绘。清代中期，泉州木雕雕刻技艺已趋成熟，加上当地很多人“下南洋”,衣锦还乡后,携带大量资金回乡建大厝,雕饰日益繁复，花样繁多，在建筑内部，木构架中的通梁、瓜筒、斗仔、束木、束随、托木、坐墩等，都是木雕装饰的重点部位。这些特点在亭店杨氏民居中得到了充分的体现（图 5-3-12、图 5-3-13）。

图 5-3-5　朝北大厝隔扇（左）
图 5-3-6　台湾客厝隔扇（右）

图 5-3-7　亭店杨氏民居隔扇

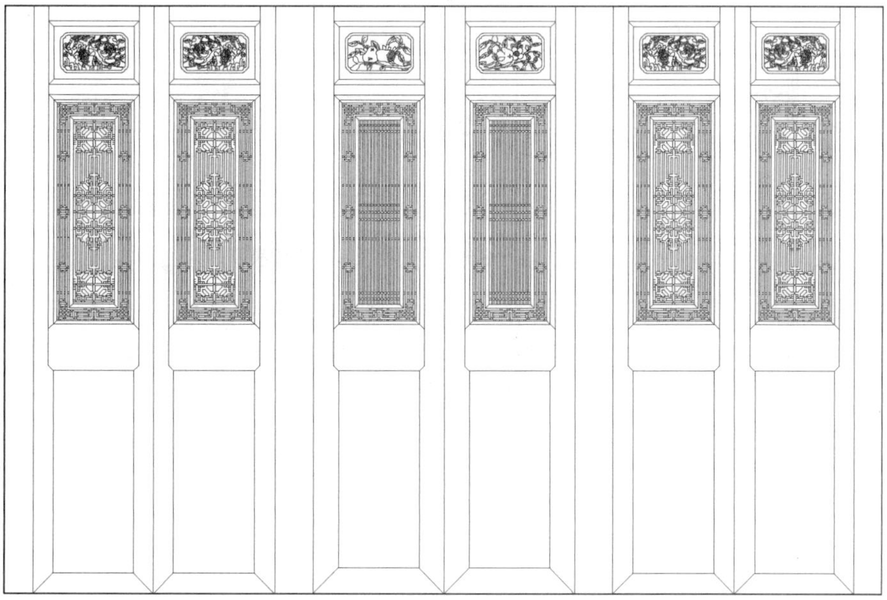

图 5-3-8　朝北大厝隔扇样式图

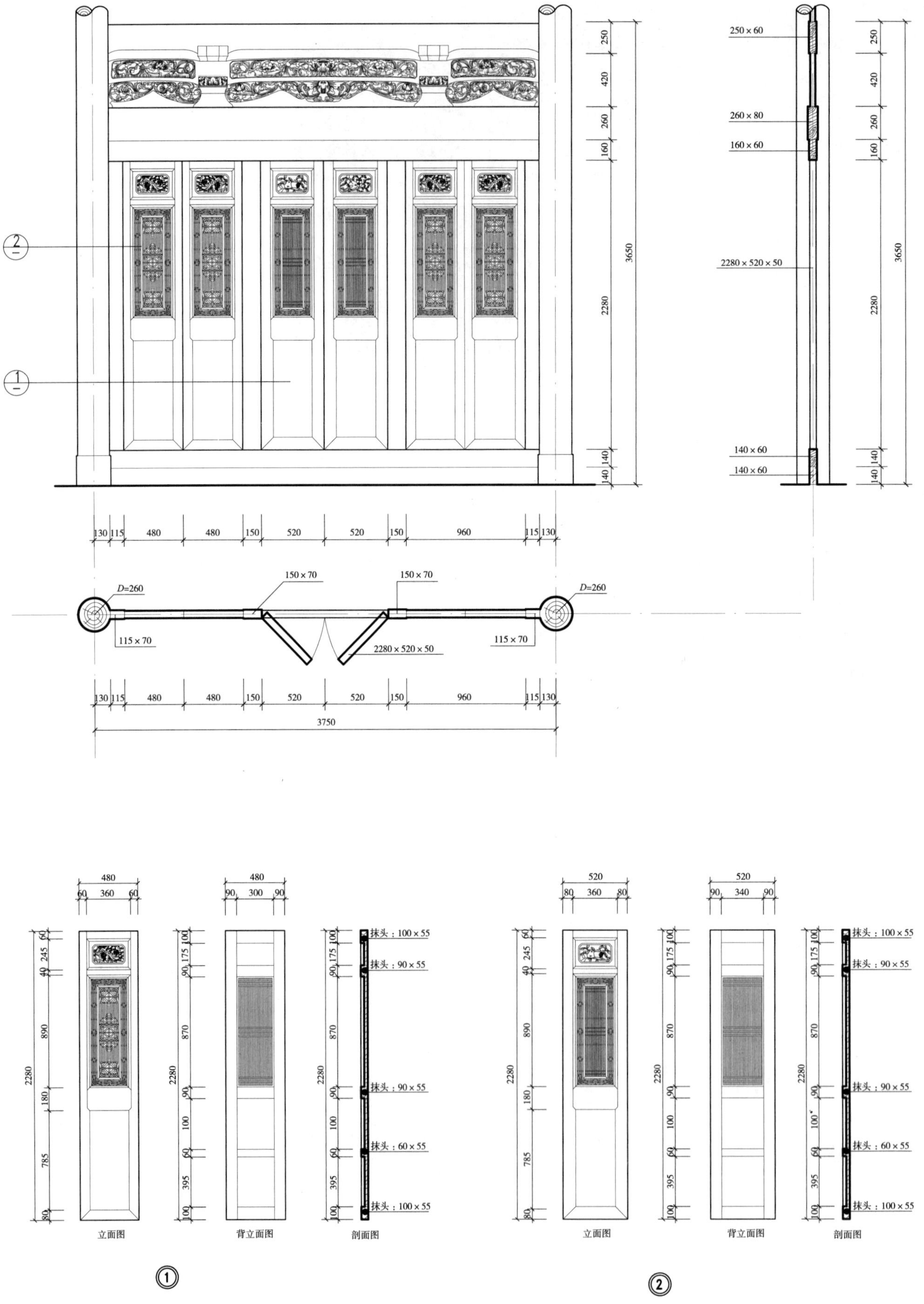

图 5-3-9　亭店杨氏民居隔扇样式图

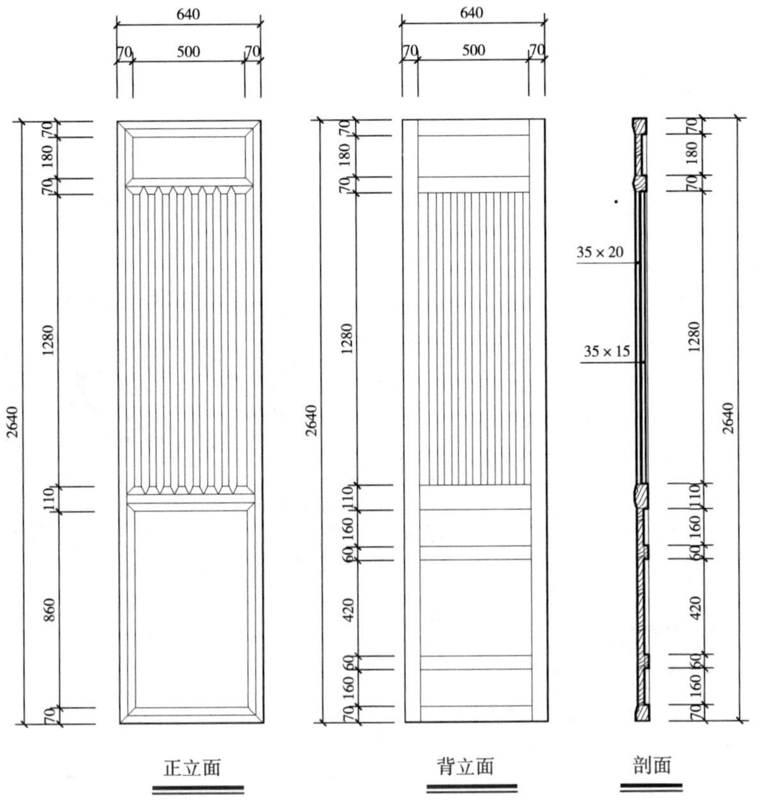

图 5-3-10　台湾客厝隔扇样式图

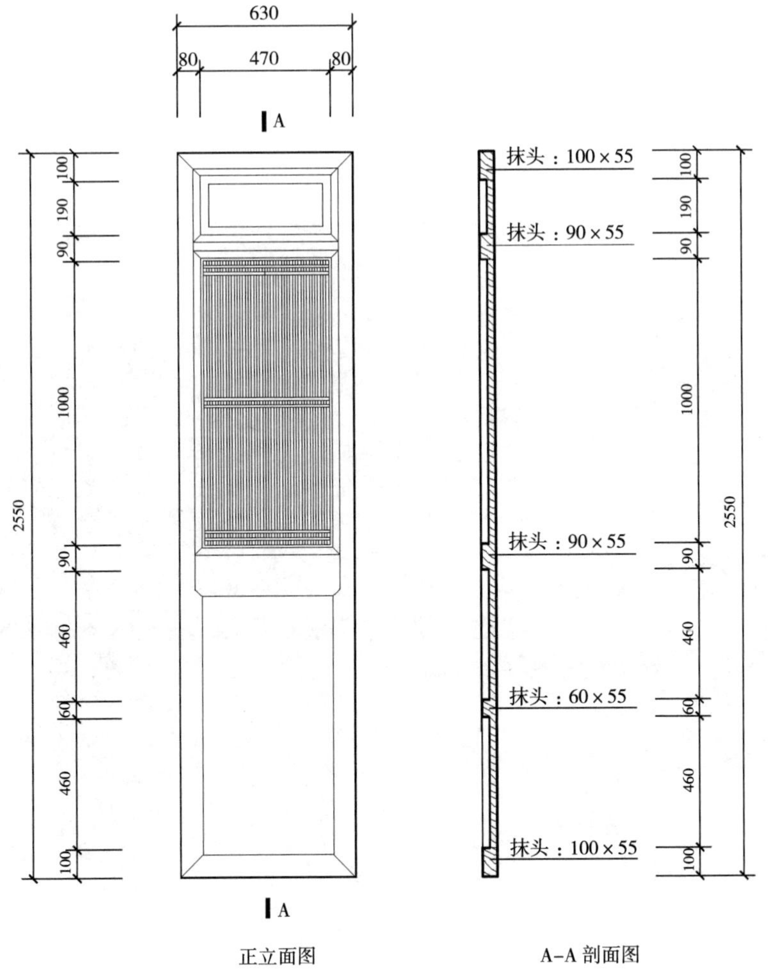

图 5-3-11　庄金木隔扇样式图

图 5-3-12　室内木雕 1

图 5-3-13　室内木雕 2

二、装饰题材

泉州细木雕刻题材广泛，神话传说、戏曲人物、花鸟虫鱼等，基本上现实中存在的事物都可以作为雕刻的题材，内容丰富，信息量大，将人们所希望表现的吉祥、祝福、向往、寓意皆表现在与人们朝夕相处的房屋雕刻上。木雕艺术的装饰题材大致分为两大类（图 5-3-14）。

（一）纹样图案

纹样图案是实用美术中具体与抽象艺术手法相结合，经过艺术再创造的一种以线型为主的图案装饰。纹样图案多以柳条枳、马鼻枳、斜格枳、六角枳、圆格枳、雌虎堵、卍字锦、卷草、带纹框花筒、回纹、云雷纹、如意纹、灵芝纹等图案来雕刻，可以分为几何形纹、动物形纹、植物形纹等，内容多种多样，极其丰富（图 5-3-15）。

（二）寓意图案

寓意图案分现实性与借喻性两种。现实性寓意图案即反映现实生活中具有一定思想内容和故事情节的图案，所要表现的题材中有与故事情节有关的人和物的一种真实而生动的场面。

借喻性寓意图案是指以含蓄、谐音等曲折的手法，组成具有一定吉祥寓意的装饰纹样。借喻作为人类情感表达的一种重要的修辞手法古今中外皆有之，

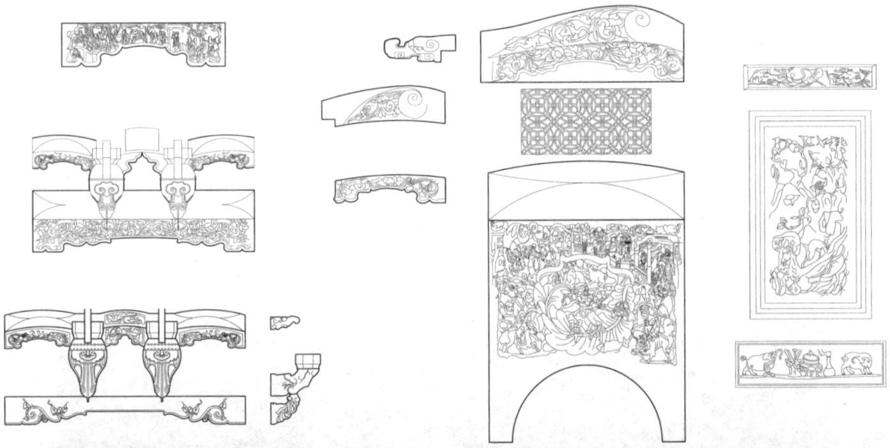

图 5-3-14　木雕样式

图 5-3-15　木雕图案 1

借喻手法中所具有的形象性、隐喻性等特征与中国传统思维方式中的整体性、含蓄性等特征有着较大的一致性，因此，借喻手法在我国的各种情感表达的载体中被广为应用，甚至从某种意义上说，它已经构成了中国语言（包括口语、文字、图像）表达的重要特征之一。在我国大多数民居雕刻中，基本上“图必有意，意必吉祥”，其所要表达的只有“富、贵、寿、喜”四个含义：贵是权力、功名的象征；富是财产富有的表示，包括丰收；寿可保平安，有延年之意；喜，则与婚姻、友情、多子多孙等有关。借喻性寓意图案在泉州传统的木雕艺术中运用得比较广泛，一般有三种构成方法：一是以花纹表示。《尚书》中称五福为寿、富、康宁、攸好德、考终命。后来在民间被衍化为福、禄、寿、喜、财的五福内涵，这些都是长久以来人们追求的幸福目标。在细木作中，常用谐音来表示吉祥、喜庆、健康长寿等含义。如福禄寿吉祥图式是运用象征、谐音的手法将蝙蝠、鹿和松树组合在一起，福星手执如意而立，左为寿星捧桃执仗，右边禄星怀抱童子，每一位的嘴角、眼梢都带笑容，精神抖擞，烘托出一派喜气洋洋、福态怡然的气氛。还有最常见的龙凤呈祥、二龙戏珠、百鸟朝凤、凤穿牡丹等。二是以谐音表示。木雕中常见有喜庆含义的图案，如“蝙蝠”有“遍福”、“遍富”之意，雕刻五只蝙蝠，寓意“五福临门”；雕刻蝙蝠在钱眼中，寓意“福在眼前”；“鹿鹤”代表“六合同春”；马上有蜂、猴象征“马上封侯”；还有“猫蝶”象征“耄耋”富贵；“太狮少狮”就是太师少师，寓意官运亨通，爵位世袭，子承父业等；喜鹊与梅花在一起称为“喜上眉梢”；喜鹊飞上结有三颗圆果的枝头寓意“喜中三元”（古代科举制有乡试、会试和殿试，乡试第一名为解元，会试第一名为会元，殿试第一名为状元，合称“三元”）；鸡与菊的谐音，象征“居家吉祥”；鹌鹑与菊花代表“安居乐业”。三是以文字来说明。常见将适当的吉祥用语的文字直接变成图案，如“福”、“寿”、“万字图”等，或者把“喜喜”拉长为长双喜，比喻天长地久、新婚欢喜等（图 5-3-16）。

图 5-3-16　木雕图案 2

第六章　石雕技艺

泉州有着丰富的花岗石资源，是上等的建筑和工艺雕刻材料。这也铸就了泉州丰富的石构建筑文化和丰富多变的雕刻技艺，成就了一批活跃在各地的石工艺匠人，这其中以惠安石雕和石工艺人最为突出。

第一节　石作沿革

追溯历史，惠安雕艺来源于五代，当时闽将“青山王”张悃率兵驻扎青山（位于今惠安县山霞镇），镇守边陲，其部下把中原的先进生产技术包括石雕带来，并不断发展壮大。史料记载，张悃部下先是在青山一带传授石雕技艺，后来向惠安全境不断扩大传授的范围。纵观元代之前惠安境内的石雕作品，主要以石人像、石兽等圆雕为主，其艺术特征表现为粗犷、古朴、淳厚，线条刚直、简洁，人物造型凝重、端庄，带有明显的中原痕迹。经考证，惠安最早的石雕作品是1600多年前的晋代开闽始祖林禄墓前石雕，位于惠安县涂岭九龙岗（现属泉州市泉港区）；现存惠安境内最早的石雕作品是唐末威武节度使王潮墓的文官、武士、虎、马、羊等圆雕和莲花浮雕（图6-1-1），距今已有1100多年。泉州市博物馆收藏有一方五代飞天石雕，该石雕肩披飘带，衣饰线条流畅、自然，似在空中飘飞。其时泉州石雕工艺已达到相当高的水平（图6-1-2）。

从北宋皇祐五年（1053年）至嘉祐四年（1059年），历时七年之久方才落成的洛阳桥，是我国第一座梁式跨海石桥，该桥全部用本地所产的花岗石架设而成。至今仍保留有宋代石将军、桥墩石塔佛像雕刻、月光菩萨石雕、蔡襄自撰自书的《万安桥记》及多方碑刻等宋代遗存（图6-1-3~图6-1-5）；清源山风景区内的露天石像泉州老君岩（图6-1-6），高9.03m，宽8.01m，厚6.85m，

图6-1-2　五代飞天石雕

图6-1-1　王潮墓石雕

图 6-1-3 蔡襄《万安桥记》（左）
图 6-1-4 洛阳桥石雕（右）

图 6-1-5 洛阳桥石刻、石雕（左）
图 6-1-6 老君岩（右）

是我国现存老子最大石造像。由整块花岗石雕成，老君右手按膝，左手凭几，两眼平视，双耳垂肩，神态安详，笑容可掬。整个石像雕工精细，形态生动，须眉分明，衣褶清晰，是宋代石雕中的艺术珍品。

泉州地标性建筑开元寺东西塔，东塔称镇国塔，重建于南宋嘉熙二年至淳祐十年（1238 ~ 1250 年），八角五层，仿木构楼阁式，通高 48.27m，每层四门四龛，逐层互换，外檐置护栏。塔心柱八角，架横梁与塔身相连，外壁依照五层自上而下分别浮雕 16 尊佛、菩萨、罗汉、高僧、诸天神将等佛教人物，塔基作须弥座，8 个转角各雕一尊力士，束腰处有 40 幅石雕，内有 37 幅佛传故事图。塔刹上高擎鎏金葫芦，8 条铁链从刹上斜系檐脊，檐角悬挂风铎。西塔称仁寿塔，重建于南宋绍定、端平年间（1228 ~ 1236 年），通高 45.06m，形制与东塔大致相似，东西二塔通体石构，雕刻有精美的佛教人物故事及花卉鸟兽，其中人物浮雕共有 160 尊（图 6-1-7）。泉州东、西二塔在明代万历年间遭受过八级大地震巍然不倒，堪称建筑界的奇迹！

至明末清初，惠安石雕更趋成熟，艺术风格开始从粗犷流畅转向精雕细琢，成为南派石雕艺术的代表。建于明代的惠安崇武古城（图 6-1-8），全城采用花岗石以一丁一顺石砌法砌筑，是我国仅存的一座比较完整的石头城，也是我国海防史上一个比较完整的史迹。

清代是惠安石雕大发展的时期，其艺术风格趋向精雕细琢，注重线条结构和形态神韵之美，形成了惠安石雕的南派风格。建于清光绪十四年的泉港峰尾东岳

图 6–1–7　开元寺东西塔石雕

图 6–1–8　崇武古城城墙

庙内的一对辉绿石透雕大龙柱尤为奇特（图 6–1–9），若持物击之，东柱会发出铿锵之音，如龙在细吟，西柱则喑哑无声，得以区分雌雄。这一时期，是惠安石雕发展史上承上启下的时期，也是石雕工人开始走出惠安向外发展的时期。

新中国成立以后，惠安石雕工艺获得了新的发展。1951 ~ 1958 年，惠安石雕匠师应华侨领袖陈嘉庚先生所请，在厦门兴建鳌园（图 6–1–11）。全园有青石雕 650 件，内容包罗万象，集古代历史题材、中国革命史与新中国建设史于一园，是中国工艺美术史上的一大奇迹，被视为中国石雕艺术的大观园。这是惠安现代石雕工艺水平的集中体现。此外，惠安石雕工艺佳作频出（图 6–1–12），走出福建省，走向全国，其中较为出名的作品有：人民大会堂前石柱、毛主席纪念堂、八一南昌起义纪念碑、江苏淮安周总理纪念馆、盐城新四军纪念馆、南京雨花台纪念馆、锦州解放纪念碑、辽沈战役纪念碑、湖南韶山毛泽东诗词碑林、西安兵马俑陈列馆、陕西历史博物馆、黄帝陵、西藏宾馆、青藏川藏公路纪念碑、井冈山会师纪念碑、广州玄武塔等。惠安石雕技艺经过全方位的发展，不断推陈出新，不仅在国内享有盛誉，在国际上也获得无数赞誉，其

图 6–1–9　东岳庙龙柱

（a）　（b）

图 6-1-10　青山宫

（a）惠安青山宫；（b）台湾青山宫

图 6-1-11　集美鳌园石刻

图 6-1-12　湄洲妈祖

中较为有名的有：台湾凤山 500 罗汉、台湾嘉义先天玉虚宫九龙壁及九龙池、马来西亚马六甲海峡的郑和雕像、日本鉴真和尚、那霸市“福州园”等，不胜枚举。2006 年 5 月 20 日，惠安石雕经国务院批准列入第一批国家级非物质文化遗产名录。

第二节　石雕工艺

泉州地区盛产花岗岩和辉绿岩，即本地俗称的“白石、黑石”，其中，白石以南安最为著名，青石以惠安最为著名。泉州地区比较有名的花岗岩矿场有：惠安五峰，该地产的花岗石本地俗称峰石。南安石砻，该地产的花岗石俗称砻石（图 6-2-1）。惠安黄塘玉昌湖，主要产辉绿岩，也称青草石、青斗石。泉州传统民居石雕使用的石材主要为花岗岩和青斗石（图 6-2-2）。石材的化学性质稳定，耐腐蚀，历千年而不腐、不蛀、不变。结晶颗粒比较均匀，石质坚硬，能制成各种精美的艺术品。石构材主要用于台基、裙墙、石柱、门窗框、基础地板等易受水受潮的地方。

图 6-2-1　白石

图 6-2-2　青斗石

一、石雕工具

（一）采石工具

采石使用大锤，重量分 12 磅与 14 磅，锤把是以整根竹子晾干后，从中间剖开分成三片，使用时，三片竹片抓在一起合起来用。小锤，锤把为木把。钢钎分大、中、小三种，大锲上头直径 4cm，下锥尖扁形，长 2.5cm，厚 0.3cm，总长 12cm 左右，中锲上头直径 3cm 左右，下锥扁形，长 2cm，厚 0.3cm，总长 9cm 左右，小锲上头直径 2.5cm 左右，下锥尖长 2cm，厚 0.3cm，总长 7cm 左右，根据所打炮眼的深度选用。撬棍，粗细各异，根据所撬石料的大小和分离易难程度加以选用。錾仔，又称“晶子”，用于打“斧眼”，尖端有尖和钝两种，尖的用于引眼，钝的用于楔开斧眼。錾平，方形，用于分离平整石块。钢钎、錾仔、錾平均以六角钢锻造而成。

（二）雕刻工具

石雕粗加工使用的工具有：小锤，作敲打用；錾缠，方嘴，用于剔除较大面积的边角斜料；錾仔，尖嘴，用于雕晟构件的表面，是精加工使用的工具（图 6-2-3）。

打琢（尖扁嘴）和斜琢（斜扁嘴），都是剔除石料用的，类似錾仔，但体质较细小，根据雕件的不同分有多种型号；剁斧，平扁嘴，似斧状，用于剁光石料表面；梅花锤，方形嘴，表面有梅花点，用于剁平较大面积的石料表面，比剁斧效率高；钢条仔，细长尖嘴，用于镂出石料，根据雕作的不同要求也有多种型号。

二、原材料采集

泉州自然矿产资源丰富，花岗岩主要分布于丘陵地带，花岗岩矿一般都要先试开采才能确定是否有矿。其原始形体很多是不规则的圆形体或异形体。有的深埋地层，有的凸出地表，体量大小不一，更有大体量地下岩层结构体。作为建筑传统主材之一，取材必经人工开荒凿打，破开成所需规格的毛坯料，再按建筑构件用途要求，进行粗打或细雕加工。

在没有先进机械设备时代，开采石矿是个非常艰难繁重的体力劳动，属于高危

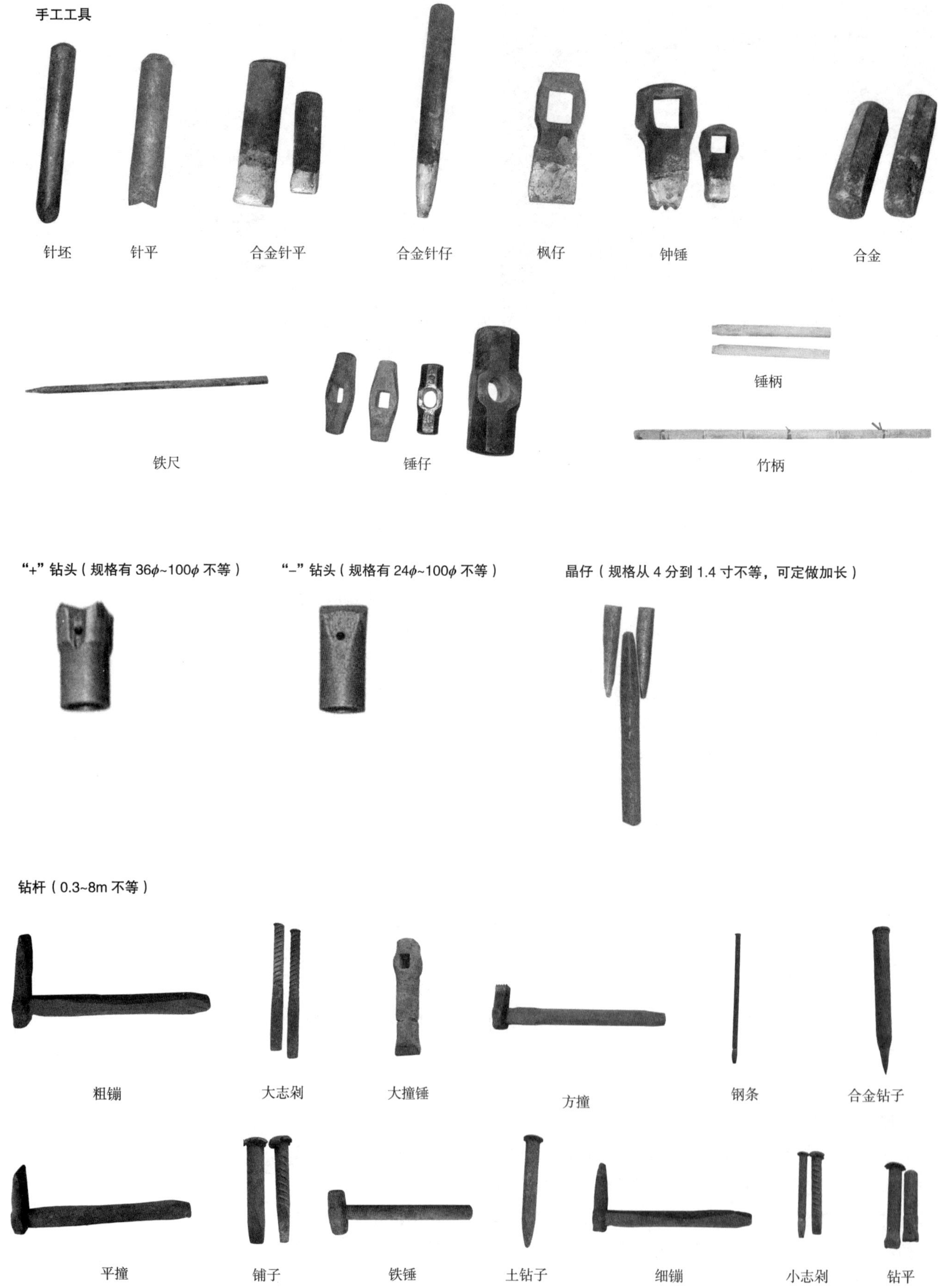

手工工具
针坯
针平
合金针平
合金针仔
枫仔
钟锤
合金
铁尺
锤仔
锤柄
竹柄
“+”钻头（规格有 36ϕ~100ϕ 不等）
“–”钻头（规格有 24ϕ~100ϕ 不等）
晶仔（规格从 4 分到 1.4 寸不等，可定做加长）
钻杆（0.3~8m 不等）
粗锄
大志剁
大撞锤
方撞
钢条
合金钻子
平撞
铺子
铁锤
土钻子
细锄
小志剁
钻平

图 6-2-3　雕刻工具

作业的工种。开采前要注意计算开采的工效、成本，需要采石工人实地考察，还要考虑到石矿的质地、色泽、周边环境及运输便捷等诸多因素以后，才能确定开采矿区。

开采时，有经验的工匠会观察判断矿区的地理、山势走向，找出开破的石质纹理向，按原始石的体量相应比例凿开断面，顺纹理凿破，这样出材率才会高、规格才会工整。逆纹理凿破则规格不工整，出材率低。基本工序如下[1]。

1. 布洞

花岗岩硬度可分高、中、低，根据相对应硬度石质，排列相对应的钢锲洞间距，一般硬度高时，顺纹理向钢锲洞间距 5 ~ 7cm 左右；或逆纹理向的，钢锲洞间距 4cm 左右。按 30 ~ 50m（一般为小体量）原始石开破为例，顺纹理向，钢锲洞深 8cm，间距 5 ~ 7cm 左右，逆纹理向（垂直向）钢锲洞深 10cm 左右，间距 4cm，钢锲洞排列总长近似 1/2 周长，在同一线上布点后，用钢钎凿打成扁锥形洞体，俗称钢锲洞。

2. 放料

大锲用于原始石开破，中锲用于原始石开破后的二次开破，小锲用于二次开破后的建筑规格料。通常在距上端 30 ~ 60cm 平行高度定位。可根据体量大小调整定线距离。凿打锲仔洞的洞形必须与锲仔相仿，大小均匀。锲仔洞应略小于钢锲，并要试装，使之有紧密度。紧密应控制锲尖底与洞底 3cm 左右间隔，使锲仔打入不会遇到洞底为宜。试洞完毕，将锲仔逐一放进洞内，先用小锤逐个依次打紧，再用大锤先小力依次逐一点打，来回数次，每个锲仔只能点打 1 ~ 2 下，不能在单一锲仔连续点打。每个锲仔依次逐一平均轮打，才会形成整体的平均张力。来回 3 ~ 5 回逐渐加大力度后，石头基本就会断裂，有的不会马上断裂，是石质与产生的张力有一定抗拒性的时间差，最长 24h 后才会出现断裂情况。这与锲仔洞间距、总长度、石材质地等因素有关。如果超过 24h 不断裂，可适当增加锲洞或重新布洞增加锲仔密度及深度。石头在断裂过程中会有细微响声。石头断裂后，可先行退出 3 ~ 5 个锲仔用于插长钎撬动裂开后的块料。体积较小的石料可用 2 支长钢钎撬动，如体积较大应相应增加钢钎数量。撬动时多根钢钎应同时用力慢慢撬离，直至完全脱开。在撬开的同时用钢锲或钢钎塞入块料间隙以减少摩擦面，也可起到滚轮作用。这整个工作过程完成后叫第一次放料（或叫放朵）。逐层放料。可根据建筑材料的用途及规格，通常定与规格料有倍数的尺寸，以 2 ~ 3 倍为宜，超过 2 ~ 3 倍的工效反而更低。根据倍数的尺寸，再定好新开材料断面距离高度，弹出平行线，按上述放锲头的步骤操作，直至第二层块料断裂。由于第二层断面可能会加大，体积、重量增加，增加撬动的难度，在没法撬动的情况下，可在已断裂块料与断面垂直向，同时按规格料的倍数定位，放线，开锲头洞，同时按第一次放料的操作步骤至块料完全脱位，依次按平行或垂直逐层开采放料。二次放料后，再根据所需的规格破开所需要的完整毛料。

以上所述找矿、选材、放线、开凿、放料、破开成品的整个过程是传统手工开采条石的程序（图 6-2-4）。

3. 爆破

随着社会的发展，人类发明了火药，开山工匠利用火药的威力爆破岩石，

---

[1] 石矿原料采集根据泉州古建筑修复师张建培提供的资料整理而成。

图 6-2-4 采石

大大提高了开采工效。火药用于石头开采爆破，主要分为炸药跟黑药。两种的爆破效果各异，用处不同，可根据现场需要适应性地选用。

（1）炸药主要用在原始石上的风化层或破皮层，是开采的第一爆破。炸药的施工操作以爆破点为中心，爆破威力向周围扩散，使所爆破岩体产生不规则的块状或者碎块，成材率较低。炸药引爆后的扩散范围应有所控制，炸开后所产生的大小不一，不规则的块状岩石，经工匠用钢钎撬动松开，如果体积略大撬不动，还应由工匠按传统开采方法，逐一凿打开破，至能撬动移位为止。将残余的块料清除干净，形成新的平整断面层，方便后期开采规划。

炸药洞的凿打：在原始石上面的风化层或适当位置定点，凿打一个爆破洞。装药洞深一般 3 ~ 4m 以上，可根据石质硬度、体积大小调整深浅。洞径 3.5 ~ 4cm 左右，应略大于六角钢钎的扁头宽度，使六角扁头钢钎可松动，上下可升降浮动为宜。凿洞先用圆形短钢钎，底部尖头圆锥长 5 ~ 8cm，用手锤抡打短钎，洞口径要扩大，短钎要斜向径边，沿圆径周围凿打，直至短钎无法凿到洞壁。同时，要用薄竹片弹出洞内石粉。短钎要能打到 10cm 深左右，后改用六角钢扁形钎，六角钎底部是扁弧形的刀状，扁弧形宽要大于六角钢钎直径 1cm 左右。初用六角扁钎长度不宜过长，因初凿打的洞浅又扶不稳，先把六角短钎垂直或者平行插入（有的需要开平行的洞）洞内，一人用双手扶稳扁钎，一人用大锤抡打，手扶扁钎要同时慢慢转动，还要用水冲灌洞内，使洞内石粉溢出，连续抡打深至扁钎余留 5 ~ 6cm 左右，另换相应的长钎，另换扁钎长度露出洞外不宜过长，过长大锤抡打时，手扶的工人手容易抖动。依此步骤变换扁钎长度，直至凿到要求的深度。

然后用细竹或相对深的长钢筋捆绒布插入洞内吸附洞内石粉水及残余粉泥，待洞内彻底干燥就可以装药。装药要慢慢轻压实炸药，同时放入导火绳及雷管，导火绳外留长度要满足工人从点火至逃到安全地带躲避有充足时间的要求。装药的数量按洞深总长比例有 3 ∶ 7、4 ∶ 6 两种，可根据石质硬度而定，如 3 ∶ 7 比例，药量 3 份，赤油土 7 份。雷管炸药导火绳放置完，可用赤油土加少许水，用手捏成团塞入洞内，用竹竿先轻压，随后逐渐加力冲压密实，达到一定的密实强度，赤油土用手捏得松散，不能太黏稠，以有点松散感为宜，这才能压紧压实。

（2）黑药主要用于大体量岩石的爆破，其威力特点是产生的两边扩散张力形成线状的断裂层，不像炸药的引爆特点是不规则的四面开花特征。根据黑药的爆破特征，引爆后的断面是顺纹理走向断裂，比较平直，对于后期开采、成材率的提高起到非常大的作用。黑药洞的凿打、灌装药与赤油土的比例、导火绳的放置、外留长度要求，引爆及安全防护等操作过程，和炸药爆破全过程相似。差别在于黑药洞口径较大，装药量多，药与封闭土比例 3：7，引爆顺纹理的线断裂。如洞径 10cm，洞深 12m，装黑药可爆破近 1000m^3 的岩石体量断裂，其工效非常大。以 12m 深，10cm 径口为例的凿洞工作，最少要超过 20 天的工期，其中每天要配备 3 ~ 4 人，待凿到一定深度还要增加人员帮助抬笨重的大径长钢扁钎，插入洞内及提出，大锤最少要用 16 磅才有足够的冲击力。凿洞的进度非常缓慢，是个十分繁重又艰苦的重体力劳动。

三、工艺流程

石料开采后运到加工场，就由石雕匠师进行精细加工。石雕工艺流程如下[1]。

1. 平直

这是雕刻前的准备工作，即在石料上留出需要雕刻的位置，其余地方全部平整成欲雕的形状。石雕的平直技术很重要，只有学过平直才能充分了解石性，故平直是石雕技术的基础。平直师做的是建筑的基台和墙面石、门面石的平直部分，各种柱、门窗框、堵石和线板的平直部分，是从业者学习的第一阶段。平直学到顶尖是非常困难的，早时工具钢质硬度很差，但石雕匠师雕刻出的各种式样的线条、堵框质量之高，仍让手握现代工具的石雕人感叹不已。更有一种密缝叫“相贴缝”，师傅仅靠手中的铁锤和钻子就能做出紧密的石缝，真的头发丝都无法从缝中穿过，这就是平直师技术的最高境界，是现代工具都难以达到的。

2. 打巧

打巧是雕刻的第一道工序，也是最为重要的工序，可称为打坯。一般由雕刻的头手（石雕大师傅或是石雕技术比较纯熟者）来完成。其工艺流程主要包括捏、镂、摘、雕四道工序。

（1）“捏”就是打坯样。先在石块上画出线条，而后进行初步的雕凿。对于有限定内容的新雕作，有的在打坯之前先画张平面草图作依据；有的还先捏个泥坯或石膏模型；有的则以购买者提供的设计图纸为蓝图。打坯样是一个重新创作的过程。

（2）“镂”就是坯样捏成后，根据需要把内部无用的石料挖掉。镂空石料的技术是石雕工匠的重要基本功。

（3）“摘”就是按图形剔去雕件的外部多余的石料。这种剔除是对坯样的细加工。

（4）“雕”就是进行最后的雕琢加工，使雕件定型。

打巧入门非常难。师傅要求学徒看古书，临摹师傅的手稿画册和一些古画册、陪师傅看戏。经常是看正班戏，观察戏中人物动作造型、服饰，熟悉故事内容。故传统古厝石雕工艺人物雕刻，多出现戏剧服饰造型、动作和场景。不少打巧师为加强自己对武打人物造型的创作能力而学习武术。打巧师作品取材广泛，几乎无所不雕，人物题材分武出文出（即文戏或武戏）、四脚花鸟（带

---

[1] 石雕工艺流程是根据采访国家级非遗传承人王经民、省级非遗传承人王文生的资料整理而成的。

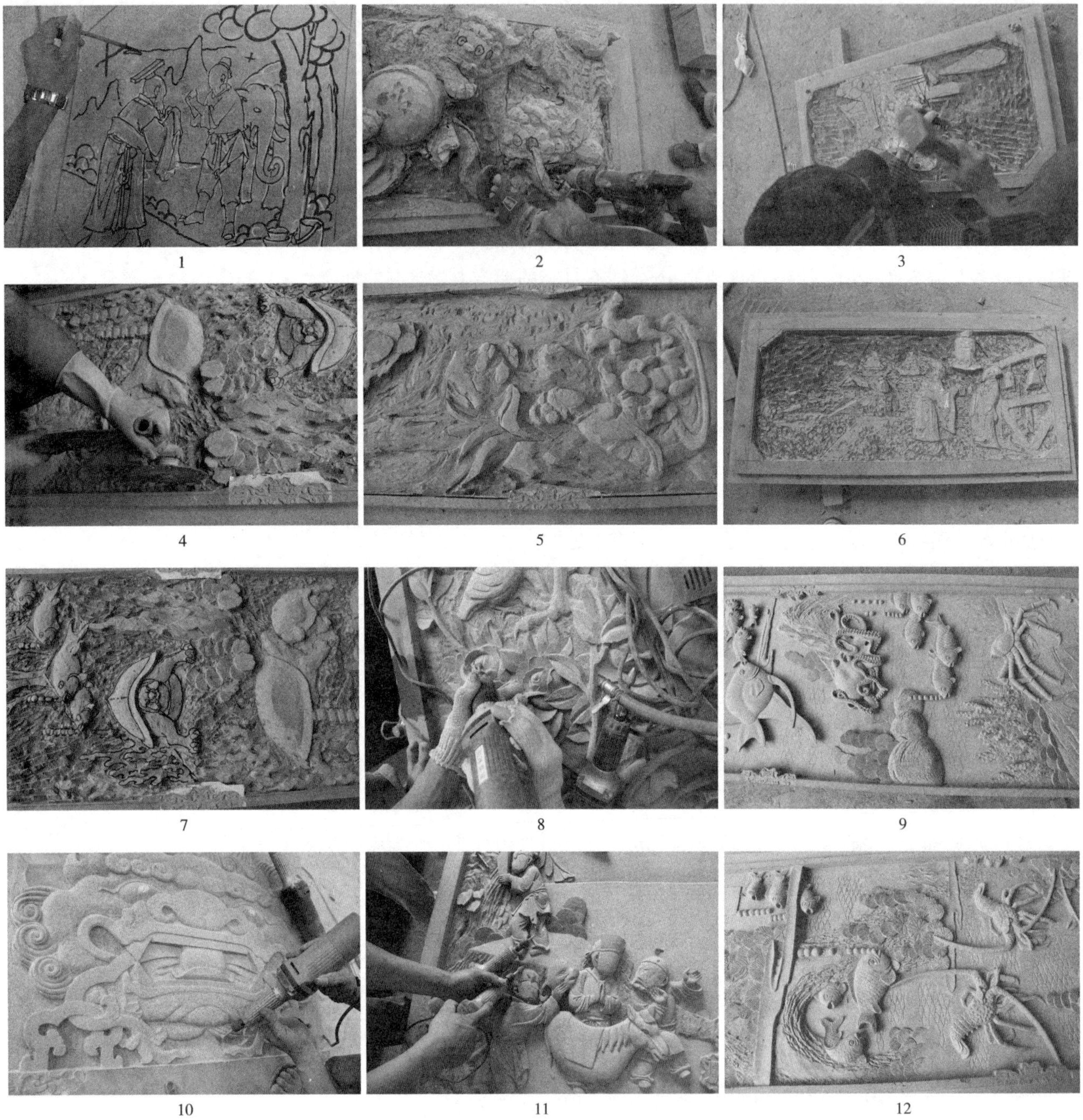

图 6-2-5　打巧工序

1—布图；2—打钻；3—头手；4—清底；5—整理；6—头手结束；7—补墨；8—割线（一）；9—再一次补墨；10—割线（二）；11—磨平；12—成品

框边有装饰性图案的地方）、水族草虫、吉祥图案等，十分丰富。石雕主要使用在墙面、地面（大砛）、柱础、牌坊等处（图 6-2-5）。

3．“剔、刻”

“剔”是挖空透孔，“刻”是刻线找层次和关系，精雕细刻。“剔刻”师是“打巧”师的下手，专为其最后完成作品。惠安石雕在古时候有石粉换金粉之说，指的是“剔刻”师极为精细的镂空青石雕刻，当时使用的是钢质工具，叫“钢条”，每人一套工具，几十条，长 8 寸上下、粗细搭配，锥尖如针。在实施高难度的镂空工艺雕刻时，雕刻师精神必须高度集中，睁大眼睛细察进钻角度和刻进度，竖耳细听雕击声音，细把敲锤力度，通过听声分析敲锤力度，而且呼吸要均匀，遇险处屏气慢打，雕刻进度极慢。早期常见有一小块浮雕堵耗时半年多，所刻下的石粉重量和工资折黄金重量对比，相差无几，这也是惠安石雕技术含金量的体现。

4. 晟工（镂剔）

这是最后一道工序，即在剔刻工序的基础上，进一步精雕细琢，并加以磨光，使整件石雕作品看起来更为莹润。

第三节　雕刻技法

根据《营造法式》卷三的记载：宋代雕镌制度有剔地起突、压地隐起、减地平钑、素平等四种。明清时期，泉州石雕的雕刻技法越趋于成熟，雕刻内容愈加丰富多彩，雕刻技法更是不断地发展。民居构件上常见的石雕技法主要有以下几种。

1. 圆雕

又称立体雕，是艺术在雕件上的整体表现，观赏者可以从不同角度看到物体的各个侧面。它要求雕刻者从前、后、左、右、上、中、下全方位进行雕刻，这是石雕中最基本的技法。圆雕一般从前方位“开雕”，同时要求特别注意作品的各个角度和方位的统一与和谐，只有这样，圆雕作品才经得起观赏者全方位的“透视”（图 6-3-1）。

图 6-3-1　圆雕

由于圆雕作品极富立体感，生动、逼真、传神，所以圆雕对石材的要求比较严格，从长宽到厚薄都必须具备与实物相适当的比例，雕师们才按比例“打坯”。“打坯”是圆雕中的第一道程序，也是一个重要环节。

2. 浮雕

浮雕技法即在石料表面雕刻半立体图像，即《营造法式》中所说的“剔地起突、压地隐起”，浮雕主体突起甚少，各部位的高点不超出石面以上。有边框的雕饰面高点不超过边框的高度，饰面可以是平面，亦可是多种形状。如建筑物装饰于壁堵上的花鸟人物、山水风光，以及寺庙里的盘龙石柱等雕刻。根据雕刻程度的不同，又分为浅浮雕和高浮雕。浅浮雕为单层次的雕像，没有使用镂空透刻手法。高浮雕是以多层次造像来反映比较繁复的内容，多采取透雕手法镂空。浮雕是与建筑实用结合最密切的工艺，随着纪念性建筑工程的增多，且更讲究艺术装饰美化，浮雕的使用也更广泛，技艺也更精巧（图 6–3–2）。

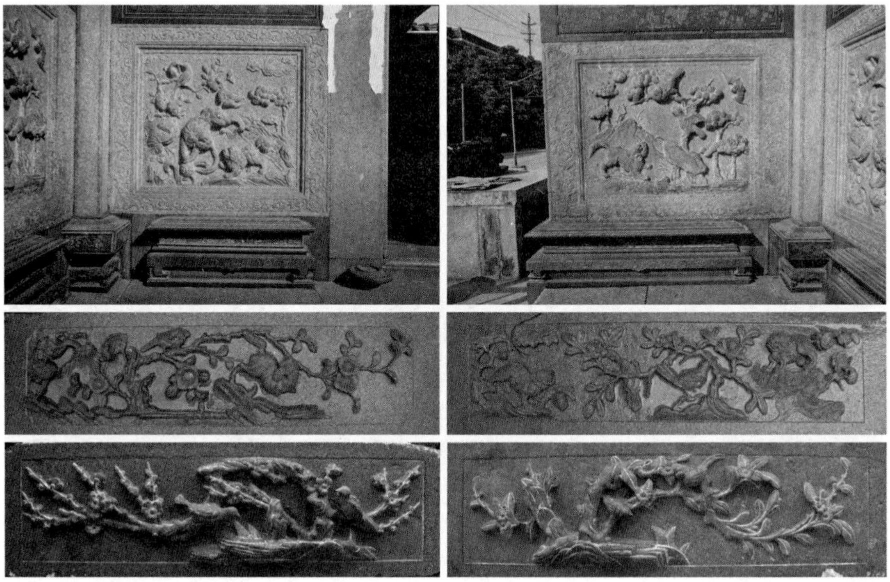

图 6–3–2　浮雕

3. 线雕

也称平花，即《营造法式》所提及的“减地平钑”，将石料打平、磨光后，依照图案刻上线条，以线条的深浅来表示各种文字、图案，并将花样图案以外的底子浅浅地凿低一层，大多用作建筑物的墙壁贴面装饰（图 6–3–3）。

4. 沉雕

又称“水磨沉花”，即浅浮雕。是在较光滑的石材上描绘图像，然后雕凿凹入，利用阴影产生立体感。雕刻图案的表面也可以磨平，地子上则凿出点子。常见于门楹、石柱、壁堵等建筑构件的表面（图 6–3–4）。

5. 透雕

是将石材镂空的技法，常与浮雕结合，雕刻内容一般追求“图必有意，意必吉祥”的美好愿望，具有既美观又坚固的艺术特点（图 6–3–5）。

6. 微雕

其特点在于微小，是传统工艺精巧手法的延续。其作品有的薄如蝉翼，有的细似发丝，有的在小如果核的石块上镂空雕花，更显得巧夺天工。

图 6-3-3　线雕

图 6-3-4　沉雕

图 6–3–5　透雕

此外，还有素平，即将石材表面雕琢平滑而不施图案题材的加工技法。泉州石雕的雕刻功夫在于纹路、刀法的清晰、流畅、简练有力，突出“巧、美、秀、雅”的雕刻风格。各个石构件都是先雕刻，然后再安装到预定要安装的地方去。

第四节　石雕构件

在泉州传统建筑中，石作常常作为外墙体，也常用于台基、大门、天井、石窗、屏风、排水口等建筑构件以及作为门堵、地袱、水车堵、柱础等细部装饰，用传统的青石和白石，使其与闽南传统的红砖建筑基调相得益彰，形成独特的闽南建筑风格。

一、大门及门堵

大门是闽南建筑的脸面，是户主身份地位的象征，往往是装饰的重点。闽南民居的入口处理非常有特色，门一般为三开间，大门开在金柱间，檐柱处做成转角，形成两面——正面门堵和侧面门堵，最后再与外墙相连，形成起承转合的开间格局。闽南人俗称“塌寿”做法。大门也是石雕构件最多的地方。门楣、门簪、门框、门枕石等都可以用石构件。门楣上常采用线雕石匾，门框两侧石质门框则雕刻对联。正面门堵是视觉中心，其构图和传统木格栅门相似，分五段。汇集浮雕、线雕等雕刻手法，常用山石花鸟等题材（图 6–4–1 ~ 图 6–4–3）。

二、石窗

泉州民居建筑的外窗框一般也采用石材，起到加固防水的作用。在正门红色砖外墙上开窗，窗棂直接由石材加工而成，有条枳窗、竹节枳窗、螭虎窗等，如亭店杨氏民居上的竹节枳窗，采用透雕，上面还雕有各种动物、花草图案，十分精美（图 6–4–4）。

三、柱础

闽南建筑中在大厅立柱之下，常采用石头柱础，一来闽南地区潮湿多雨，

彩楼厝

朝北大厝

德棣厝

黄宗汉故居

世切厝

图 6-4-1　大门及门堵石雕构件

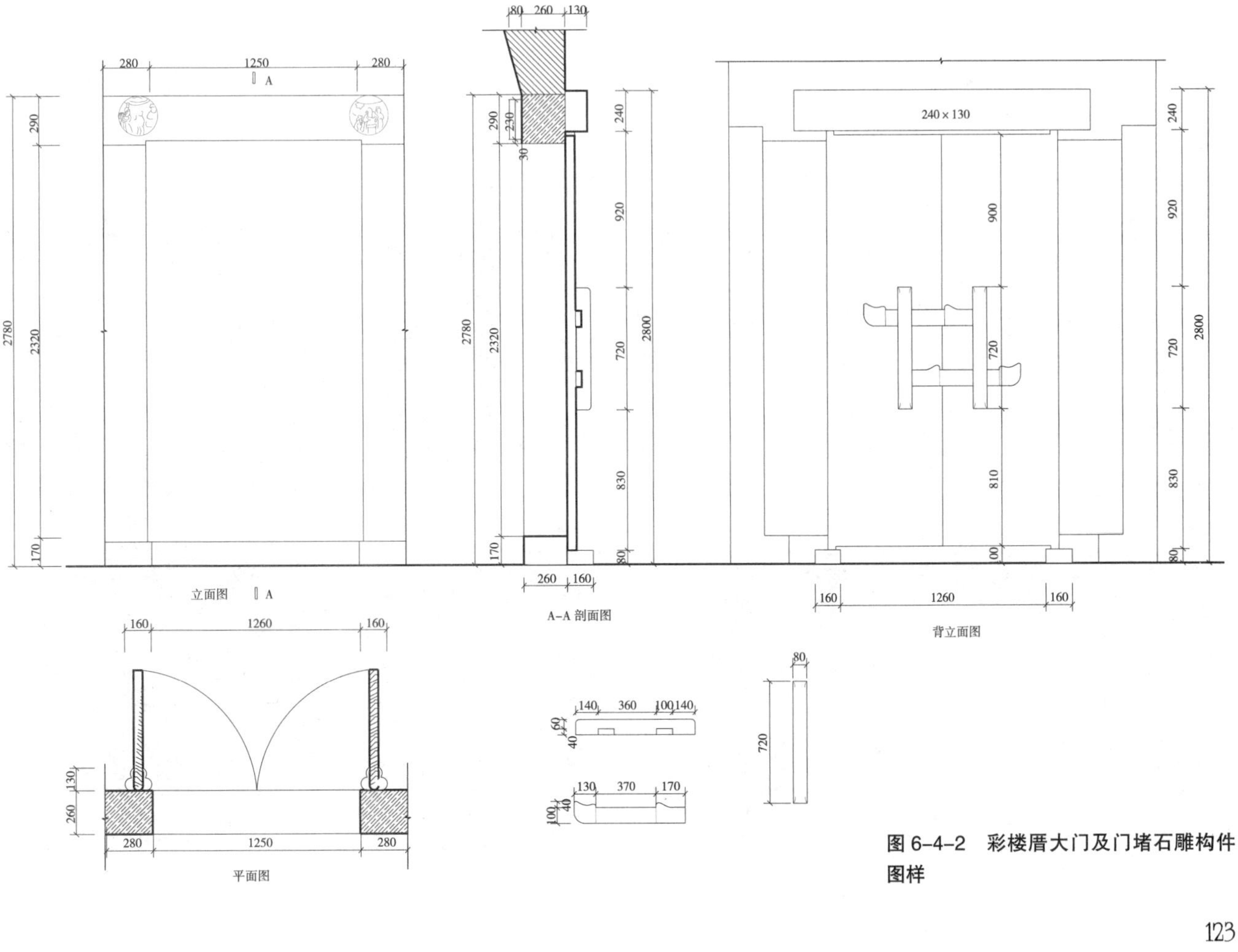

图 6-4-2　彩楼厝大门及门堵石雕构件图样

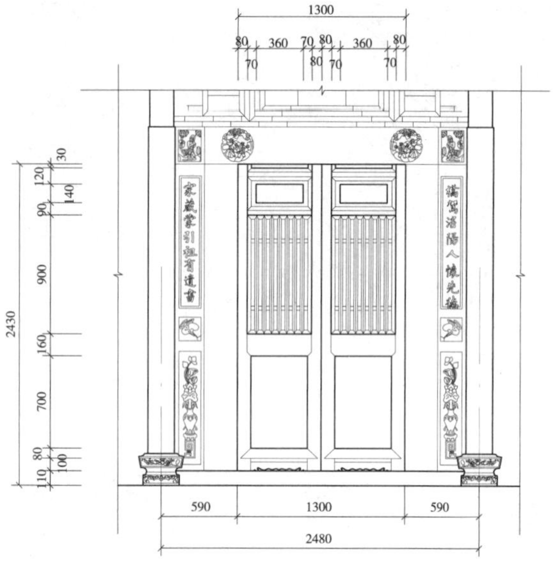

正立面图

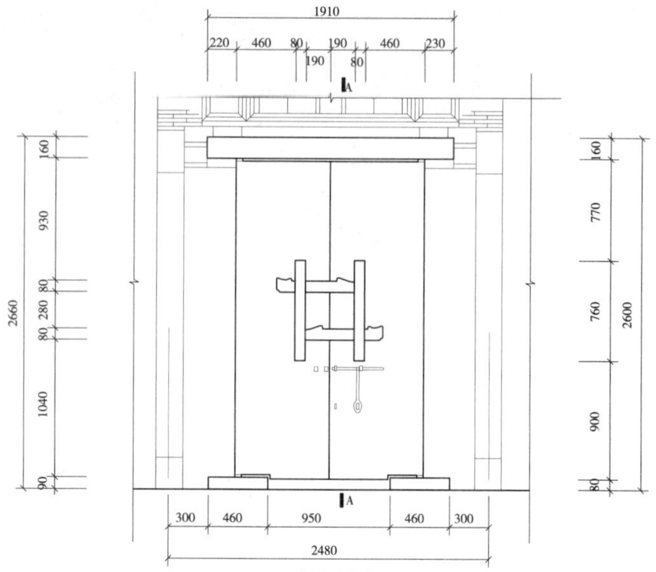

背立面图

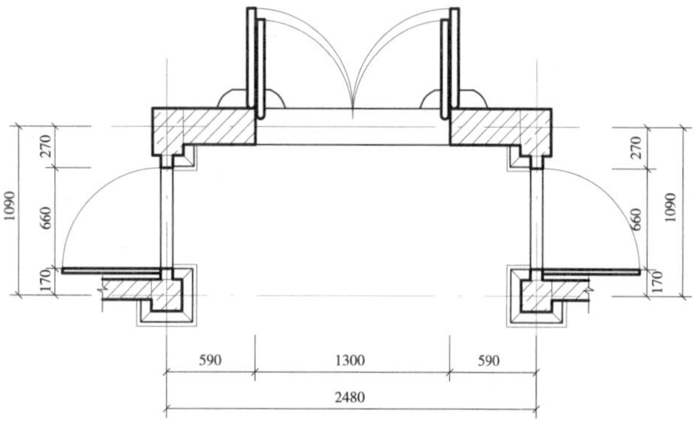

平面图

图 6-4-3　世切厝大门及门堵石雕构件图样

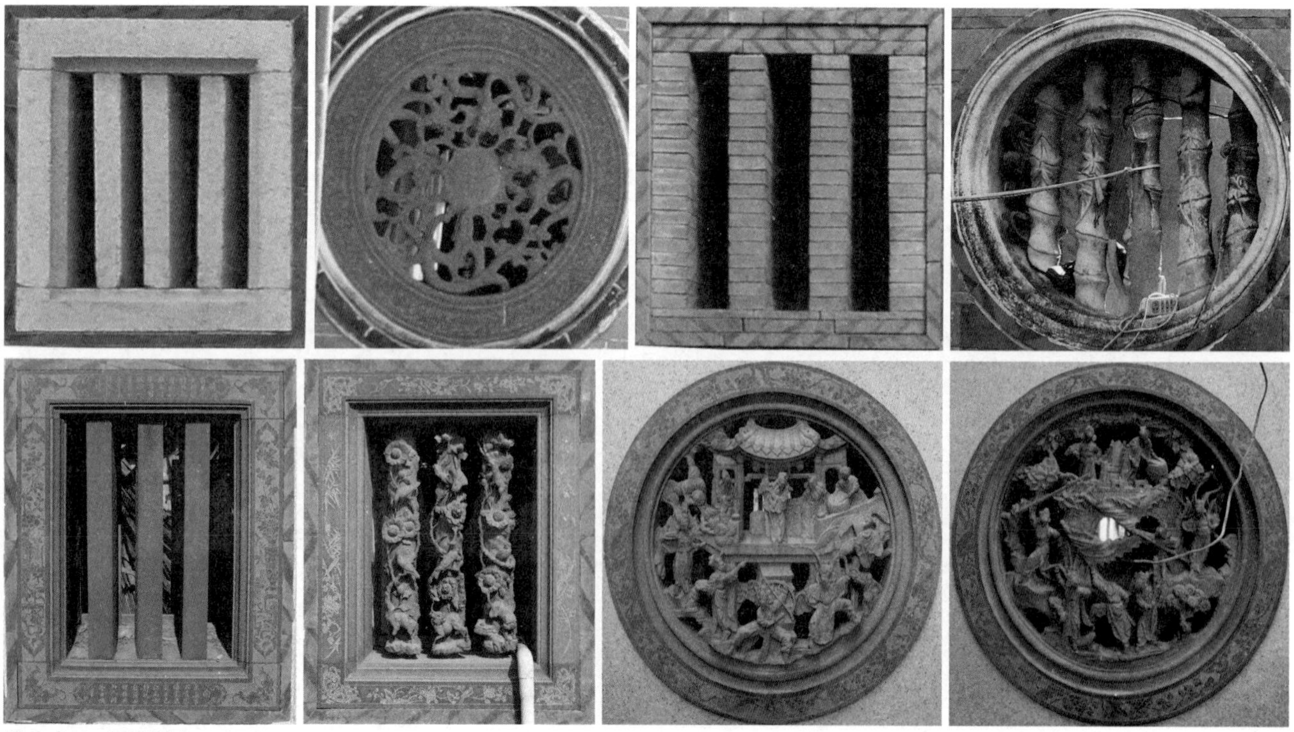

图 6-4-4　石窗样式

如果木柱直接安装在地板上，容易受潮腐蚀，采用石柱础可延长其使用寿命。二来厅堂是进入一栋宅子最主要的视觉中心，而精雕细刻的柱础，则能很好地起到吸引视线的作用。柱础的类型很多，因地区、建筑级别不同而有所不同，以清代的柱础雕刻最为繁复，其上雕饰麒麟、虎、狮等形象，展现了惠安石雕精湛的雕刻技艺。泉州传统民居中常见的柱础主要有以下几种。

（1）平础石：不做鼓镜的柱础石叫平础石，仅用于做法简单的民居中（图 6-4-5）。

（2）鼓形柱础：因鼓镜部分形状似鼓而得名，鼓镜上、下直径内收，中间凸出如鼓状。鼓形柱础石造型古朴雕饰典雅，一般在上下缘有钉帽纹饰，中间鼓出部分通常分为三个区域，再施以花草、动物雕饰，也有整体雕刻纹饰的（图 6-4-6）。

（3）方柱础：分为四方形、六方形、八方形等多种样式，为避免方形柱础外观单调，一般多采用双层，中间束腰，再施以雕饰（图 6-4-7）。

（4）覆盆式：因露出地坪部分形似扣着的面盆而得名。覆盆式柱础是最常见的一种柱础（图 6-4-8）。

为了防雨水侵蚀，有些地方的柱子也用石材，但石柱开榫不易，所以一般不通顶，做到通梁以下，上面接木柱。石柱与木柱之间，以馒头榫或管脚榫连接。石柱的形式在不同时期和不同地区以及不同等级的建筑上都不尽相同，包括瓜棱柱、方柱、圆柱、盘龙柱等，有的建筑还采用梭柱的形式。

四、台基

闽南民居的台基多用花岗石砌筑而成。台基正面雕有外八字形的腿，故称为柜台脚。因常以螭虎作为装饰主题，故也称为螭虎脚。台基侧面砌有堵石，上面边缘砌筑一圈阶条石，安放在堵石之上。裙堵，位于柜台脚之上，也就是墙体的裙墙，一般也用石材砌筑。在比较讲究的大型宅邸中，每堵墙甚至用一整块石材，打磨平滑。一般房屋用条石砌筑，次要的房屋用不太规格的方形石块砌成方形、人字形等（图 6-4-9）。

五、装饰

石雕的雕刻内容大多与木雕相似，多为有寓意的吉祥图案，其中最具特色、最常见的地方装饰是石狮子。在泉州传统风俗中，如果建筑物的大门对着路冲，

图 6-4-5　平础石

朝北大厝柱础照

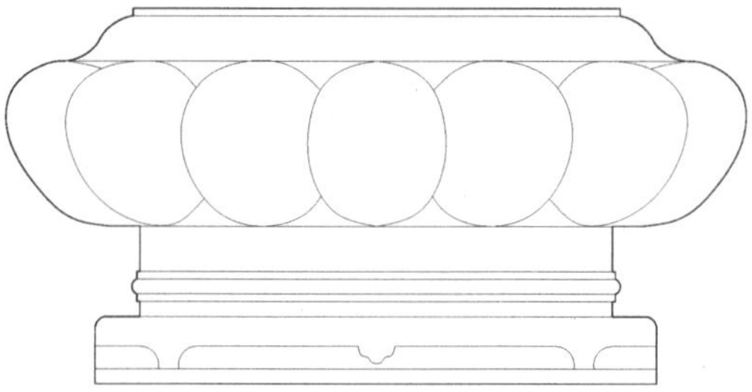
朝北大厝柱础图

德恩厝柱础照

德恩厝柱础图

亭店杨氏民居柱础照 1

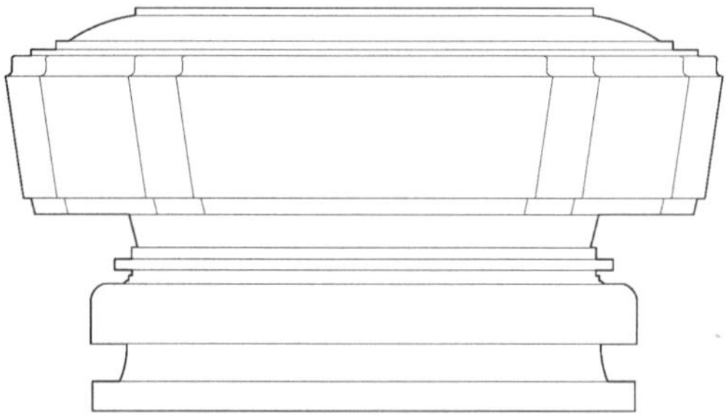
亭店杨氏民居柱础图 1

庄杰线宅柱础照

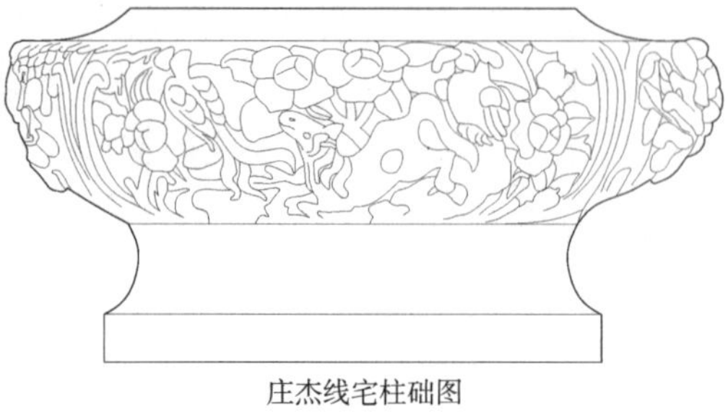
庄杰线宅柱础图

图 6-4-6　鼓形柱础

彩楼厝柱础照

彩楼厝柱础图

德典厝柱础照

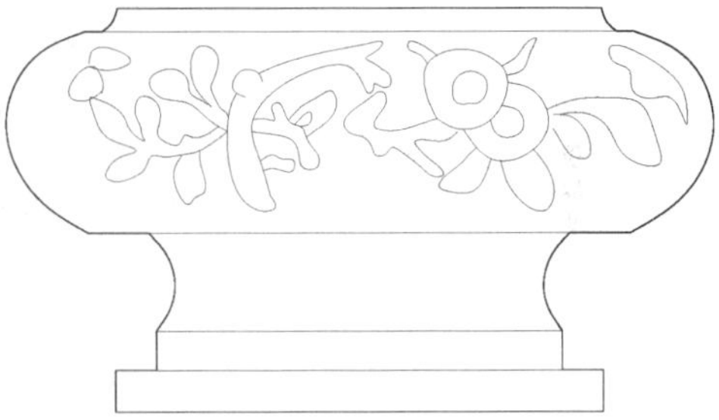
德典厝柱础图

世切厝柱础照

世切厝柱础图

亭店杨氏民居柱础照 2

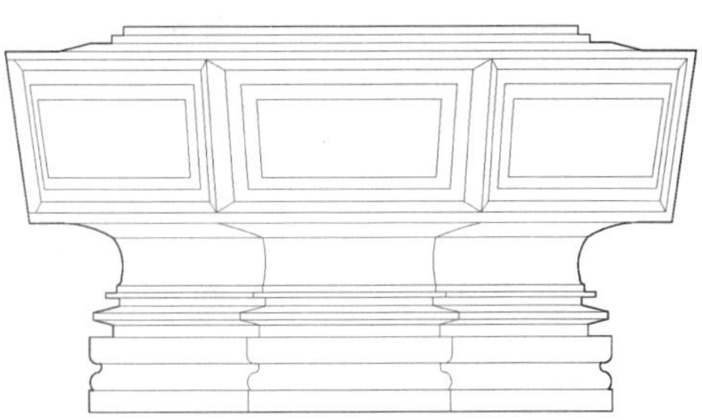
亭店杨氏民居柱础图 2

图 6-4-7　方柱础

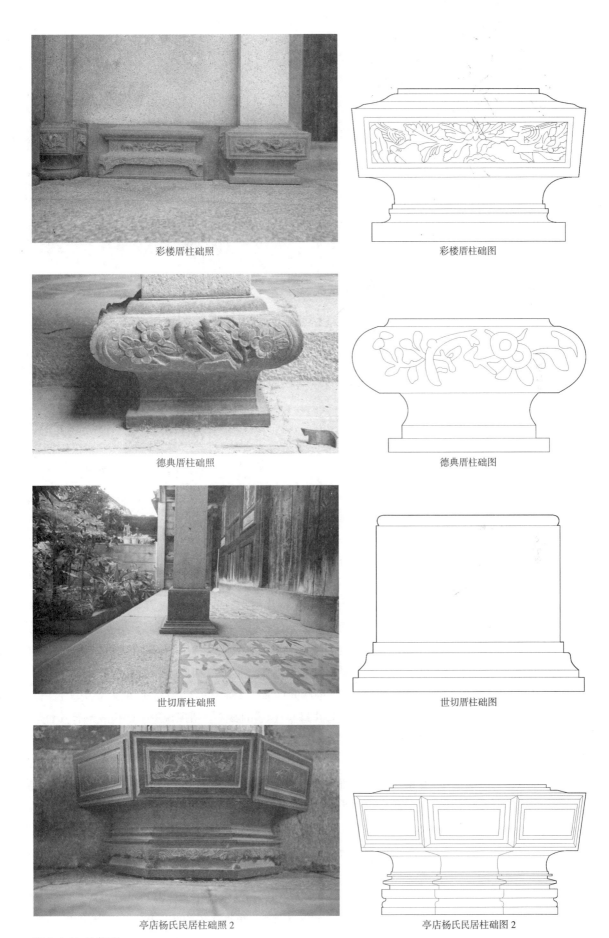

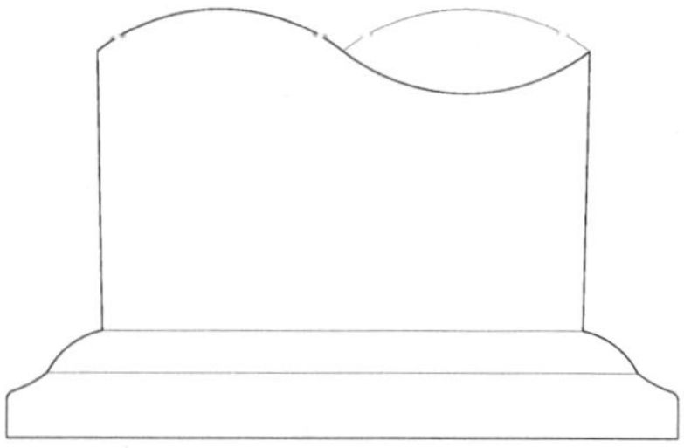

图 6-4-8 覆盆式柱础

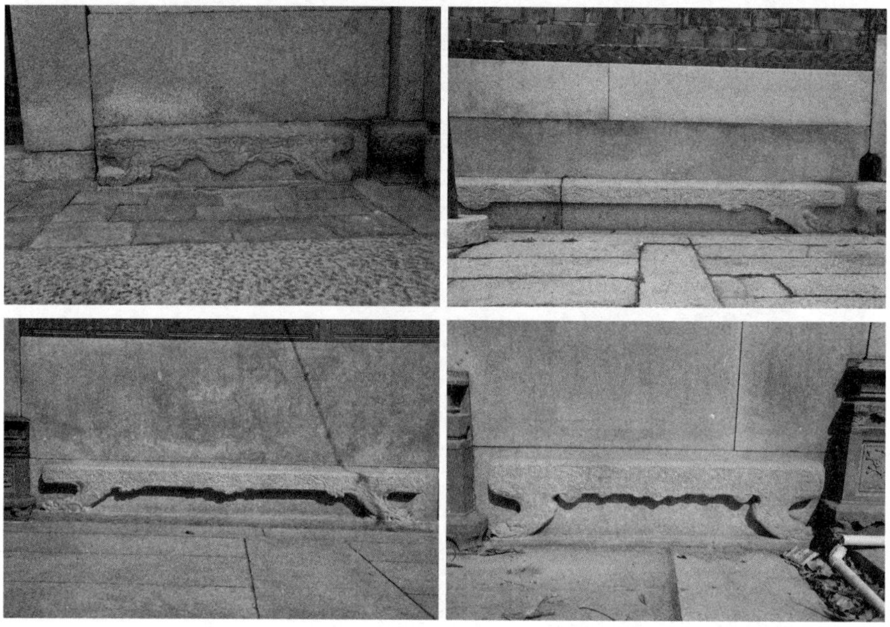

图 6-4-9 台基

常在门边安置石狮子，以守护当地人们吉祥、平安。以雕刻石狮子为例：闽南常见有坐狮，多为长高等尺比例，宽度略大于高度的 1/2，联结狮子下方的平直底盘叫“草下贴”，衔接在须弥形狮座上，成为完整配套。雕造狮子要练就好眼力，须逐渐去除多余的石材，慢慢雕造成形。狮子要雕造好，必须有好的比例，美观稳定的造型。古人有歌诀：“狮面对正角，斜势对下角，高耳略低头，低耳三分开，前脚高对半，后腿高四成，狮长为十份，三份前脚三份身，三份后退一份尾，前脚向尽前，后趾占一半，圆头肥项，弯腰翘尾，似笑非笑，吉星高照”，可作为雕刻石狮子的参考。所以说狮子的构成也有其套路：阔口、圆目、团弭、欺头、笑意、戏金钱，头上两排五绺髻，五绺后髻垂后飘，脊毛直通五彩尾，十组胡须，一具铃铛，一手抓绣球，一手戏绶带，雄狮献金钱，雌狮抚少狮。硬腰向外，软腰相向，左右呼应。雕狮还有一个重要部位就是狮子的转身，即倾斜的狮头向平行坐着的后半身的过渡处理，还应注意肌体对称，体量的均衡。掌握了要领，雕造起来就有了方向（图 6-4-10）。

雕刻狮子有一道重要的工序是“滚球”，其操作方法是用扁形“钻子”从狮子口后角各开一圆孔，“扁钻子”向环周斜把，越深越瓫，两面相对向开通，留下做球的石块，取芯成功后，从嘴巴正面开口，嘴里石块（已成大体球状）清晰可见，然后慢慢修成圆球，再把狮子的牙齿和舌头雕刻出来。雕成的圆球是不会从石狮嘴里掉出来的，由此可见当地雕刻技艺之高超（图 6-4-11）。

图 6-4-10　石雕纹样

狮子装饰 2

狮子装饰 1

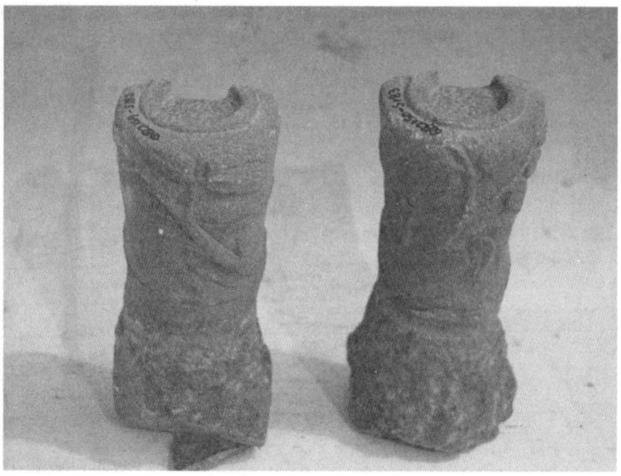

民国时期竹纹石构件

麒麟石刻

浮雕人物圆形石门簪

长方形麒麟花鸟石构件

图 6–4–11　雕刻内容

第七章　泥水作技艺

第一节　红砖制作

泉州沿海民居最大的特色就在于其墙体用红砖砌就，屋顶用红色筒瓦铺就。红砖在中国传统建筑的发展源流中，较晚出现，且分布有着明显地域性的特质，主要集中在闽南地区。

泉州地区所用的砖和瓦统称为“红料”，是民居等建筑的一大基本用材。其在焙烧过程中，黏土里所含铁元素被充分氧化，所以成品外观呈现出鲜亮的红色。又因采用马尾松作为燃料，堆码烧制时表面自然形成红黑相间的纹理，因而称之为胭脂砖，又称“燕炙砖”或“雁只砖”（图 7–1–1）。通过对泉州地区现存的几座砖瓦窑进行调查，并对这些资料进行归纳和整理，大致可以确定红砖的烧制工序如下。

图 7–1–1　胭脂砖

一、窑炉的建造

《中国古代建筑技术史》一书，根据火焰在烧制过程中的不同走向将窑炉分为直焰窑、横焰窑和倒烟窑等三种。泉州地区烧制红砖的窑属于倒烟窑，其造法习惯都是坐东北朝西南的，这是考虑到风向的关系。因为泉州地处东南沿海，风力强大，如果风向不对，会影响火力，导致烧制不顺，增加耗费的燃料。而山区窑口的方向则往往根据地形来选择，这是因为造窑时一般都采取依照坡地建造的形式，且都建筑于凹处，受风向影响较小（图 7–1–2、图 7–1–3）。

图 7–1–2　窑炉

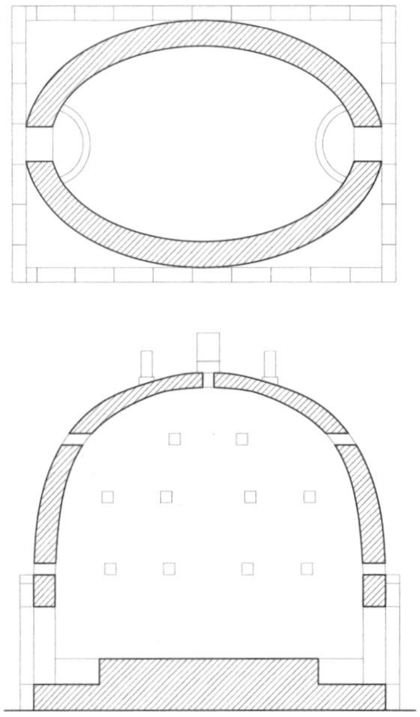

图 7–1–3　窑炉平面、剖面图

调查晋江烧砖窑炉，其窑内壁是用土块砖（长约 30cm，宽约 20cm）层层叠起直至砖窑顶，中间的缝隙用泥土填补。窑外壁因怕风吹雨淋，用砖、水泥砌成。窑呈椭圆形，有前后两个窑门（同时是烧火口），窑顶为圆顶，窑内壁两侧各有三个烟囱直通窑顶，向上排烟。窑内两侧各有 4 个窗户，窑顶有 5 个窗户，在烧窑过程中，要根据排出的水分情况来封窗。窑底用耐火砖（尺寸与土块砖相同）顺丁排放，砖与砖之间有较大的缝隙，才不会堵住烟火上升。因为烧火口主要在窑门两侧，窑两侧就垫两层砖，中间部分为防止火势有所不及，多叠一层砖。中间部分垫三层地砖，两边再垫长 16cm、宽 10cm 的砖，防止烧的砖瓦裂开，掉下去堵住出火口。

二、原料的采集

首先，去掉采集区表层耕积土（杂土）1.2m 左右。该土层作为耕作用土，所含杂质较多，不适合作为制砖的原料。因此，先将其挖掉并堆积于一旁。第二层土厚度一般 1 ~ 3m 不等，按其质地不同又可以分为上层土、中层土和底层土。上层土土质较密实，烧制出来的砖块体积比较小，抗压强度较高；底层土较为疏松，烧制出来的砖块体积较大，但是抗压强度较差；中层土是比较理想的原料，密实度和收缩量都适合。为了节省原料和保护耕地，往往是三种不同的土掺合在一起使用。所以，为了保证所得产品的质量，原料中三种土比例必须适当。待一个区域的原料土采集完以后，工人往往会对该片土地重新进行平整，并把原来堆积在一旁的耕作土再次回填到地里，以便能够继续耕作。本地如有工地开工，也有从这些工地运土过来的。每烧一窑最少要 1t 土，现今市场价每车土约 130 元。土一般是中层土，不含砂、石，最好使用黄色土，因黄色土比较有油性，色泽也较好，烧出来的砖成色比较好。晋江、石狮靠海，如果挖到深层土，土色深，含盐分高，烧出来的砖会吐白。上层土杂质较多，不适合作为烧砖的原材料。无砂黄赤土，是多种矿物质的混合物，以高岭土为主，并含有石英砂和铁质，其中三氧化二铁的含量是决定成品砖颜色的两个因素之一，该土在泉州地区分布较广。但各地区的土质亦有区别：平原地区的土中三氧化二铁的含量在 8.5% 左右，因而，烧制出的成品砖为鲜红色；山区土质中所含三氧化二铁约为 10%，所以，成品砖呈现出深红色。

三、原材料加工及制作

《天工开物》中就有专门描述砖的制作的内容："凡埏泥造砖，亦掘地验辨土色，或蓝或白，或红或黄（闽、广多红泥，蓝者名善泥，江、浙居多）。皆以黏而不散、粉而不砂者为上。汲水滋土，人逐数牛错趾，踏成稠泥，然后填满木框之中，铁线弓戛平其面，而成坯形。""凡坯既成，干燥之后，则堆积窑中燃薪举火，或一昼夜或两昼夜，视窑中多少为熄火久暂。浇水转泑（音右）与造砖同法。其垂于檐端者有滴水，不于脊沿者有云瓦，瓦掩覆脊者有抱同，镇脊两头者有鸟兽诸形象，皆人工逐一做成，载于窑内受水火而成器则一也。"

根据调查，泉州胭脂砖的制作工序，特别是 20 世纪，还有很多小窑炉是按照这种传统的做法来烧制的，工序如下[1]。

---

[1] 红砖制作流程是根据宋仿晋江市安海镇曾建筑的资料整理而成的，部分资料引自赖世贤，刘塨. 泉州胭脂砖的传统制作方法研究 [J]. 华中建筑，2005（4）.

1. 原料加工

传统的做法是先挖一个大坑，把采集来的土放到坑中，加水直至淹没土的表面，浸泡约 12 个小时后，再把这些泥土翻松、砸碎，然后牵着水牛踩踏，直到坑内的土都呈黏性，没有大块状，才可以用来做成砖坯。但是这种做法很费时费工夫，现代做法则是把土放到绞碎机上绞碎后，用输送带输送到真空压缩机中，出来后直接定型，然后装模，而后再用机器切割，效率大大地提高。

2. 砖坯制作

在各种砖的模具内壁撒上一层糠灰，防止带有黏性的砖坯粘附在模具内。将已经呈黏性的原料土放在模具内，压平压实，使土充分填满模具的各个角落。而后用铁线弓将模具上多余的土刮去，再用刮板把表面轻轻刮平。处理好后，取出成型的砖坯，置于架子上晾干，制作出来的砖坯四面要平整，边角要丰满，才能保证质量。这个程序持续约 1 个月。传统工匠，一天可做 100 多片两子（本地的称呼），现在常用电动模具加切割机来制作砖坯，产量大大提高。

随后，将制作好的砖坯阴干，直至用手捏其表面不会出现坑洞为止。砖坯最好不要到太阳底下曝晒，因为晒出来的砖坯容易裂开，也常出现表皮已经干透，但内层还未干的现象。现在的砖瓦厂在晾干的场地安装吊扇，可使砖坯的晾干时间减少几天。

3. 油（釉）面

油（釉）面的工人把制坯工人所制砖坯搬到工棚，排放整齐，将砖坯拍平后，用毛竹片刮掉砖坯表面上的杂质。接着，将原材料土磨细（用球磨石把土磨细），加入一定比例的水，加工成泥浆，将这些泥浆涂在砖坯表面上，用竹片来回推磨成油面后，除去多余的泥浆，将每块砖坯按不同品种码放平整，晾干后，方可入窑。

四、装窑

装窑是技术性最高的工序，装窑不牢，就会败窑，造成巨大的损失。泉州地区的窑炉大部分属于倒烟窑，烧窑时，窑顶温度约有 1000℃，窑底约 700 ~ 800℃。烧制的砖瓦是从顶部先烧成的。所以，装窑时，窑底装比较不耐温的，窑顶装比较耐温、需要高温烧成的砖瓦。装窑师傅根据装坯的位置，要求搬运工搬来所需砖坯。窑顶部温度较高，烧出来的砖往往会过火，颜色较为暗淡，偏黑。因此，在该处往往放置连太的砖坯——连太用来压屋顶规舵、脊尾，所以对外观要求较低。而窑中心的温度一般在 1200℃左右，烧制出来的砖颜色偏红，外形美观，强度合适。所以，把福办、颜只、油（流）面等装在此处，大铺类装在窑室的两边，窑室的最前面装的是俗称火口砖的粗坯，最底层则铺上一层窑脚，每列窑脚之间留出约 10cm 宽，既作为火路又兼作通风之用的通道。装窑的时候先从窑室的后部装起，然后用退台式装法，由后到前，直至装满为止，每个窑每次装的砖坯各种规格的均有，并在前面留出窑井，作为烧火之用。由于窑的体积大小不一，砖坯的大小各异，因此，如果单从数量上计算，一个大窑室大约可装 20 万块各种规格的砖瓦。大窑装窑时需要 10 多人，历时 15 天左右，小窑每次装窑需要 10 天左右。

五、烧窑、退窑

1. 烧窑

《天工开物》："凡砖成坯之后，装入窑中，所装百钧则火力一昼夜，二百钧则倍时而足。凡烧砖有柴薪窑，有煤炭窑。用薪者出火成青黑色，用煤者出火成白色。凡柴薪窑巅上偏侧凿三孔以出烟，火足止薪之候，泥固塞其孔，然后使水转泑。凡火候少一两则泑色不光，少三两则名嫩火砖。本色杂现，他日经霜冒雪，则立成解散，仍还土质。火候多一两则砖面有裂纹，多三两则砖形缩小拆裂，屈曲不伸，击之如碎铁然，不适于用。巧用者以之埋藏土内为墙脚，则亦有砖之用也。凡观火候，从窑门透视内壁，土受火精，形神摇荡，若金银熔化之极然，陶长辨之。”泉州地区一般采用马尾松，其中亦夹杂些杂草，或用木柴，现在多用锯屑、废材、纸皮之类的材料来当燃料。24h 工人三班轮流烧火，刚开始烧时，窑门半封，小火慢慢烤干窑内的砖坯，再根据窑内水分排出情况来封窗（整窑共 25 个窗）及封门，这个过程大约需要 10 天。然后再加大火力。太早封上窑门窗，窑内砖易裂；晚封又浪费燃料，这就取决于烧窑工匠的经验技术。封窗的顺序一般都从窑顶往下封，随着火的温度走，温度高的地方先封起来。窑顶的几个窗不能全封上，得留点空隙用来探温，一般用铁钎插入窑窗内试温，连续测 3 天，根据铁钎插入的长短来判断窑内的砖坯是否正常缩水。窑内水分排得差不多了就可以加温。同时，窑门边也留两个洞，可看到窑内情况，根据窑内火焰的颜色来决定是否要停火。开始焙烧时整个砖窑内火焰都是红色的，然后变成白色，接着变成青白色，最后变成柑红色时，火候已到，就可以停火了。一般烧窑过程需历时 1 个月又 4、5 天。烧窑过程中，每过一段时间，就得对窑内的灰烬进行清除，没及时清理的话，这些灰烬会堵住烧火口，导致火焰走势不畅，影响砖的质量。焙烧砖坯的工序往往由经验丰富的工人来执行，因为无论是焙烧温度的调节还是焙烧火候的控制，都必须依靠工人的经验，一窑砖的焙烧周期和成品砖的质量，大部分也取决于烧砖工匠的技术经验。

闽南红砖的表面常出现烟炙的黯黑色纹路，在匠人巧妙运用下，在组砌后形成色彩变化丰富的墙面，造成纹路的主要原因为装窑迭坯采用“直斜条形码法”。码，意指迭砌，“直斜条”为第一层的砖坯直排，第二层采用斜角排列，第三层再斜向错开。此种迭法可以使烧砖时的火路在间隙间通行顺畅，温度平均。每层砖未被上层压覆的表面，在烧制过程中，会蒙上主要燃料“马尾松”的灰烬，并在持续攻烧中深深地烙在砖上，形成表面有两三道紫黑色纹路，称“烟炙砖”。

2. 退窑

停火过后 2 ~ 3 天，把砖窑的窗口打开，拨火散气，从窑顶的窗开始慢慢一个个打开，一天开几个，让窑内空气慢慢散掉，这属于自然冷却，不需添加任何材料。等窑内温度慢慢退散，冷却时间随外界的气温而变化，冬季约需 5 ~ 8 天，夏天大约需持续半个月。

砖瓦厂一般年初为淡季，年尾为旺季，这跟本地华侨较多有关，一般华侨多春节回国，看到家乡有啥需要建置的，就在春节期间商议进行修建，然后招标、招工等持续一段时间，到真正要动工，一般多在农历八月后。这也正好是本地雨季结束，对于砖坯的晾干等比较有利。且马尾松也正是产胶的时候，火力很大，一窑可少烧一昼夜。

泉州所生产的胭脂砖具有自身特色，根据建筑工程师和老工人的经验，认为泉州砖瓦耐腐蚀力很强。在晋江沿海一带的建筑，用别处生产的标准砖，经四五十年，受海风侵蚀，砖瓦的表面均出现不同程度的剥蚀、脱落；而用泉州产的胭脂砖，经过长时间的风吹日晒，依然保持完整。所以，沿海的人在建筑时都喜采用泉货。另外，它的质量密实，抗压力强，一般标准的抗压强度约 MU7.5，而泉州砖的抗压强度达到 MU10，这是全省第一的。再者，泉州砖不易破碎，损耗率低，且久不褪色，经过几次脱硝后（这是用马尾松作燃料的特有现象。经过风吹日晒以后，会脱去一片片的白灰），颜色更加鲜艳。此外，愈用愈滑，容易洗涤。土质好，烧后质量很稳定。复因马尾松为燃料，在火力经过强弱不同的地方，形成轻重不同的颜色，组成美丽的图案。这真是一个很有趣的工艺（图 7-1-4）。

图 7-1-4　制作工序

1—取土；2—原料加工；3—压瓦；4—釉面；5—装窑；6—摆放；7—烧窑；8—检验；9—退窑

第二节　瓦片制作

红瓦、筒瓦本非民居常见、常用之材料。《天工开物》:“若皇家宫殿所用，大异于是。其制为琉璃瓦者,或为板片,或为宛筒。以圆竹与斫木为模逐片成造，其土必取于太平府（舟运三千里方达京师,参砂之伪,雇役掳舡之扰,害不可极。即承天皇陵亦取于此，无人议正）造成。先装入琉璃窑内，每柴五千斤浇瓦百片。取出，成色以无名异、棕榈毛等煎汁涂染成绿，黛赭石、松香、蒲草等涂染成黄。再入别窑，减杀薪火，逼成琉璃宝色。外省亲王殿与仙佛宫观间亦为之,但色料各有配合,采取不必尽同,民居则有禁也。”但是在闽南民居中,“泉漳间烧山土为瓦,皆黄色。郡人以海风能飞瓦,奏请用筒瓦。民居皆俨似黄屋，鸱吻异状，官廨缙绅之居尤不可辨。”（明《闽部疏》第7页）说明在明代，泉州、漳州的建筑就已经使用筒瓦了（图7–2–1）。

一、泉州瓦业历史

据《泉州瓦窑业调查》一文所记载：据阮氏祖代相传，唐太宗贞观三年（公元628年），西门即建有两个窑，所烧砖瓦因技术较差，未能适当控制火候，所出成品均系乌砖，质量很差，中间也有烧花纹，但不结实。至北宋徽宗大观三年（1109年），郡人龙图柯述倡修文庙，所需砖瓦甚多，原有二窑所出，不足供应，乃增设三个窑。又以乌砖不美观堂皇，因召集窑户研究，先以一窑试烧红色砖瓦，几经试验，并改良窑的构造，烧出成品，不但颜色红艳美观，且质量结实，于是其他四个窑均用同法烧制。由于质好色红，各处都来采购，除供应修理孔庙之用以外，亦供应民户。1924年李功藏重修孔庙，拆下砖瓦都烧有“宋徽宗政和三年”(1113年)等字。终宋朝为止,泉州西门计建有五个窑。明初，西门仍有五个窑。明正德十四、十五年间，社会秩序安定，人民生活随之好转，纷纷建筑住宅，建筑业也相应繁荣起来，砖瓦需量日多，原有出

唐狮首瓦当

宋“宫”字纹瓦当

宋鼓钉纹瓦当

宋牡丹纹瓦当

图7–2–1　瓦当

产，不够供应，西门复建三个窑。清中期百余年的休养生息，使百业趋于兴盛，人民生活有一定改善，对住的要求也相应提高，建筑业也随之兴盛，对砖瓦的要求也有提高。泉州当地的瓦窑业也得到长足的发展。近代府文庙重修时，发现“乾隆二十八年”铭文的红瓦（图 7–2–2）；2013 年，开元寺大殿重修揭瓦时，亦发现大量有商号铭文的红瓦及灰瓦（图 7–2–3）。

二、红瓦的烧制

明代即有专门写到制瓦的著作，《天工开物》：“凡埏泥造瓦，掘地二尺余，择取无沙黏土而为之。百里之内必产合用土色，供人居室之用。凡民居瓦形皆四合分片，先以圆桶为模骨，外画四条界。调践熟泥，叠成高长方条。然后用铁线弦弓，线上空三分，以尺限定，向泥不平戛一片，似揭纸而起，周包圆

图 7–2–2　泉州府文庙大成殿纪年铭文板瓦

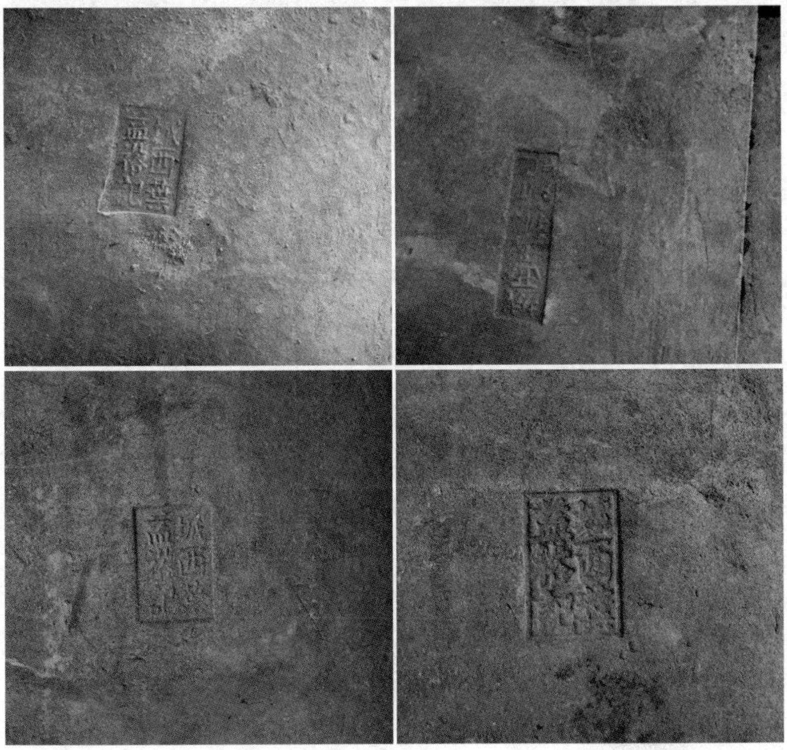

图 7–2–3　泉州开元寺大雄宝殿带商号铭文板瓦

图 7-2-4　炉神

桶之上。待其稍干，脱模而出，自然裂为四片。凡瓦大小古无定式，大者纵横八九寸，小者缩十之三。室宇合沟中，则必需其最大者，名曰沟瓦，能承受淫雨不溢漏也。”

泉州砖瓦的制造过程是这样的：先采用中田土（如系翻田，而要烧制好砖，则须配以好土，甚至用土头或“海润”即底土，亦必配用中层土膈），加以水，用铁铲划土，打碎土块、土粒，搅拌使其均匀，再用钢线弓打散碎土使细，然后用各种模型压成生坯，并用专门的木拍工具拍打生坯，使其具有一定的弧度，放着通风阴干。如土质好的可烧成红色砖瓦；土质差的，会成重灰色；如要烧成红色，土质差的须以好土盖砖面或两个边，以使成品有光面和红色。这些工序完成后，即进行装窑、烧窑、退窑，其工序与烧制胭脂砖大同小异。闽南地区崇奉万物有灵，烧制砖瓦，成败与否，虽在人为，但从业者常认为有神明在负责管理，于是创造出专司砖瓦窑业的窑神来（图 7-2-4）。

火候是决定成品质量的最基本条件，砖瓦的质量决定于火力的大小。火力过度会弯曲，火力不足坯不会透。泉州瓦窑所出成品分甲、乙、丙三级，那是以烧熟的程度来分的。因火力向上行，上层或中上层火力较强，所烧的成品较熟，是甲等货；中层火力适中，是乙等货；下层及后座所装的，因火力经过较弱，列为丙等货。普通装一窑瓦，各种各类合计约四万两三千块至五万余块，小的窑有三万七八千块（图 7-2-5）。

切瓦

定型

码放晾干

图 7-2-5　红瓦制作工程

第三节　墙体砌法

泉州传统民居的外墙大致是由勒脚（包括角碑石础）、墙身（包括山墙、腰线、窗）、檐边等三个部分组成。其墙体围护结构，有封壁砖（图 7-3-1、图 7-3-2）、出砖入石（图 7-3-3）、夯土墙（图 7-3-4）、牡蛎壳墙（图 7-3-5）、穿瓦衫（图 7-3-6）等几种做法。砌砖时，将有紫黑色烟斑一面作为看面，且将上下两层的纹路“镜向”结合，形成“〈”形。民居墙外以烟炙砖为主要建筑材料，内填瓦砾、土料，外墙转角处用砖叠砌（彩图图 4）。这种做法颇合《天工开物》中介绍的方法：“凡郡邑城雉民居垣墙所用者，有眠砖、侧砖两色。眠砖方长条，砌城郭与民人饶富家，不惜工费直垒而上。民居算计者则一眠之上施侧砖一路，填土砾其中以实之，盖省啬之义也。凡墙砖而外甃地者名曰方墁砖。榱桷上用以承瓦者曰楻板砖。圆鞠小桥梁与圭门与窀穸墓穴者曰刀砖，又曰鞠砖。凡刀砖削狭一偏面，相靠挤紧，上砌成圆，车马践压不能损陷。”

德典厝 1

德典厝 2

德典厝 3

德恩厝

世用厝 1

世用厝 2

图 7-3-1　封壁砖

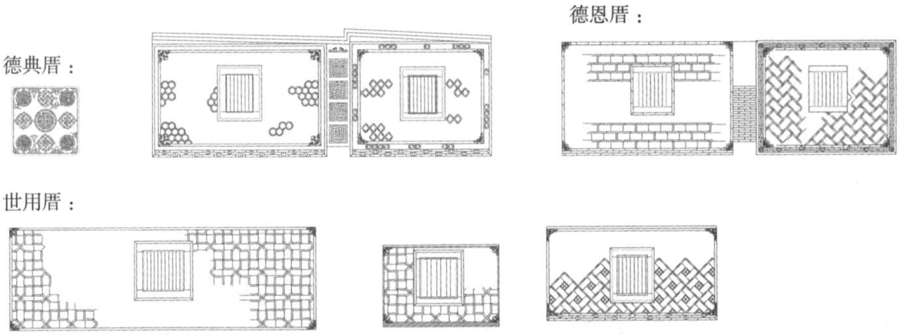

图 7-3-2　封壁砖样式图

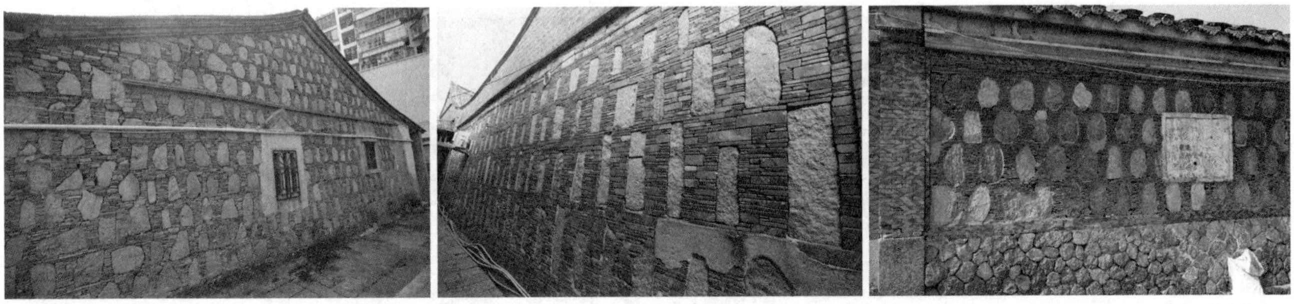
图 7-3-3　出砖入石 1

图 7-3-4　夯土墙

图 7-3-5　牡蛎壳墙

图 7-3-6　穿瓦衫

一、砖墙（地面）的砌（铺）法

1. 烟炙砖

在砌筑墙面时一般采用全顺的砌法，而不是现在常见的一顺一丁或三顺一丁，加上多采用密缝砌筑，形成了墙面整齐划一的效果。砖面上黑色斜纹所形成的连续图案，也使墙面充满装饰性（图 7-3-7）。

2. 墙砖

墙砖主要以斗砌的方法，用于外墙，特别是山墙的砌筑，由于砖块较薄（2cm 左右）、砖缝很细（约 0.2cm，白灰砂浆），所以这种砌法有一定的“贴面”成分。墙体的内壁主要是以碎石、断砖及泥浆垒砌。

墙体两砖之间的空白处添以白灰，或用蚝灰。当地生产海蛎等海产品，《天工开物》载:“凡海滨石山傍水处，咸浪积压，生出蛎房，闽中曰蚝房。经年久者长成数丈，阔则数亩，崎岖如石假山形象。蛤之类压入岩中，久则消化作肉团，名曰蛎黄，味极珍美。凡燔蛎灰者，执椎与凿，濡足取来（药铺所货牡蛎，即此碎块），叠煤架火燔成，与前石灰共法。粘砌成墙、桥梁，调和桐油造舟，功皆相同。有误以蚬灰（即蛤粉）为蛎灰者，不格物之故也。”即是使用海蛎磨成粉当做白灰来使用的明证。

3. 地砖

在泉州地区红砖铺地最为普遍。红砖铺地要先清理室内地面，用砂、石做地面垫层，并加水灌注夯实，在垫层上铺撒细砂找平。在铺砌地面之前一般先在有高差处、门槛及柱网的拉结方向以条石设框，然后在框格内沿 45° 斜向密缝铺以方形地砖。地砖为本地烧制的红砖，一般厚约 2cm、长 30cm、宽 30cm，表面光滑，吸水性强。地砖的形状有长方形、正方形、八角形、六角形等，斜铺的方式较常见于房间中部，其周边多采用平铺。红砖的铺法有横纵向和对角斜向，砌筑的形式也较为多变，房间经常采用丁字砌，大厅为人字砌、万字砌，天井为龟形砌，还有拐子纹、席纹等（图 7-3-8）。

图 7-3-7　镜面墙制作

图 7-3-8　地砖

4. 花砖

花砖的尺寸、形状各异，其基本砌筑方法类似于斗砌与贴面的综合（图 7–3–9）。

二、石墙的砌法

泉州用于建筑上的石材种类，主要有花岗岩和辉绿岩两类。花岗岩的主要石材产品有峰白石，呈灰白色，当地简称白石。辉绿岩的主要石材产品为青斗石，呈墨绿色，当地简称青石，其质感较细腻。这两种石材常常直接用于砌筑建筑墙体。

1. 堵石

堵石是一面要平甚至磨光的大型板状石材，一般用于砌筑住宅正面墙体的墙裙部分，采用竖砌的方式，将光滑面向外，石材之间采用合缝处理（图 7–3–10）。

2. 条石

条石是表面经过凿平的长条状石材，一般用于前埕、庭院的地面铺砌，常将横向的条石置于竖向的分划框内。条石也用于墙基部分的砌筑（图 7–3–11）。

图 7–3–9　花砖

图 7–3–10　堵石

图 7–3–11　条石

图 7-3-12　毛石

3. 毛石

是未经处理的块状花岗石，一般用于侧面墙体砌筑。较规整的块石可采用人字形砌筑（图 7-3-12）。

4. 出砖入石

泉州传统民居墙体最具特色的是"出砖入石"的做法，这是将条石或石块与砖片混合砌筑的一种做法，据说这种砌法是在明万历年间泉州大地震后出现的，体现时人就地取材、物尽其用的原则，其外观呈现一种随遇而安的自然美感。这种做法一般用于山墙。以石的长度为水平线脚，先砌石块，里外层交叉紧靠，空余密塞砖头而组成的墙面做法，这种做法有一定的规律，石块多呈垂直摆放，上下层相错，砖片则厚薄不一，横叠于石块之间的空隙中，另外砖块的表面要比石材高出 1cm 左右，即所谓的"出砖入石"。这种做法既经济、美观，又牢固。墙体厚度一般砌 30 ~ 40cm。砌筑起来形成红白相间，细看无序，肌理却呈现整体韵律感（图 7-3-13）。

5. 下石上砖

在很多讲究的民居以及宫庙建筑中，常采用这种砌筑方法。用白石做外墙体的线脚和勒脚，闽南俗称地牛和虎脚。一般不作雕刻，即使有，也是采用云纹、龙纹等朴素的线雕。其上砌筑红砖，红砖采用拼砖雕饰等。形成闽南建筑特有的红瓦、红墙、白石等轮廓分明，向上舒展的立面构图，赏心悦目（图 7-3-14）。

三、蚝壳墙

泉州海岸线漫长，盛产各种蚝类，在古代加工技术还未成熟时，生蚝吃完后遗留下的壳基本上被集中起来，分门别类当做建筑材料；还有，在古代，泉州商船运载丝绸、陶瓷、茶叶出海去远洋贸易后，回来船上常常使用蚝壳、石头等来压舱。结束航行后，蚝壳通常都堆放在海岸边，而后被当做建筑材料再使用。在泉州丰泽区法石社区，当地有宋代保存至今的江口码头，这个社区存在许多别具风格的蚝壳厝。即在建造房屋时，用蚝壳拌上黄泥、红糖、蒸熟的糯米，一层层堆砌起来。蚝壳有上盖与下臼，嵌饰时，凹的一面向下，凸的一

图 7-3-13　出砖入石 2

图 7-3-14　下石上砖

面要叠在前一个的半腰处，一个叠一个，片片如鱼鳞，还要和内壁一起砌，内外交叉，牢固而不脱落。用蚝壳建的房屋不仅具有隔声效果，而且冬暖夏凉，坚固耐用（图 7–3–5）。

四、编竹夹泥墙

以当地产的毛竹和芦苇秆为主要原材料，将竹子、芦苇秆晾干后竹子开成篾片，按一定的编织方式穿编，然后再用草泥做底，干燥后用白灰抹面（图 7–3–15）。

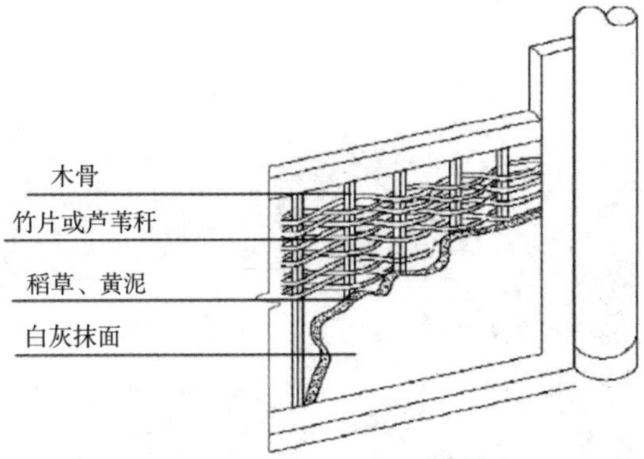

图 7–3–15　编竹夹泥墙

五、夯土墙

泉州的安溪、德化、永春等县区域内山多土也多，建造房屋很容易就地取材。夯土墙主要是以土为材料，土质的好坏直接关系到土墙的坚固性，一般来说沿海一带多采用熟土，内掺海蛎灰，山区一带则主要是采用生土。当地多选用黏性较好、含砂质较多的黄土，因为净黄土水分挥发干燥后，收缩较大，夯成土墙会造成开裂，土中如果含有砂质则可降低缩水率，减少土墙开裂；有的夯土墙掺合旧墙的泥土（老墙泥），这也是减少土墙开裂的一种办法。此外，有时候土质不是很适合做夯土墙，还要特意在土中掺进黏土，充分搅拌后再筑墙，这是为了增加用土的黏性，保证墙体的强度。

当地沿海的土楼所用夯土的用料更为讲究，通常是采用“三合土”，即黄土、石灰、砂子充分搅拌后夯筑的。夯筑时对土中含水量的控制，是保证土墙质量的关键。含水量太少，土质黏性差，会造成夯筑的土墙质地松散，墙体不结实；含水量过多，土墙无法夯实，水分蒸发后墙体容易收缩开裂。在施工中通常都是依掌握的经验来把握土中的含水量，即做好熟土，捏紧能成团，抛下即散开，就说明土里的水分是合适的。

同时，为增加墙身的整体性，土墙内还配有筋骨，即在水平方向设置“墙骨”。通常的做法是将毛竹劈成一寸多宽（约 3 ~ 4cm）的长竹片，夹在夯土墙之中，作为竹筋，这就是“墙骨”。墙的高度方向每隔三四寸（约 10 ~ 13cm）放一层竹筋，其水平间距约 6 ~ 7 寸（约 20 ~ 24cm）。也有用小松木枝、小杉木枝作墙骨的。两枋之间配上长的竹筋来拉结，这是因为夯筑中上下枋之间在各层均错开，为避免通缝，加上墙骨、托骨的拉结，使得墙的整体性大大增强（图 7–3–4）。

六、三合土地面

当地的地面也有采用三合土制作而成的，通常三合土地面多达三四层：第一层用耕作地的第 2 层和第 3 层土，或表面下 40 ~ 90cm 深处的土，拌合后在地面铺平，再用木制夯筒夯实。第二层用当地河床内的砾石人工干铺，料径为 6 ~ 15cm，按排水坡度铺平，并在石缝填满粗砂。第三层为三合土稳定层，配合比灰：砂：黄土为 2 ∶ 3 ∶ 1，按配合比配好的材料堆成堆，发酵一个月。在三合土铺设前应显示排水坡度，按坡度把三合土铺平（注：干湿度以用手拿捏成团，用手抛起 10 ~ 20cm 为宜），铺平后，用小铁夯（地方名：桶子底）用人工夯三遍，夯实后有松散料的用人工清扫。第四层为 20 ~ 30mm

图 7-3-16　三合土

厚石灰砾面层，按配合比灰：砂：土珠为 1 ：1 ：0.02，配制好的材料需发酵一个月，在发酵期应进行人工拌合两次，用水保湿保养，按定好的找平坡度，用配制好的材料经人工再次拌合（干湿与三合土相似），用人工抹平并夯实，夯 2 ~ 3 遍，把松散材料清理干净，进行喷水均匀湿润，再用竹木合成的专用拍板多次拍实，拍实到表面能渗透石灰浆为宜，然后用铁锅推磨到平整光滑，再用木制成的拍板和麻绳按设计的图案拍扩成型（图 7-3-16）。

第四节　屋顶做法

整体木构件搭建完毕后，就可以铺瓦片。材料多用板瓦或筒瓦，当地称为土瓦。泉州民居正脊中间较为平缓，两侧逐渐弯曲，端部起翘，吻头成燕尾状，屋面檐口同样随曲线变化，整个造型显得很有活力。屋顶还常常分为几段，正脊中间高起，两边错落而下，到端部再起翘，中间增加垂脊。屋面曲线更加复杂，起伏变化的屋脊形成丰富的天际线。典型红砖大厝的屋顶大多为硬山：即山墙高于桁檩，屋顶面低于山墙的做法，其制作简单而坚固，是一种很合理的结构方式。

屋顶瓦作是先从中间做好滴水，当地称之为"笑瓦"，再从两边进行固定。然后从屋顶一侧开始，在桷枝（椽子）上面铺上一层两子（正方形小瓷砖的另一叫法），而后铺上灰浆（早期为土加水和成泥），再由下而上铺板瓦、筒瓦。无论何种瓦作，其用法均是将微弯的板瓦顺着屋顶的坡放下去，上一块压着下一块的十分之七或者十分之六（即压七露三、压六露四），摆成一道沟，沟与沟并列着，每一列成沟的瓦叫做一垄，沟与沟中间覆盖筒瓦或板瓦。每垄瓦片间隔 2 ~ 3cm。如此操作三遍，即铺上三层板瓦。铺完板瓦后，从屋脊处倒水，试验板瓦的排水是否流畅，如有不畅，即对板瓦进行调整。试验合格后，在每两垄瓦片中间铺上一层长条瓷砖（长 60cm，宽 8cm），再铺一层灰浆，然后铺上瓦当、筒瓦。筒瓦与筒瓦中间及其边缘涂上由少量泥、砂、白灰混合而成的白灰浆，这主要是起到一个加固筒瓦、防止漏水及美化屋顶的作用。屋顶瓦作从边缘向中间做起，每一垄瓦筒下降 2cm 左右，使屋面曲线优美，符合水卦图的屋面折水（图 7-4-1）。山区一带大多为板瓦，做法以干摆为主。

走廊屋顶：铺板瓦之前，先铺上两层刷过沥青的油毛毡，这是为了加固屋顶，防止漏水。因为走廊屋顶为前后两进的连接处，两进屋顶的水都走向廊檐，且廊檐屋顶的倾斜度没有前后进屋顶大，排水较慢，故需要特别进行加固，其余做法基本与屋顶瓦作相同。

规带：先铺上尺二砖（长宽皆 30cm），再铺上三层瓦片，然后放上筒瓦。中脊：铺上两层瓦片、两层基砖、两层两子，再铺上三层机砖、两层两子、两层瓦片，每层之间皆用灰浆砌筑，铺上后用木槌敲打，使之结实、紧凑。最后铺上筒瓦（图 7-4-2）。

燕尾脊：在屋脊尾端约 1m 处，瓦作向上提起 45° ，来确定燕尾脊的翘起

图 7-4-1　屋面做法

1—做滴水；2—铺板瓦；3—压七露三；4—对齐；5—铺筒瓦；6—试水；7—成型

图 7-4-2　规带做法

图 7-4-3　燕尾脊施工

图 7-4-4　燕尾脊图样

弧度。燕尾脊的下端先铺一层木条，连接屋面及燕尾脊，这是为了防止砖、灰浆因为重力作用往下坠。接着往上铺四层两子、三层基砖、三层瓦片，使燕尾脊的上端与整条中脊连成一平面。再用加工成燕子尾巴形的尺二砖来作燕尾。如想要燕尾更加翘起，更为细长，可用直径 1cm 粗的铁条置于燕尾两边，用钢丝将铁条与中脊连接加固，然后抹上水泥，铺上做成燕尾形状的砖块。做好燕尾脊后，在中脊靠近燕尾脊的两端各立一龙兽作为装饰，两个龙头背对背，面朝屋外。为了防止龙兽太重，压坏屋脊，一般会在放龙兽的地方下加一长铁条，用以分散龙兽的重量。至此，灵动起翘的燕尾脊就大功告成了（图 7-4-3、图 7-4-4）。

附 4：

泉州传统民居中主要使用的砖石材料种类及特征

名称	尺寸（长 × 宽 × 厚，mm）	颜色	材料质感	主要用途
烟炙砖	230 × 115 × 23（手工砖）	橘红，侧面有黑色斜纹	烧制时斜向堆码，在砖的侧面形成了黑色斜纹；敲击时有金属声。又称胭脂砖、燕尾砖等	墙体、壁柱、门垛、券洞等
地砖	280 × 280 × 18（尺二砖）	橘红色	表面平整、抗压耐磨	室内、走廊的地面
四花头砖	225 × 110 × 34	橘红色	质地缜密结实	砌筑外墙的外侧（斗砌），常用于山墙的鸟瞰线以上。也可组砌成各种图案
壁砖	260 × 210 × 20	橘红色	表面光滑，又称釉面砖	砌筑外墙的外侧（斗砌），常用于山墙的中部及围墙等
花砖	尺寸、形状各异，一般是边长小于 100 的对称多边形	橘红色	做工精致，表面清洁	似于面砖，用于墙面装饰，一般用于大的正面墙体上
普通花岗石		灰白色	耐压、防潮，表面不生苔藓	前埕、庭院的地面及台阶、墙基等
青斗石		青绿色	颜色均匀，材质细腻	主要用于制作民居中的一些构件，如虎脚石、角碑石、石窗、柱础等
砻石		暖白色	是一种硬度很高、材质均匀的优质花岗石，又名“泉州白”	常制成大型板状石材，用于房屋正面墙体的墙裙部分

第八章　装饰装修

泉州传统民居的装饰一般多采用传统寓意方式，到明清时期，随着泉州出洋谋生的人越来越多，他们衣锦还乡之后，通常都会回乡盖大屋，并将国外装饰风格带回家乡。

第一节　油饰彩绘

油饰彩绘主要有两种作用：一是保护房屋的木构件；二是为了美观而装饰房屋。油饰彩绘主要反映工匠自身的审美趣味，同时也受到当时士大夫阶层的审美趣味的影响。彩绘内容多以戏曲故事与宗教神话故事为主，通过向世人展示劝世和向善情节，以达到教育子弟、传递审美的目的，而装饰的内容则趋向吉祥图案画，表达世人向往平安、富贵的生活愿望。

一、彩绘位置及内容

（一）彩绘位置

在泉州传统建筑中，不同部位用不同的彩绘图案来表达：如柱子、中梁一般绘双龙戏珠；祠堂的大梁一般绘龙凤呈祥；灯杆主要体现五伦，即用凤、牡丹来表示君臣，用松、鹤来表示师徒，用梅、雀来表示兄弟（妹），用鸳鸯来表示夫妻，用菊花、鹦鹉来表示父子；在祠堂门堵上所绘铜钱中写字“正德通宝”，意为得此钱富贵万年，在主庙中表示添丁进财。民居的彩绘则主要画在围板、门堵上，一般画墨水画、泥金线画（黑底金色）。在构成上，彩画梁枋部分用“分三亭”的构图。正中部分称为“堵仁”、“垛仁”，两头接近柱身的部分称“堵头”。

包巾在闽南古建筑中主要用于两处：一用在大通、二通上。通梁正中、两端及瓜筒相接处，都画出包巾。瓜筒下的包巾称“木瓜佩”。包巾的边缘常作折角，有“软折”、“硬折”之分，并在折角的正反面绘以不同颜色，以增加立体感。一用在脊圆下，斜置成菱形，包住脊圆正中下部，常配合太极八卦、河图洛书图案使用，并写上吉祥语如“添丁进财”等，两端加“锦头”。在五架坐梁式梁架中，大通两端与瓜筒相接处画包巾，中间则多留出素地，不施彩画。

脊圆，多用写实的题材与笔法，绘出山水、人物、花卉等，或工笔重彩、或水墨淡渲、或墨地金线等。

外檐彩画，主要施于下落的水车堵、山尖，顶落的笼扇、门楣等部位。水车堵彩画的构图，也仿照梁枋木构件，分成堵仁、堵头等几段处理。水车堵的堵头，用泥塑塑出如苏式彩画的软硬卡子及岔口，称为盘长、线长。曲线盘长多做出螭虎、蝴蝶、蝙蝠、如意、云纹、卷草等图案，直线盘长则为雷纹等几何纹。盘长以彩画绘出退晕效果，立体感强。

（二）彩绘内容

彩绘题材根据不同的场合而不同，常见的吉祥图案有以下几种：一是寄寓科举成名的图案：有鱼龙变化、鱼跃龙门、马上封（蜂）侯（猴）、连（莲）升三级（戟）、一路（鹭）连（莲）科（窠）、三甲（蟹、虾等）传胪（鲈）、蟾宫折桂、太师（狮）少师（狮）、三元及第等。二是寄寓婚姻美好的图案：有和（荷）合（盒）如意、和合二仙、珠联璧合、琴瑟和谐等。三是祈求福寿富贵的图案：有三多（石榴—多子、佛手—多福、桃子—多寿）、三官（福星、禄星、寿星）、耄（猫）耋（蝶）富贵（牡丹）、五福（蝠）捧寿、福（蝠）庆（磬）有余（鱼）等。四是希望吉祥平安的图案：吉祥的内涵非常丰富，有富贵、发财、风调雨顺等。表达这种内涵的图案有：必（笔）定（银锭）如意、富贵（牡丹）平（瓶）安（鞍）、富贵（牡丹）万（万年青、卍字）年（鲶鱼）、万（万年青、卍字）象（大象）平（瓶）安（鞍）、风（锋—宝剑）调（琴）雨顺（锦貂）等。五是反映文士气节的图案：文人追求清高、傲骨、气节，对于一些被赋予这些性格的植物特别钟爱，也将这些植物的形象作为吉祥图案，有：四君子（梅、兰、竹、菊）、岁寒三友（松、竹、梅）、春花三杰（梅花、牡丹、海棠）、香花三元（兰花、茉莉、桂花）等（图 8-1-1）。

吉祥图案根据主人的身份、职业经历，而有所侧重，如官宦之家对科举高中、文士气节的图案较偏好；商贾之家则追求富贵平安。如果是道教场所，就还常多画三国演义、封神榜中的人物故事。若是佛教寺庙，多画二十四孝、天官赐福图案。另外，在一些晚清建筑中，还有一些独特的憨番形象，反映了与海外交流的历史，具有特殊的历史和艺术价值。

二、油饰彩绘工序

1. 地仗材料

在木构件表面进行油漆彩绘，需要将表面找平，做一层底子，称为地仗。首先需要将表面找平再用白色腻子刷涂木基层，以填充木材裂缝和不平的表面，有“见底就白”的规则。早期地仗用灰料主要有石灰、瓦灰、砖灰、猪血灰、桐油灰等。但传统材料制作费时费力，现在工匠已少使用，多以树脂腻子代替。如果是在墙壁上作画，作画层一般披细白灰，也有采用白灰、棉花、糯米混合起来捶打的，捶到这些混合物可以拉扯成丝，再用来给壁画打底。披麻使用一般麻料（夏布），近来已用玻璃丝布或塑胶网布代替，新材料的耐久性不如老材料。

2. 工具

经过采访南安油饰艺人，发现油饰彩绘所使用到的工具如下：用来刷漆的漆刷，达 14 把之多，其中最长的一把有 22cm 长；用来把油漆刮平的牛角板；用来画弧度的橡胶刮板；把金箔片割成条状，以备金线制作的割金线刀；用来搅拌油漆的搅漆板；用来画彩绘图案的画笔，往往需要数把同时使用；用来补、抹平灰底的抹板；贴金线时用来按住金箔线以达到预期造型的小漆刷（图 8-1-2）。

图 8-1-1　彩绘内容

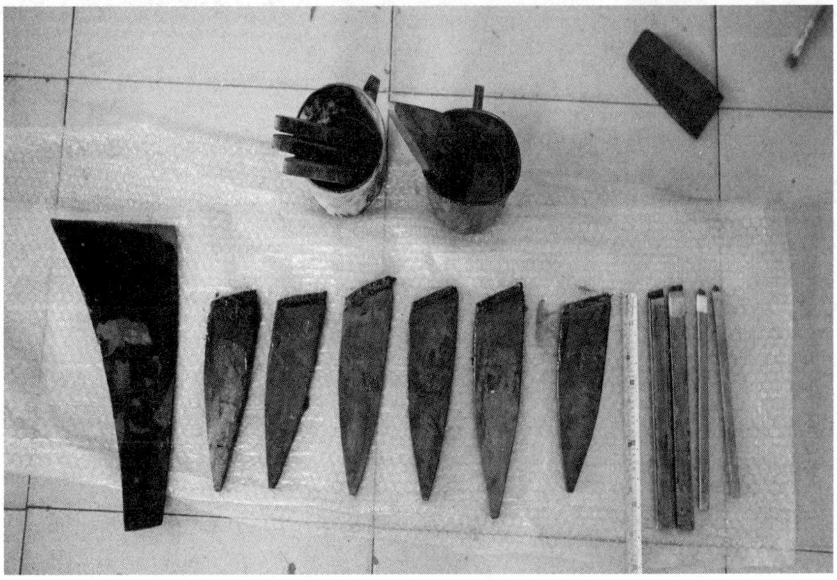

图 8-1-2　工具

图 8-1-3 打底

3. 颜料

主要是矿物质原料，如朱砂、群青（蓝色）、墨绿（绿色）、土黄（土粉）、铁红（土赭色）等。从矿物质原料提炼出来，然后用水胶、牛皮胶、鱼鳔胶等加上各色色粉调配而成。早期也有用桐油拌色粉做颜料直接绘制的，现在则用矿物质加丙烯颜料调色。

4. 工艺内容及基本流程

（1）打底：打底前将树眼挖掉后，用老漆拌瓦灰、石膏粉填上。如木头有裂缝，先用刀把裂缝划大，再补上裂缝（早些年补裂缝的材料是从田里挖出不含沙的深层土）（图 8-1-3）。

（2）披麻：主要使用夏布（麻布），其目的是防止木头裂开。一般用在柱子、大门、牌匾上。柱子先用生漆加粗灰均匀抹上，再用麻布盘旋缠绕而上。大门如有拼版处，先挖一个 3cm 宽的槽，在槽内先放入粗灰、麻布，补平木板，再披横、竖两层麻布，然后再上漆。

（3）打磨：披麻之后需要打磨，使整个平面光滑、无突起。早期使用砂纸，现在使用电动工具（图 8-1-4）。

（4）上漆：如果讲究质量的话，在彩绘之前要先涂上三遍漆。漆有生漆、广漆之分。生漆是漆稍微加工后直接使用；广漆要先过滤、经过日晒后，按照

图 8-1-4 打磨

图 8-1-5 上漆

时间、空气湿度等加入相应比例的明油（即煮熟后的桐油）。第一遍使用生漆，如果需要上颜色，就用色粉加生漆加桐油，其中生漆和明油的比例约为 1 ： 0.2。第二遍使用广漆，生漆和明油的比例为 1 ： 0.5。第三遍使用广漆，生漆和明油的比例为 1 ： 0.65（图 8–1–5）。

（5）贴（擂）金：很多祠堂、寺庙看起来金碧辉煌，就是因为有贴（擂）金这道工序。金箔纸非常薄，吹弹可破。贴金前，需先把金箔贴到纸上，用约 50 度的白酒涮一下金箔纸，目的是使金箔固定住，在使用时不至于到处飞扬以致浪费。在擂金之前，要先做好前面提到的四道工序，每上一遍油漆，都要等其完全干透后才可进行下一道工序。最后再上一遍广漆加明油，这时要根据气候情况来加明油。待这层油漆有八五成干后再贴上金箔，这样子金箔才会发亮，如果太干了，金箔就会贴不上，贴金效果好坏跟掌握漆的干湿度有关。也有把金箔处理成粉末，再用手抹到需要贴金的地方的，这样可以创造出深浅不一的效果（图 8–1–6）。

（6）罩油：木构件上彩绘一般最后都要罩光油，即刷上一层清油来保护彩绘。墙壁上披白灰，未干时描线条，再用麻拌石灰粉或石膏，磨平后用桐油或光油最后涂上一层即宣告完工。

图 8–1–6　贴金过程

第二节 堆剪

泉州民居的屋面呈双向曲线，即在屋脊的平行和垂直两个方向上都呈现曲线造型，屋脊两端起翘高挑，屋面有正脊、垂脊、翼角等，以堆剪、彩塑或灰塑装饰。正脊为装饰重点，中间筑有高耸的人物、动物、花卉等堆剪装饰。堆剪也称剪碗或嵌瓷，在灰泥未干之时，将剪好的彩色陶片嵌入，组成造型的一种特殊艺术品，这是一种结合灰塑和陶瓷的特殊装饰物，在泉州地区十分常见。以开元寺大雄宝殿重修时现场制作的堆剪为例，来说明堆剪工序主要有以下几步。

一、白描

先用铅笔在白纸上画出要做的堆剪形象。一般寺庙屋脊上多使用龙（龙在各种等级的庙宇中还有区别，如四脚五爪龙只能用在帝王庙，一般庙宇只能用四脚四爪）、凤（凤分雌雄，一般雄凤有九尾，雌凤则为五彩尾），底稿是根据房屋的大小、屋脊的长度等按比例来画的。这一般得凭师傅的经验来决定。大小合适的堆剪，做出来跟房屋才能相得益彰（图 8-2-1）。

图 8-2-1 白描

二、打底

根据描绘出来的堆剪形象，做模型。堆剪以灰泥为依托，早期都是使用红糖、糯米、白灰等材料。先将糯米放在水中浸泡五六天后，再加入红糖、白灰浸泡六天，这在闽南俗称糖水灰，做成堆剪风干后，非常坚硬，可持续数百年，但现在基本改用水泥。堆剪形象的主要筋骨用钢筋，其他细枝末节用钢丝扎出一个大概的形状，放在白描的纸上，根据画出来的形象倒入灰浆制成模型。如果是比较长的模型，一般采用分段制模，再用木板夹住（图 8-2-2）。

三、安模

制作好的模型风干后，将其运到屋脊上，安放在事先立在屋脊上的钢筋上，再用灰浆将模型固定住，并用灰浆层层堆灰，将模型修圆，使其形象丰满。等水泥浆干后，再抹上一遍白灰，作为上色之前的打底。堆灰时需要注意不要太厚，应留出镶嵌瓷片所需要的厚度，否则做出的剪粘作品容易显得臃肿（图 8-2-3）。

图 8-2-2 打底

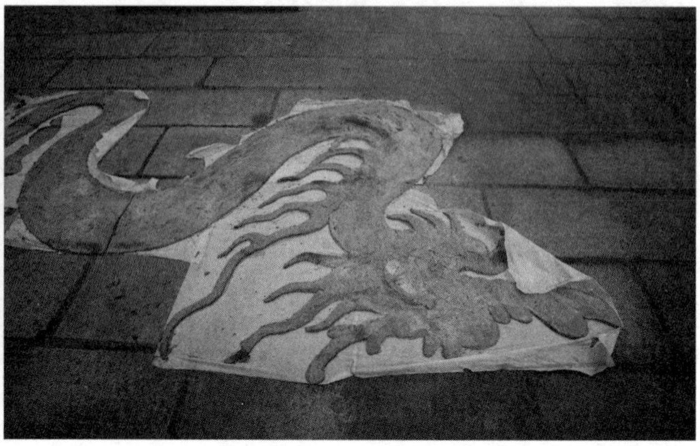

图 8-2-3　安模

四、粘瓷

剪切瓷片是堆剪中非常重要的一道工序，是将专门到瓷厂定制的高温烧制、色彩鲜艳的碗，用钳子剪成各种需要的尺寸。首先用尖嘴剪子将瓷片剪下来，再用平口剪子修剪边缘。剪粘所用瓷片范围十分广泛，从碗口到碗底，各种碟子皆可用。有些剪粘也需要特别制作，如人物的头部、盔甲战袍等需要用模具印制，然后入窑烧制。其次是趁着模型将干未干时，由外而内，由上而下，一层层覆盖成型，其下面的灰塑很少露出，大部分都被瓷片所覆盖。嵌瓷片时，根据题材不同，位置不同，镶嵌的方法也不同。如龙的头部，瓷片斜插镶嵌，而身体的鳞片较平，则近似平铺镶嵌。花卉镶嵌更为明显，花瓣从中间逐渐张开，角度越来越平缓，而花茎枝干则平铺镶嵌。堆剪还可以用油漆上色或描金线，增加其艺术表现（图 8-2-4）。

图 8-2-4　贴瓷

第三节 灰塑交趾陶

一、灰塑

灰塑在泉州传统民居中运用颇为广泛，常见在水车堵、屋脊、山墙等处装饰。泥塑一般是用灰泥在现场塑造加工而成的。灰泥的成分包括石灰（或牡蛎壳灰）、砂、棉花（或麻绒）。将这三种主要材料混合之后充分搅拌均匀，筛除杂粒，加水养灰。养灰是指将调好的灰放在大桶中，养护60d左右，使灰在空气中经化学变化渗出灰油，增强黏性。有时候，为了增加黏性，也常常在水中掺入红糖或糯米汁。制作泥塑时，一般要以钢丝作为骨架，有时也用竹条或木条代替。骨架之下伸出一段支脚，以固定泥塑之用。泥塑的堆灰要从内向外层层进行，对于层次较多的泥塑，还需要分层进行。浅雕平面的作品，直接衔接墙面以粗砂灰施作。立体浮雕则必须从墙骨撑出雕塑，一般以砖为胎，辅以块石，轻巧延伸的部位采用粗细铁线支撑，依序分别是砖胎，其次为粗砂灰，再敷以细泥层为表面，其制作工艺与堆剪大部分相似，比堆剪少了一道粘瓷，多了一道上色工序。趁着白灰七八分干时上色。早期均使用矿物质颜料、水胶（从橡胶树上取出来的），这样制作出来的颜色鲜艳持久。现在均使用丙烯颜料和白胶。一般使用红、黄、绿、青、水红等比较鲜艳的颜色。

在闽南民居的山墙装饰上，常以泥塑做成花纹，以丰富视觉效果。纹样有火纹、云纹等，两边对称，中间饰以花灯、花篮。这些纹样装饰大体构成一种如意葫芦形。色彩上，蓝白相间，并用一些紫红色调穿插其间，以取得与墙面协调的效果。闽南民居的装饰纹样有许多，由中国传统图案，如云卷纹、花草纹、花形纹及拼花等演变而来。如闽南山墙上的纹样是将如意的纹样倒置过来，正好适合山墙的三角形，也常画狮子头咬花篮庆牌、如意云头挂八宝等；水车堵则常用戏曲人物形象，如岳飞精忠报国、郭子仪打安禄山、二十四孝、八仙过海等（图8-3-1）。

墙面装饰细部图案还有楼台、人物、文字、海棠花等，这些图像常带有一些象征和隐喻意义以表达美好愿望，这是闽南建筑常有的装饰方法。

二、交趾陶

交趾陶是一种低温彩釉软陶，是以陶土塑造形象，上釉，入窑烧制的陶艺，由800～900℃之间的温度烧结而成，属于低温陶。交趾陶的制作过程可分为选配土与练土、成型、挖空、阴干、素烧、制釉、上釉与釉烧等程序，其特点是色泽层次饱满、温润，造型繁多，釉色丰富，色彩美观，有各式各样的人物、鸟兽、花卉等。但由于低温烧制的工艺所限，硬度不高，在制作较大的构件时往往需要分开烧制，拼接安放。交趾陶制作的建筑构件材料较为粗重，工艺不如灰塑精致，再加上避免碰撞损毁等原因，不适宜安置在较低的部位，而是常用于屋脊等只可远观的部位。另外，在建筑入口的正面墙面上，也常常安放交趾陶，以增加建筑立面的色彩效果（图8-3-2）。此外，当地还使用一种没有上釉，制作好模型后直接烧制的陶制品（图8-3-3）。

堆剪、泥塑、交趾陶是泉州民居中最常用的装饰艺术，一个技艺娴熟的匠师，往往同时集泥塑、堆剪、彩绘等工艺于一身，并同时应用于建筑装饰中，充分展示泉州民居多姿多彩的艺术形象。

图 8-3-1　灰塑

图 8-3-2　交趾陶

图 8-3-3　无上釉陶制品

第四节　砖刻

泉州传统民居的镜面墙、塌寿墙、天井、门头等随处可见由红砖加以雕刻或镶嵌的作品。根据制作方式来分，砖刻有窑前雕和窑后雕两种制作方式。

一、制作方式

1. 窑前雕

即先按照制作胭脂砖的工序来制作雕刻的基础——砖坯，然后在制作好的砖坯上，用手工或者模具制作出图案造型，阴干后放入窑炉烧制。因烧制过程中不可控制因素比较多，成品率不高，所以在闽南传统民居中比较少见。

2. 窑后雕

窑后雕的工序较窑前雕更为复杂些。根据雕刻内容的需求，挑选适合雕刻、烧制好的红砖。先在红砖上画好图案，然后使用铁制刻刀和锤子，在砖上进行细细的切割或雕刻，一般以浅浮雕为主。结合线雕或拼花，再将雕刻制作好的红砖按照一定的组合方式镶嵌到墙面上。

二、雕刻形式

就雕刻的形式而言，砖刻可分为单砖雕刻和拼砖雕刻及拼花等多种形式。单砖雕刻面积较小，形式多样，有圆形、方形、六角形或八角形等，制作一般都较为精细，栩栩如生，耐人寻味。雕刻完毕，一般还得进行修光磨面等工序，将雕刻的边缘修得整齐、圆润。单砖雕刻完工后，再按照设计好的图案，将单砖严丝合缝地拼接起来，形成表面平整、装饰感极强的红砖墙面。

拼砖雕刻则面积相对较大，布局讲究中轴对称，常见分布于大门两侧或墙体看面。在大门的对看堵上，常见有砖雕安装上墙后，在砖雕的其他空凹处填以白灰，使之与砖面齐平。抹白灰既对砖雕形成一定的保护作用，又将拼接的砖缝完全覆盖，使之形成较完整的画面（图 8-4-1）。一般多做成长方形的方框，砖雕内容在方框中，组成一个完整的主题。

还有一种砖拼，即不在红砖上施以雕刻，而是根据烧制好的各种红砖类型，分门别类地按照要拼成的图案，直接拼接而成。这适用在较大面积的墙面上。墙面下部常用白色花岗石堆砌而成。红色的砖刻与白色的花岗石组合而成的墙体，其红白色相间的色彩对比，具有极强的装饰韵味。

三、雕刻题材

因受原材料材质因素所限，砖雕砖刻的雕刻内容和题材相对木雕、石雕、彩绘来说，较为简约。一般多以几何纹样、吉祥图案、祥禽瑞兽、文字文辞为

图 8-4-1　砖拼

主。最常见的题材就是几何图形。吉祥图案有八宝博古纹等，一般不作为主体装饰，而是被用作装饰或衬托主体图案。而祥禽瑞兽类的题材在砖雕中多见有飞禽、走兽、虫鱼等动物题材，用这些动物的象征性寓意来表达人们对美好生活的向往和消灾祈福的愿望。

文字文辞纹类的题材较有特色，一般是直接用文字作图案，使用楷书、草书、篆体或隶书，将“福”、“寿”、“吉祥”等吉祥字样，或者将各种诗词歌赋、名言警句等点缀在红色调的砖墙面上。在这类雕刻中，主人一般将传世祖训或个人生活观、世界观等主题融入其中，将砖雕艺术与人生哲理有机地结合起来。将书法艺术应用于砖雕当中，不仅表明居住其中的人大多具有较高的文学修养，就连房屋也透露出一股浓浓的书卷气，给人一种艺术的享受，增加建筑的美感（图 8-4-2）。

第五节　园林造景

泉州民居中有园林造景的并不多见，最为出名的园林造景，当属清康

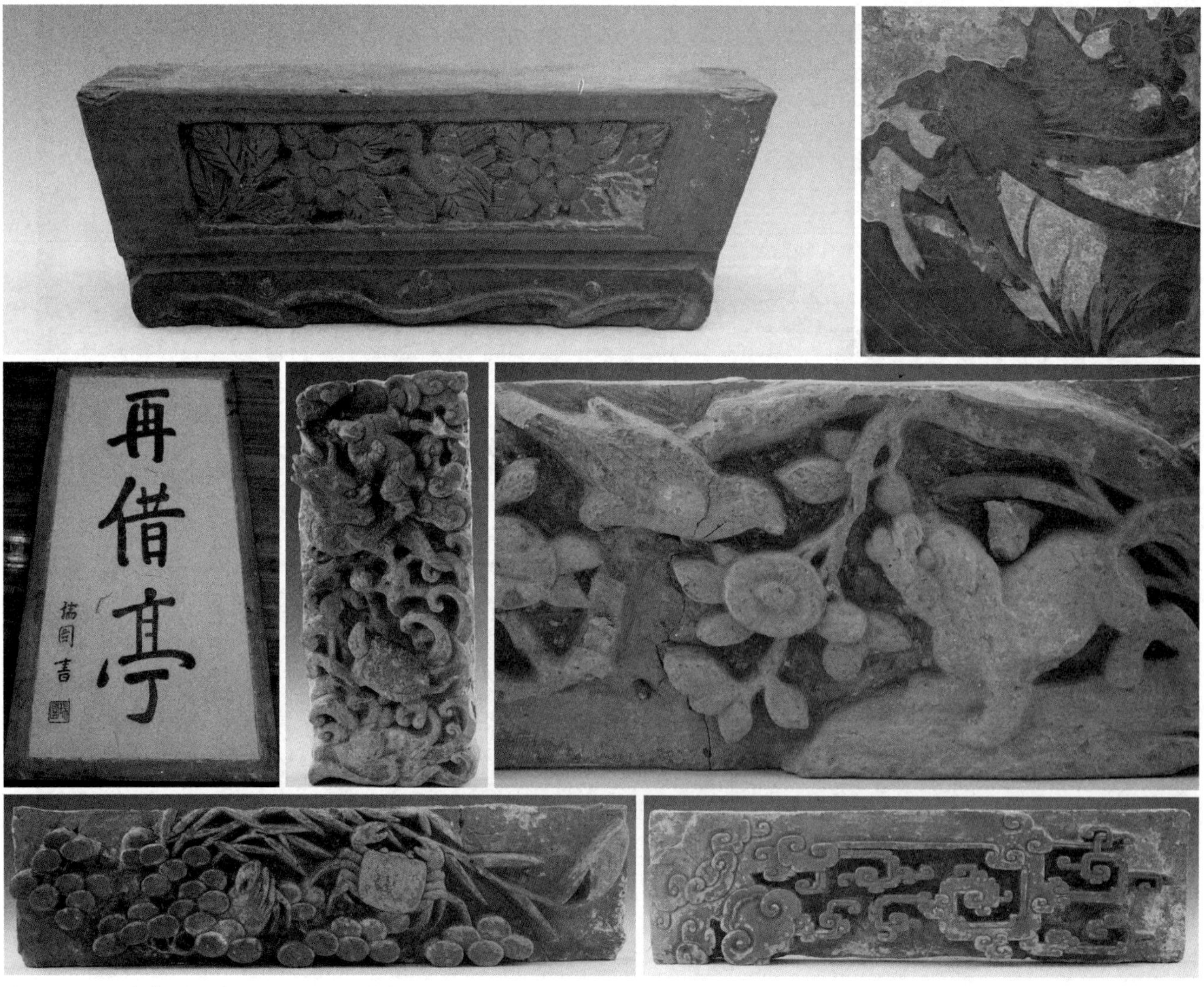

图 8-4-2　红砖雕

熙年间靖海侯施琅将军创建的春、夏、秋、冬四季私家花园，这四园是以苏东坡“春游芳草地，夏赏绿荷池，秋饮黄花酒，冬吟白雪诗”的诗句意境来构造的。

春园，也称“芳草园”，位于泉州市新门街中段南侧。施琅在夏、秋、冬三季皆有园林之后，唯春季独缺，后在新门街中段南侧，原为“破腹沟”北岸沙滩，宋元时属泉州城郊，明代是跑马校射场所，时虽已荒芜，然芳草如茵，树木青葱，施琅之子施世騋建议在此修建春园。修建时，依原地形以草坪为主体，略加平整，成一绿野；将原来沙滩沉积处垒成小丘，丘上修亭。园内共修亭两座，一在草地东南侧，供逛园时休息；一在东北侧，用于接待重要宾客。清乾隆、嘉庆年间，一些读书人曾在此组织“崇正书院”。“芳草”是以四季游赏诗文“春游芳草地”立意而构思造园，这是四园中修建最迟的，但却最早坍塌湮灭，清末民国初尚存有部分遗址。1997 年，泉州市政府复建芳草园，规划总面积为 90 亩，以植物造景为主，力争恢复成可“春游芳草地”的春园，现在是泉州市民休闲娱乐锻炼的好去处（图 8-5-1）。

夏园，位于现泉州市晋光小学内，与承天寺相邻，古称“苑斋”。这是四园中保存得最好的一处园林造景。修建时，亭、台、堂、榭、林、圃、山、池均备，布置匀称，专供夏天游赏，有“夏赏绿荷池”之称。进入花园，原本正面是大花厅，三壁修饰富丽堂皇，南面敞开以迎熏风，建筑恢宏，能同时接待 300 多人。厅前有一长廊，中央向池塘突出七八尺，兼当水榭，宜于纳凉。花厅东侧建有住楼，上作宾馆之用，下住司员，楼后有厨房役舍。园内假山上，建四柱六角亭一座，结构别致，匾题“万家春树”，亭柱有一对联“于此间得小佳趣，亦足以畅叙幽情”，这是清末改园为“清源书院”时所题写。辛亥革命后，清源书院停办，园内建筑还十分完整，曾开办工艺传习所传授织布、扎藤等技艺。民国时期，改建为新式影剧院，园中古榕、胶棕砍伐一空。1928 年，在此设立晋光小学。如今，晋光小学内的夏园只留有一处四周环水的假山和假山上的一座亭子，其余建筑已不复存在（图 8-5-2）。

图 8-5-1 春园

图 8-5-2　夏园

秋园，位于温陵北路旧农校内，是四园中最早修建的。施琅归清后，先后被授为同安副将、同安总兵、福建水师提督。当时，施琅在泉州城内的住宅，位于通源境菜巷（今东街菜巷），其幕僚及远近宾客造访者如云，门庭若市。但施琅住所狭窄，便在释仔山东麓（今旧农校校门左右）修建新居。施琅性喜赏菊，加之当地菊苗采集方便，品种繁多，就令人在新居旁布石设池，规划花园一座。同时，派人从各地收集丛菊，遍植园内，取陶渊明“采菊东篱下”之意，命名“东园”。“东园”四墙种植竹、月桂、紫桂等，以挡寒风。园之东面，设漏窗数户，可从园外饱览园内景致，1950 年代东园尚存假山、池塘。

冬园，位于施琅的秋园及其住所——延宾馆之东。秋冬两园因同在泉州城的东隅，其时又统称为“东园”。冬园史称“松石山馆”，未建之前，东南面为荒废山冈，地势高旷。乃择巨石垒叠成假山，东西约 7 丈，南北约 15 丈。在假山前凿池架桥，并于西南高处种植一株高大的针叶松。池的北侧原来竖有一大石笋，长二丈二尺，为泉州诸石笋之冠，上刻“插斗”二字，与巨松南北对峙。因石之长与松之巨，为冬园点题，故于石笋北面修建一座三开间的别馆，以作品赏山景之用，匾额上书“松石山馆”。施琅殁后，冬园易手他人。民初，曾划部分空地用作农事试验场。之后，园内六角亭移至中山公园，巨松因儿童玩烧松香而被火焚，后倒于台风。1930 年该园辟为校舍，假山、池塘逐渐消失。

如今位于泉州市温陵路的释雅山公园，历史上是施琅的故居及秋、冬二园，该园以延续原秋、冬二园历史文脉为主，结合纪念性建筑、遗址的保护与恢复，形成具有古典园林风格的公园（图 8-5-3）。

此外，泉州民居少见园林造景，如有造景，常见的也仅是在庭院一角辟出空地，作池山布置兼以凉亭。据陈允敦《泉州古园林钩沉》中记载：造景做得较好的有苏廷玉宅，苏廷玉在清光绪年间任四川总督。卸任后建府邸于泉州通政巷。他利用通政巷东北临街处店面两间，充当高级当铺，官厅与当铺之间，原有大片空地，苏廷玉利用其附贴官厅东畔一长条空地，筑起小型三开间楼屋，其特殊之处在于中厅俱向天井凸出一榭。前座平屋充作书斋，后座为绣楼，二者之东辟地一亩，叠山浚池，建成完整园林一座。

图 8-5-3　秋园、冬园

苏氏从四川带来一位叠山高手，山石皆由其到湖区选购，山峰石质量皆属中上之品，石品既奇，叠法又佳，谷间磴道，曲折有致，浑然天成。叠时特意留出一长洞于石下，洞中崎岖曲折，凉荫幽窅。一亭立于西峰，六角钻顶，朱栏碧瓦，前柱雕有对联“茂竹临幽溆，静云出翠薇”。亭座筑于峰端，高坡石隙多种植杜鹃，加以夹谷间翠竹丛上，浓绿扶疏，石苔滋生，地衣恒鲜，北崖则择虚而种植芭蕉，以填虚旷。山南偏东浚池一泓，是处地低，水量恒丰，池上跨之以拱桥，朱栏相映。鱼戏荷间，微波荡漾，桥树倒影，景色倍美。虽在南街闹市，然则晨烟袅袅，秀丽宁静，颇饶城市山林之致。2009 年在进行第三次全国文物普查时，普查组发现该宅被分隔成多套房子出租，整体保存状况极差，已不复当年的盛况，其中园林造景更是不复存在，雅致之境荡然无存。

位于镇抚巷的黄宗汉故居内的小花园，是保存得较好的一处造景，花园由一组水池假山组成，布置于老厝深井的东南角（图 8-5-4），面积约 $7m^2$，池上架细石当桥，伴有石栏相护，湖石由池底贴墙壁而立，形成数座峰峦，高低错落有致，小池东边植有木瓜，西边种有月桂，最为别致的当是池水与外河道相通，终年经流不息。因黄氏后裔现还居住其中，日常养护打理得当，该宅整体保存状况良好。

园林造景离不开置石，将造型奇特的岩石、矿石、化石等置于园林当中，掇山理水，参差自然，辅以茂林修竹及曲径，即能产生出“以小见大”的意境之美。但这并非泉州传统建筑中的强项，泉州民居中的园林造景较为少见且建造技艺一般，总体来说都是小巧精细，就地利而辟。

图 8-5-4　黄宗汉宅

第九章 建筑文化

泉州地区神灵众多，各类寺庙林立，深刻地影响着当地人民的日常生产和生活，在一般信徒的观念中，多一个神灵，就多一层保护，神灵越多，就可以得到越多的庇护，因此，各种神灵在同一庙宇中供奉屡见不鲜。反映在建造房屋这种大事上，更是有不少的繁文缛节，加上建房是一个家庭的百年大业，大家都很慎重，便形成一套建房礼俗。如建房要挑选吉日动工，动土、奠基、上梁、安门、谢土等，每一道重要程序都得有专人来举行专门的仪式，每月初二、十六日还要祭拜土地公，俗称“做牙”，以祈求房子的顺利竣工及在此居住可以安居乐业。

第一节 建筑民俗

闽南传统建筑在选址和营建时总要事先请“牵罗庚”（图 9-1-1）。匠师在选址时以太极、两仪、四象、八卦为基础，结合河图、五行、九星、合数等，用罗盘仪来定方位、看地势、择山水、测风向、观水势等进行现场踏勘后，再确定建筑的朝向。

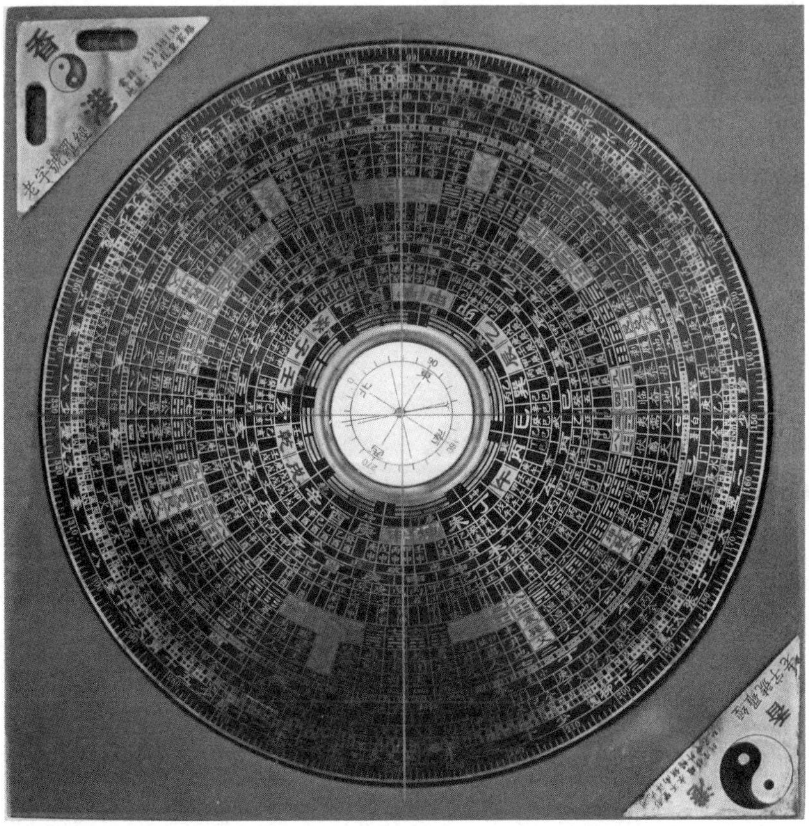

图 9-1-1 罗庚

一、选址风俗

“紫气南来”或“紫气东来”是闽南民居常见的悬匾，为了迎取无论是“南来”或是“东来”的紫气，院落多取朝南或朝东开门，并且以宽阔的“前埕”迎之、深广的“后宅”受之。

“阴阳”是民居中需要调和的两个方面。在天地间，只有“阴阳”和谐，才可能使万物有序。以四方论，北为阴、南为阳，西为阴、东为阳；在闽南传统民居上，南北纵向为背阴面阳，东西横向为阴阳等值相济。所以，闽南民居多坐北朝南、东西对称。

“气聚而止”也是闽南民居建造中所要追求的境界。主轴线上的入口大门内凹，而门为“气”口，故实为“南来紫气”的受涵所使然。建筑内部以及各个功能空间的门户，均交错而置，一般不直接相对，门大而窗户小，以利“气”入而不利“气”出。

《阳宅十书》：凡宅，左有流水，谓之青龙；右有长道，谓之白虎；前有汙池，谓之朱雀；后有丘陵，谓之玄武，为最贵地。四神作为方位神灵，各司其职护卫着城市、乡镇、民宅，凡符合以下要求者即可称之为“四神地”或“四灵地”。其条件是“玄武垂头，朱雀翔舞，青龙蜿蜒，白虎驯俯”。即玄武方向的山峰要垂头下顾，朱雀方向的山脉要来朝歌舞，左之青龙的山势要起伏连绵，右之白虎的山形要卧俯柔顺，这样的环境就是宝地了。但在宅基的选择上，总难以“四象毕备”，一般来说基本原则是：

（1）宅基力求坐北朝南，即“负阴抱阳”，便于采取阳光，还可以避北风。

（2）背靠大山或丘陵，面对朝山、案山，左右两侧有小丘陵。

（3）靠近河流或者水塘，忌背水。传统选址理论认为山主富贵，水主财。

二、禁忌文化

屋主及建筑工人心中均有自己的神明，并深信不疑，使得他们在建筑过程中，特别是在房子建造的关键几道程序中都会特别重视，从而保证了房屋的建造质量。

1. 动土

选定宅基地后，要举行破土仪式，方可开始动工建造。破土要择吉时良辰，一般都选天刚要亮（寅时）。由择日者写一张符、另写“福德正神”于一块约 1 ~ 2 尺长的木头上，将这两样供于厅上，然后泥瓦匠（师傅头）用铁钎沿宅址四周挖戳一遍，称“动土”。接着，泥瓦匠于厅中心立一基石牵绳测量、纳地基。在房屋没建好之前，每逢初二、十六都要烧香祭拜，至谢土之日，进行一番拜祭后将二者烧掉，另请土地公塑像于正厅供桌上。在动土日犯煞的人、戴孝的人等要回避。

2. 安门

安装下落大门的门框与门楣时（图 9–1–2），要举行祭谢土地公仪式，门底埋“五谷”，门柱顶压红布。下落的大石砛，必须用一块整石，这道程序由石匠师傅主持，念吉语，并将包有五谷的红包置于大石砛正中预先留好的空穴中。

图 9-1-2　安门

3. 上梁

上梁是房屋施工中的重要工序，大梁主要选用大、长、材质硬、质量好的木料。上梁时要请大木匠师、土木师等主要施工人员到场。上梁前，先由木匠主持，手持三炷香，拜请各工匠的主师、厝主的祖先、当境神、行业神、土地神，以及办理买卖地券的当事神、镇守宅舍的四方神等。主人家要准备三牲或五牲、果合（一般是五种水果）、红布、五谷、春花（用红、白两色纸扎成花朵，固定在一个染红的小木棍上）。于吉时置于大梁前下方的供桌上，举行祭拜仪式。由大木匠师升梁定位，上梁前，需先对大梁装扮一番。先用红布包裹住梁的中间，把春花插在红布的两边，将 6 个一元硬币分别敲进大梁包红布处，将红布固定在大梁上。梁的两边各挂一串粽子，民间传说这粽子有药效。大梁一头扎红布（左边为大边），一头扎花布（右边为小边），布长两丈八，宽约 1m。这是让主持者、宗祠参与者用这两头布来吊起大梁。上梁者按照自己站的位置大小边身披红布、花布。大木匠师主持上梁，架梁时，要念四句吉语：“日吉时良皇子孙，人造华堂好上金梁，此木身姓梁，生在山中万丈长，造主请你今日做中梁。”如果是建祠堂，由主事者现场再念四句吉语：“丁兴财旺，富贵双全，房房发福，支支繁荣，世代富贵，钟灵毓秀。”然后大喊“进哦”，在场所有人跟着喊“进哦”，由大木师和土木师站在梁架上，将大梁往上吊，直到把大梁架上。大木匠师用斧头敲梁三下，并说一些吉利话。主人家则同时在梁下烧香拜佛，放鞭炮。

建筑期间每月的初二、十六日，及下砛、安门、上梁、封规合脊等重要工序完成后，房主都要设宴招待工匠，并给工匠们红包。故俗谚有“初二、十六，土刀斧凿；封归合脊，师傅肚必”（肚必：方言意谓撑破肚子）（图 9-1-3）。

(a) (b) (c) (d)

图 9-1-3 上梁
(a) 装扮大梁；(b) 升梁；(c) 祭拜；
(d) 完工

4. 谢土

房屋建成入住之前，要举行谢土仪式。厝主选好吉日，祭祀天公、土地公、境主等神祇。如是祠堂落成，谢土需请土、木、石等工匠等，有的还请道士或和尚。谢土时辰到，先到户外去请神明。在谢土之前，用红布画一八卦，包“五谷六斋”及剪刀、尺等物，放于中脊之上。继而进行土、木、石三师的仪式。如果是祠堂落成谢土，还会请该姓族中的“好命人”（即父母子女双全的人）到祠堂来筛红丸祈福。民居谢土仪式礼成后，主人家要给众工发“封礼”（即红包）。新厝贴上红对联，将摇篮、轿椅、家禽、镜、米、柴火等先搬入厝，沿途放鞭炮，请道士念经，称“谢土”。谢土后房屋建造宣告结束才能正式入住（图 9-1-4）。

(a)　(b)　(c)　(d)　(e)　(f)　(g)

图 9-1-4　谢土

(a) 祠堂进主；(b) 抬轿请神；(c) “好命人” 筛丸；(d) 供品；(e) 木作师傅；(f) 泥水作师傅；(g) 安置篙尺

第二节　姓氏文化

如今，闽南的老街旧巷依然处处可见 “紫云衍派”、“延陵衍派”、“陇西衍派” 或 “开闽传芳”、“九牧传芳” 的门匾，这是家族迁移的历史记忆。这与泉州人口大多数来源于中原有关。据文献记载，晋永嘉四年（公元 310 年），匈奴和羯族入侵，屠杀汉族人，晋朝官民大量南逃，入闽者有林、陈、黄、郑、詹、邱、何、胡 8 姓。梁天监中置南安郡时有 5 姓。唐代有 29 姓南迁入闽。五代时期的移民，自河南光州固始迁至汀、泉、福 3 州的有 7 姓。至此，先后入闽已有 49 姓，居住在泉州各地[1]。

中原汉人迁移闽南地区，往往是一位官员、士人、宗族首领或流民领袖率数百家以至数千家流亡迁移，结寨自保，垦田自给，所以移民有强烈的宗族性、地域性和集团性。他们在迁居地也总是聚族而居，为彰显本族的辉煌历史与传承历史文化，增强凝聚力，往往以繁衍地的郡望名称或祖先的丰功伟绩等作为郡望堂号，镌刻在家族祠堂和民居楼房的门匾上（图 9-2-1）。

---

❶ 本节部分资料引自：泉州市地方志编撰委员会·泉州市志 [M]. 北京：中国社会科学出版社，2000.

图 9-2-1　门匾

堂号本意为厅堂或居室的名称。因古代同姓族人多聚族而居，往往数世同堂，或同一姓氏的支派、分房集中居住于某一处或相近数处庭堂、宅院之中，堂院就成为某一同族人的共同徽号。同姓族人为祭祀、供奉共同的祖先，在其宗祠、家庙的匾额上题写堂号，因而堂号也含有祠堂名号之含义，是表明一个家族源流世系，区分族属、支派的标记。堂号往往以先世之德望、功业、科举、文字或祥瑞典故自立。如：九牧传芳——林姓、彭城世胄——刘姓、让德传芳——吴姓等。

“郡望”一词来源于秦汉时期，“郡”是行政区划，“望”是名门望族，“郡望”连用，即表示某一地域国范围内的名门大族。自汉代门阀制度兴起，地位较高的家族为了彰显自己的权势，会在姓氏前加上自己居住地的名称，并以此而别于其他的同姓族人，郡望由此形成。隋唐时期，郡望从实际权力的象征逐渐向姓名标志转化，影响至今。如：芦山衍派——苏姓、延陵衍派——吴姓、颍川遗泽——陈姓等。

闽南人在移民和再移民的历史过程中，保留了中国最为完整的宗族文化形态。历代中原汉人举家或举族南迁，都以聚族或聚乡而居的形式，来巩固发展自己占有的生存空间。闽南人在向我国台湾、海外移民的迁徙中，同样秉承了这种家族性迁徙形式，传承发扬了闽南人的宗族观念，形成了祠堂、族产、谱牒、宗法、祭祀等系统的宗族文化形态。慎终追远，这种延绵不息的宗族文化，在闽南人向外拓展、开创事业的创造发展中，推进合作，增进交流，凝聚力量，使闽南本土与我国台湾地区、海内外的闽南人保持着紧密的社会网络关系，增进了对闽南文化、中华文化的血缘认同（附 5）。

第三节　礼制文化

泉州民居的大厝是中原士族文化的产物，传入后为适应泉州的乡土民情及地理环境发生了变异，表现于建筑格局当中。民居在其各个功能空间布局以及建筑整体的构成，都是依“礼”布置的。如二进三开间大厝，是由“下落”（或“前落”）、天井及两厢、“上落”三部分组成。大门左右各有一间下房，合称“下落”。“下落”之后为天井，天井两旁各有一间厢房（或称“榉头”）。过天井为主屋正厝，中间是厅堂及后轩，其左右各有大房、后房，以东大房为尊，合称“前落”。厅堂是奉祀祖先、神明和接待客人的地方（图 9-3-1），面向天井，宽敞明亮。卧

图 9-3-1　奉祀祖先、神明和接待客人的厅堂

室房顶天窗甚小，房内幽暗，体现“光厅暗房”。大厝前加门庭，东西两侧及后轩外面加护厝，作卧室或杂物储藏间。大门要逢大事才启开，平时由两侧边门进出。

闽南民居整体是一个封闭的围合体。前埕后宅、左右护厝，以正厅为中轴线对称，其功能空间的设置都考虑到建筑整体的均衡。这也是“礼”的一种体现。大厝的建筑布局、功能分配，均体现了尊卑有别、长幼有序的儒家文化传统和严格的封建等级制度。正厝是主人居住的地方，两侧为较低矮的护厝，供佣人居住或作为储藏间。上落房间分配也有讲究：东大房归长子，西大房归次子，依此类推。

第四节　建筑文化交流

一、对外交流

清朝时期，我国台湾多数建筑使用的材料是到福建采购加工后，再用船运至台湾的，有“泉州买石、漳州买砖、福州买木”之说。台湾早期建筑中的木、石、泥水工匠，大多数是从福建闽南，特别是泉州、漳州延聘至台施工的；更有甚者，建筑材料也多从泉州运至台湾加工，这些在寺庙建筑碑刻或史书上均得到记载。早期台湾最出名的大木匠师是来自福建省泉州府惠安县崇武溪底乡，时称溪底派，溪底派最为人熟知的是王益顺。王益顺的先祖因曾修建泉州开元寺而名声大噪，溪底派遂成为福建最出名的木匠帮。1919 年王益顺受邀到台湾参与台北龙山寺改筑（图 9-4-1），此后他停留在台湾的时间长达十年，他对台湾的寺庙建筑深具影响力。现在寺庙常见的蜘蛛结网藻井、轿顶式的钟鼓

图 9-4-1　台北龙山寺

楼、龙柱上端出现的希腊或罗马式柱头及其他一些特殊技巧，如台北孔庙的大成殿使用斜拱（图 9–4–2），新竹都城隍庙采用减柱法等，都是王益顺首创或首次引入台湾的，他所创作的这些建筑技巧为台湾近代寺庙建筑文化的新里程碑。据台湾学者李乾朗调查，王益顺在台多年，带去许多惠安溪底派工匠，台湾许多著名的传统建筑，大多出自惠安工匠之手。

惠安以石匠著称，明代崇武就出现许多有名的石匠,其中以五峰地区的蒋姓石匠师最负盛名。清末民初，惠安工匠蒋金辉等人承揽台北万华龙山寺的建筑工程，其建筑之精密，结构之精细，雕刻之精美，在台湾引起极大轰动。当时台湾各地的寺庙庵堂和大户豪宅建筑都专聘惠安崇武五峰的蒋姓工匠主持，以至流传着“无蒋不成场”的说法，台湾鹿港天后宫与台北龙山寺为其代表作。建造于乾隆五十二年（1787 年）的台中县沙鹿镇青山宫（图 9–4–3）、咸丰六年（1856 年）的台北艋舺青山宫，均是依泉州惠安青山宫而建，木、泥、石工匠均是从惠安过去的，泥水匠师主要出自惠安官住地区。其建筑、石木雕刻和泥塑彩绘艺术，无不深深烙下祖地惠安青山宫的印迹。《台湾古迹全集》称艋舺青山宫“其雕梁画栋，工艺之精，犹在龙山寺之上。今台北市诸多古庙，此为硕果仅存者。”

不仅工匠、材料多从闽南地区到台湾，而且台湾寺庙的倡建、捐建，多由泉州人发起，如：鹿港龙山寺随着鹿港城市经济的发展，香火越来越兴旺，原来的寺庙小，容纳不下众多的信众，乾隆五十一年（1786 年），“孝廉林君廷璋暨八郊率众修鹿港之龙山寺……都阃府陈君邦光始偕其郡人改建今地；林君祖振嵩、许君乐三实经营之。厥后林君封翁文浚鸠庀缮完……”由道光十一年的《重修龙山寺碑记》可知，鹿港龙山寺的迁址重建是由泉州的武官都阃府陈邦光倡议，八郊士绅响应捐资迁建的。日茂行的创办人——泉州林振嵩、其子文浚、其孙林廷璋皆参与捐资修建，并载有泉、厦商船捐题缘金，载运砖石等事。

泉台两地因相同的民间信仰而建立起一样或相似的寺庙宫观，促进了两地的经济、宗教、文化的交流，并由此催生了“溪底大木、五峰石雕、官住泥瓦”等建筑专业村，使得这些原本不入世人眼界的各色匠师在闽台两地名气大噪，广为闽台两地建筑业界人士所称道。至今，闽台两地的建筑匠师之间仍有密切往来。

闽南人在驾驭海洋世界以及“过台湾”、“下南洋”

图 9–4–2　台北孔庙大成殿的斜栱

图 9–4–3　台中县沙鹿镇青山宫

时，也将宗教信仰带往各地，为他们适应新环境提供精神依托。并将原乡的建筑形式移植到侨居地。如新加坡天福宫是泉州、漳州移民最早在新加坡建立的神庙（图 9-4-4）。马六甲青云亭（图 9-4-5），主祀观音、配祀妈祖、关帝，所有建筑材料均来自中国。在这些侨居国，寺庙建筑往往与血缘关系的宗祠、

图 9-4-4　新加坡天福宫

拜亭

青云亭正面

戏台

图 9-4-5　马六甲青云亭

乡缘关系的同乡组织合而为一，成为海外闽南人的社区中心和传播中华文化的媒介。此外，共同的信仰不仅是海外闽南人和祖籍地密切联系的纽带，也是团结世界闽南人的载体（图 9-4-6 ~ 图 9-4-9）。

二、外来文化对泉州建筑的影响

泉州有相当数量的洋楼，还有为数不少前为闽南传统红砖大厝，后为西式建筑的中西合璧建筑，这些建筑多是受外来文化的影响，主要是通过华侨这个渠道来完成的。由于华侨到海外，大多是为生计所迫，一般无力将家眷全部带到国外。一般来说，都是男人出洋谋生，女人在家上伺公婆、下养子女。这种特殊的家庭情况，使得华侨同国内家庭保持密切的经济、文化联系。华侨在外发家致富后，大多热心回乡买地盖大厝或是修祠堂、兴族学、造桥修路等公益。华侨返回祖国后，将侨居地建筑类型引入侨乡，与当地建筑再结合。

1. 装饰图案

随着厦门成为通商口岸之后，墨西哥、西班牙等国的银币也随之传入，因其具有计数简单、成色好、使用简单等优点，所以广受喜好、流传，而随着侨汇的不断汇入泉州，其图案也成为大受欢迎的流行装饰题材，其中以墨西哥银币的老鹰图像最受青睐。墨西哥银币俗称“鹰洋”，是 1821 年墨西哥独立后使用的新铸币，其币面模印一只矫健展翅的雄鹰，伫立在一棵从湖水边岩石中长出的仙人掌上，这个造型的下边由橡树和月桂的枝叶环绕，象征着力量、忠诚

图 9-4-6　马来西亚槟城广福宫

图 9-4-7　马来西亚霹雳州太平 - 凤山寺

图 9-4-8　马六甲宝山亭（三宝庙）

图 9-4-9　新加坡关帝庙门楼

及和平。嘴里叼着一条长蛇，背面主图中央为一顶自由软帽，周围放射着长短不一的光柱。泉州常见在洋楼楼顶门楣处装饰有老鹰的装饰图案。

2. 建筑材料

随着华侨经济实力的增强，外来的建筑材料与装饰工艺也逐渐进入到传统大厝中，蔡氏古民居群、亭店杨氏民居都是早期华侨建大厝的杰出代表，如蔡资深建造传统样式的大厝时，采用了大量的菲律宾水泥花地砖，从墙身上的券门、铁窗栅等也可以看出西式建筑的影响。杨阿苗在建杨氏民居时也大量采用东南亚彩色地砖和进口的铁钉。而西街116号的民居，前院是五开间的红砖大厝，后院则是两层的小洋楼，这是保持传统空间布局并与外来建筑式样结合的典范。顺着海上丝绸之路而来的各种文化，在泉州传统建筑中得到了充分的体现，不仅建筑风格，明清时期还有许多建筑材料直接从海外购买运回泉州加工成中西合璧的建筑。泉州传统建筑在文化内涵上，处处散发传统文化的信息，既体现了与中国传统文化相适应的封闭式主次尊卑尚礼氛围，又让人感受到其中浓郁的海洋文化影响印记。

附5：

姓氏郡望表[1]

姓氏	郡望	堂号	姓氏	郡望	堂号
陈	颍川、广陵	飞钱、鳌头、德星、终武、陈江、鲁旗、德泉	林	西河、下邳	忠孝、问礼、九牧
吴	延陵	让德、让水、种德	王	太原	三槐、开闽、槐庭
蔡	济阳	蕙阳、荔谱	许	高阳、汝南	长兴、瑶林、泰岳、凤山
张	清河、南阳	百忍、金鉴、鉴湖、梅岭	黄	江夏	紫云、龙溪、金墩、燕山
施	吴兴、临濮	浔海、钱江	李	陇西	儒林
吕	河东、东平	渭水	江	济阳、淮阳	六桂
盖	沂源	—	郗	介休	太原
封	封丘	—	干	扬州	—
翟	中原	—	巴	巴水	廪君、务相
阎	运城	—	尹	尹城	—
项	沈丘	—	殷	曲阜	安阳
锜	洛阳	—	慕容	昌黎	—
屈	临淮	—	韦	京兆	—
周	汝南、庐江	笃祐、发达、濂溪	谢	陈留、会稽	陈东、宝树、金鱼
杨	弘农、天水	四知、栖霞、道南	桂	天水	—
邱	河南、扶风	敦睦、河东	郑	荥阳	南湖
魏	钜鹿、任城	—	薛	河东	沛国
颜	鲁国	琅琊	温	木原、汲都	沛国
刘	弘农、彭城	沛国、中心、德馨	沈	吴兴	—

[1] 引自《泉州市志》。

续表

姓氏	郡望	堂号	姓氏	郡望	堂号
倪	千乘	—	赵	天水、南阳、金城	天源
伍	椒里、安定	忠孝	翁	盐官、钱塘	六桂
邵	博陵	岐山	徐	东海、高平	—
高	渤海、辽东、河南	有继	阮	陈留	竹林、常兴
雷	冯翊	—	傅	清河、北地	双凤、版筑、银奇
潘	荥阳	—	侯	上谷	沪山
洪	敦煌、豫章	六桂、三瑞	纪	平阳、高阳	锦霞
留	鼓城	镇闽	范	高平	—
董	陇西、济阳	—	龚	武陵	六桂
苏	武功、扶风	芦山	汪	平阳	六桂
粘	浔江	浔海、恒忠	朱	沛国、吴郡	紫阳、凤阳、河南
钟	颍川	飞钱	辛	陇西	东平
康	京兆、东平	—	姚	吴兴、菏泽	南安
曾	鲁国、庐陵	三省、鲁阳	邓	南阳、安定	高密
何	庐江、陈郡	—	卢	范阳	长清
卓	西河、南阳	—	程	广平、安定	—
孙	乐安、东宛	—	尤	吴兴	—
庄	天水、会稽	锦绣	史	京兆、溧阳	—
叶	南阳、下邳	凌云	萧	兰陵、广陵	芳远
柳	河东	仰峰	池	西河、陈留	西平
唐	晋阳	北海	赖	颍川、松阳	版筑
丁	济阳	聚书、陈江	石	武威、渤海	三兴
田	北平、雁门	—	胡	安定、新蔡	—
杜	京兆、汉阳	—	商	汝南	鳌城
佘	下邳、雁门	—	韩	颍川、南阳	—
柯	济阳、钱塘	瑞鹊	詹	河南	佛耳
鲍	上党	—	季	渤海	—
郭	太原、冯翊	汾阳	蓝	汝南	中山
余	下邳	—	安	武陵	安平、福庆、熬海
凌	河间、渤海	—	俞	河间、吴兴	河东
崔	东里、博陵	—	陆	河南、平原	忠节
辜	南昌	—	勤	济阳	—
蒋	乐安	—	戴	广陵、谯国	注礼
涂	豫章	六桂	白	南阳、香山	—
骆	陈留、内黄	—	宋	京兆、西河、广平	—
廖	汝南、武威	清武、崇远	蒲	河东	—
马	扶风	—	房	河间、渤海、清河	继述
卞	济阳	泗水	金	彭城	—
姜	天水	龙泰	童	雁门、渤海	—

续表

姓氏	郡望	堂号	姓氏	郡望	堂号
卜	莘国	—	宫	平陆	—
孔	鲁国	曲阜	简	洛川	在续
黎	长治	黎城	罗	罗川	豫章、长沙
贺	镇江	朱方	闵	鲁国	—
齐	临淄	—	常	微山	—
段	京兆、共国	—	曹	定陶	—
樊	济源	让虞	储	唐山	河东
费	鱼台、琅琊	—	方	荆国、河南	淮夷、六桂
艾	沂源	—	冯	荥阳	—
甘	洛阳、户县	—	葛	宁陵	—
谷	天水、谷城	—	关	函谷	龙逢
毛	岐山、扶风	西河、荥阳	路	潞城	—
聂	清丰	—	宁	获嘉	—
邹	邾国	—	秦	兴平、天水	华山、范县
彭	徐州、淮阳	梅石、奇文、陇西、宜春	危	敦煌	—
欧阳	渤海	文献	申屠	合阳	—
诸葛	诸城	会稽、吴兴	沙	大名	—
上官	陇西	上邽	盛	泰安	汝南、梁国
陶	陶丘	—	单	济源	—
熊	新郑	—	焦	三门	—
邢	邢台	—	虞	永济	平陆、蒲州
权	陵阳	安平	褚	河南	—
花	东平	—	严	天水、留翊	华阴
梁	安定、天水	河南、梅镜	汤	范阳	中山
连	上党	—	车	锦田	—
滕	莘国	—	茅	金乡	—
顾	范县、会稽	—	管	郑州	—
裴	闻喜	临猗	祈	祈邑	—
戚	濮阳	—	全	桂阳	—
任	济宁	—	荣	荣国	—
谭	章丘	—	奚	车正	—
夏	阳城	登封	阳	太谷	沂水、泰安
应	叶县	应城	章	东平	—
成	宁阳	—	古	武功	岐山
贾	襄汾	—	窦	夏都	—
公	齐鲁	—	邬	介休	—
于	沁阳	邢台	梅	梅国	—

第十章　保护修缮

泉州传统民居多以木构架为建筑主体，当地湿润多雨的气候对于木构架的损害程度较大，针对民居的轻微损害平时都需要作日常性、季节性的养护。如果这些民居建筑突发严重危险时，由于时间、技术、经费等条件的限制，不能进行彻底修缮，就应该采取具有可逆性的临时抢险加固措施。本章节以南安林路叠楼保护修缮工程为例，来说明泉州传统民居的保护修缮技术。

第一节　建筑调查

首先需对该栋建筑进行全面的调查，包括建筑本体及建筑相关的历史人文资料调查。

一、建筑基本情况

林氏民居位于福建省南安市省新镇满山红村。系新加坡著名华侨建筑家林路建于清光绪晚期。坐北朝南，由西向东依次为宗祠、正屋、叠楼、书房等建筑联袂并排、平行而立，通长 123m。建筑群前铺有宽敞的石埕，埕前建有水榭，山墙间留有 1.5m 宽的防火通道。建筑占地面积约 6000m^2，现存建筑面积约 3600m^2。

保护修缮的是其中的叠楼。叠楼为三进三落带双护厝的建筑，主落第一进前落为单层建筑，天井的两厢、第二落为双层叠楼建筑，东西护厝前端各盖角楼一间，建筑面积一层约 1219.9m^2，二层约 560m^2。屋面形式较为复杂，硬山顶、歇山顶多种屋面形式相互结合，其抱心斗角高下相依，富于变化而又相和谐。叠楼前铺宽约 12.14m 的石埕，分为上、下埕，埕建有宽 2.67m 的露台，露台中间建一水榭，水榭前有一大池塘。下厅面阔 5 间，进深 5 柱，穿斗式木构架，大门前有檐廊，立面水车堵泥塑与彩绘山水花鸟交相辉映，可惜在“文革”期间遭到破坏。门廊柱础束腰的力士扛鼎，或蹲或立，形象生动。内为天井，两侧二层榉头厢房，底层有卷棚式回廊。第二落面阔 5 间，进深 5 柱，两层，均有前廊，其木构架上雕满灵禽瑞兽、奇花异卉，刀法细腻，线条如丝，层叠多重，轻重疏密，极富于透视感，外镏黄金，熠熠生光。木隔扇有林路“敬录先正格言以书于壁俾子孙有所率循焉”的款识，可见林路教育下一代用心良苦。厅堂装饰的水泥彩花地砖，系从东南亚国家进口，至今基本完好无损，其图案带有明显的南亚风格。护厝角楼在长方形的平面上作变化，前部呈八角形，屋顶以局部歇山顶前带三面坡，极富于天际轮廓线的变化，既有实用功能，又带有南洋建筑艺术的韵味，是我国清代闽南地区华侨建筑的经典代表作。在建筑、雕刻、文化艺术等方面都具有突出的价值，尤其融合海内外建筑艺术方面，独树一帜。当地俗话“有林路富，无林路厝”，至今仍在流传，说明林路厝的独具特色。

林氏民居建筑群虽经百年历史沧桑，迄今保存仍然较为完整，建筑结构基本稳定。像这样完整布局的建筑，在闽南一带并不多见。

二、历史人文资料

林路（1851 ~ 1929 年），字志义，号云龙，出生于南安南厅后埔乡（现省新镇满山红村）的贫苦家庭。少时遵父遗嘱，外出学习建筑工艺，成为颇有名气的工匠，人称“小鲁班”。清光绪早期，林路漂洋过海，南渡新加坡谋生，最初从事建筑业兼制砖瓦，后成为著名建筑家，继而投资经营树胶土产。由于经营有方，勤俭拼搏，遂成为华侨富商。1901 年，英国殖民者在新加坡筹建维多利亚纪念堂（即大钟楼）。林路力排国外建筑同行，用最低价格承包工程，他采用中国传统的棚架古法进行逐层建设，历时数年，高达 200 余英尺的维多利亚纪念堂巍然矗立于新加坡政府大厦右邻，成为当时最宏大的建筑物，轰动了整个新加坡，林路这位“华侨建筑家”的名字开始传遍东南亚。清光绪晚期，林路回到故里南安市，捐献巨资于乡里，被朝廷封为“福建花翎道”，赏戴花翎。林路同时开始兴建自己设计的宅第、叠楼、书房。

林路去世后，其第十一子林谋盛（1909 ~ 1944 年）继承父业。抗日战争爆发，他以抗日救国为己任，出任新加坡华侨抗战动员会执委兼劳工服务团主任。日军攻陷南洋后，奉命返回重庆。旋奉派赴加里吉达参加组织中国留印海员战时工作队，任该队总务组长。后被任命为马来亚区区长。1944 年 6 月 29 日不幸被捕殉国，葬新加坡麦利芝。抗日战争胜利后，国民政府追赠为陆军少将。新加坡称林谋盛为民族英雄，并建立纪念碑（图 10-1-1）。

图 10-1-1　林路叠楼

三、建筑历史沿革

林路厝主体建筑于清光绪三十四年（1908 年）告竣，部分附属建筑至民国初年完成，形成一独特、宏伟、气派的建筑群。

抗日战争期间，泉州中学疏散到南安时，曾借用林氏民居办学，容纳 700 多人。

1949 年新中国成立至 1957 年间林氏民居曾作为南安县党校。

“文革”期间，建筑群立面的泥塑、彩画、石雕等遭受到不同程度的破坏。

1970 年代早期，后楼及过雨亭部分倒塌殆尽；1980 年代早期，东西护厝的梳妆楼倒塌，后期在原位置搭双坡屋面。

1998 年 4 月 3 日，南安市人民政府公布林路故居为第四批南安市文物保护单位。

2005 年 5 月 11 日，福建省人民政府公布南安林氏民居为第六批福建省文物保护单位。

2013 年 3 月，国务院核准公布为第七批全国重点文物保护单位。

四、价值评估

1. 南安林氏民居是华侨名人建筑

1900 年代，林路因采用中国传统的建筑方式承建新加坡维多利亚纪念堂，而扬名东南亚。对东南亚诸国的建筑风格产生了较大的影响。他为人急公好义，对失业的旅外侨胞热情资助，为劳动界所赞誉。曾捐献巨资给清朝政府，被封为“福建花翎道”，赏戴花翎，是闽南一位著名的华侨人物。《泉州市志・人物传》、《南安县志・人物传》列有他的传记。他在故乡所建造的这一建筑群属于华侨名人建筑，被编入《福建名人故居》、《泉州名人故居》。

2. 南安林氏民居体现了中西方建筑文化的结合

建筑群的建筑设计在闽南传统的建筑形式上加以创新，宗祠、传统民居、叠楼、角楼、花园式书院既互有特色又融为一体，充分显示出林路这位华侨建筑家的建筑设计才能。建筑施工工艺也属上乘，砖石木作用材较佳，内外装饰富丽堂皇，随处可见的精美石雕、木雕代表着当时闽南建筑雕刻艺术的最高水平。建筑群的墙壁、地板装饰有精美的进口水泥花砖，巧妙地将南洋建筑装饰风格融入中国的传统建筑装饰之中，使这一建筑群更加绚丽多彩，成为中外艺术交流难得的实物资料。

3. 南安林氏民居是联系海外宗亲的重要纽带

林路后裔大部分仍分布于东南亚诸国及我国的港、澳、台地区，至今林路后裔仍经常回乡寻根谒祖，林氏民居成为联结海内外宗亲的重要纽带。

综上所述，南安林氏民居这一内涵丰富的建筑群具有极高的历史价值、艺术价值和科学价值，同时，它还发挥着华侨寻根谒祖的重要作用。

第二节 建筑测绘与调查

本次勘察是对叠楼的法式特征、保存状态及病因进行初步调查记录，为其修缮提供依据。

一、勘察方法

（1）露明柱础及台明、墙体沉降以水平尺加测距仪测量；

（2）法式尺寸及构造关系为专业人员手工测量；

（3）露明木构件的残损情况主要依靠目测、敲击、手工测量等方法勘察；

（4）柱、墙的倾斜偏移用垂线测量。

二、记录方法

1）建筑法式及构造关系为专业人员现场手绘草图，然后根据测绘结果进行计算机 CAD 制图。本案勘察设计的文字说明及图纸中如无另外说明，所注尺寸以毫米（mm）为单位，标高以米（m）为单位，标高采用相对标高，建筑的 ±0.000 指宗祠石埕地坪，叠楼石埕标高为 –0.200m，叠楼下厅标高为 0.180m。

2）建筑构件特征、残损状态照片为专业人员用数码相机拍摄。

3）建筑保存状态、残损详情按建筑部位分别记录说明，记录方法如下：

（1）建筑方位除东、西、南、北等地理方位外，本案还用到前、后等方位描述。一般而言，单体建筑朝向为前、背向为后。

（2）本案对立柱、檩条、门、窗等保存状态、残损详情及维修做法实施编号列表汇总说明，示意如表 10–2–1 所示。

构件保存状态、残损详情及维修做法编号表　　表 10–2–1

构件	立柱	檩条	门	窗
构件代码	Z	L	M	C
编号示例	Z1、Z2、Z3	L1、L2、L3	M1、M2、M3	C1、C2、C3

三、现状勘察

1. 总平面方位

本次勘察测绘，该建筑中轴线方向为坐西北朝东南。测量范围为：下厅、榉头、上厅、过雨亭、后楼、东西护厝、过道、角楼、外围墙及水榭，建筑占地面积 1713m^2。建筑南北深 35.76m，东西宽 34.74m，建筑面积一层约 1220m^2（包括倒塌的后楼）；二层现存 329m^2，水榭 7.4m^2。

2. 法式勘察

叠楼平面布局为：主落三进（第三进后楼已倒塌），第一进下厅为单层建筑，天井的两侧榉头为二层，第二进为双层叠楼建筑。东西两落为护厝前端各盖角楼一间。主厝中轴线自南向北依次为下厅、榉头、上厅、已倒塌的后楼。

下厅五开间，硬山式屋面，燕尾脊，穿斗式木构架，明间地面铺东南亚水泥花砖，次间及梢间铺红砖地面，通面阔 18.67m，通进深 6.98m；大门前有檐廊，立面水车堵的泥塑与彩绘已被破坏。

天井、台明铺设条石。两侧为双层榉头，一层回廊为雕花卷棚式。二层抬梁式木构架，双坡屋面，一层地面铺红砖，二层地面铺东南亚水泥花砖。

上厅五开间，双层；歇山式屋面，燕尾脊。一层及二层回廊为雕花卷棚式，二层明间为抬梁式木构架，其木构架上雕满灵禽瑞兽、奇花异卉，次间为檩条直接插墙式。一层明间地面贴与下厅明间一样的进口水泥花砖，次间及梢间为红砖地面，二层地面铺与榉头一致花砖。通面阔 18.67m，通进深 10.89m；主落梁枋、斗栱、雀替等木构件雕工十分精细，流光溢彩，富丽堂皇。

后楼现基本已坍塌，只剩部分墙体。现后楼位置部分用作菜地。依据后楼墙路现存位置、勘察人员对现存的地面进行清理勘察，找出柱顶石的位置，并对屋主及周边老人进行走访调查，得知后楼一层原有 9 间，明间为一大厅，立四柱，两边为过廊，楼梯在厅隔扇后面，为单排楼梯。二层为 7 间，明间为抬梁式构架，其余房间为檩条直接插墙式，双坡式屋面带梅花形山墙。上厅与后楼之间有双层过雨亭连接相通。

东西护厝各两个天井带回廊及两进过道，东西各有一侧门通巷道，北侧各有一边门通后楼。每间厢房进深 4.8m，硬山式双坡屋面；厢房主要梁架为檩条直接插墙式，个别房间为抬梁式。每一侧护厝各有房间 6 间，其中二进过道原为平顶上建梳妆楼一间，双坡屋面。

东西护厝前端各盖角楼一间，一层为红砖地面，二层为木地板。角楼面阔 5.11m，进深 6.15m。抬梁式构件，东西双坡屋面，南为半歇山式屋面，燕尾脊。

叠楼前铺宽约 12.14m 的石埕，埕建有宽 2.67m 的露台，露台中间建一水榭。水榭四柱，抬梁式梁架，歇山顶。

3. 现状勘察

现状勘察以主落为主，其他落不再一一叙述。

1）台基、地面

下厅明间地面铺东南亚花砖，现存较好，局部轻微磨损。东西次间及梢间铺设 340mm × 340mm × 40mm 红砖，红砖部分碎裂较严重，西梢间红砖地面后期被瓷砖代替，总残损面积约 43m^2。

榉头一层地面铺设 400mm × 400mm × 40mm 红砖，局部碎裂面积约 6.3m^2；二层地面铺设进口水泥花砖，局部碎裂缺失，残损面积约 6.1m^2（花砖规格：200mm × 200mm × 25mm）。

上厅明间地面铺设进口水泥花砖，现存良好，次间及梢间地面铺设 340mm × 340mm × 40mm 红砖，局部碎裂面积约 27m^2。二层地面铺设进口水泥花砖，局部碎裂缺失，残损面积约 11.9m^2。

过雨亭红砖局部碎裂，长有杂草，残损面积约 3.4m^2（红砖规格：400mm × 400mm × 40mm）；后楼厢房原一层地面红砖大面积缺失，后期长满杂草及堆积杂物，总残损面积约 214m^2；二层已毁。三进东西两个天井后期搭建构筑物，面积约 11m^2。

2）墙体

下厅外立面为 400mm 厚红砖墙，墙面封壁砖规格 225mm × 125mm × 20mm，现存良好。明间原 30mm 厚木隔墙部分缺失，后期安玻璃窗代替，残损面积 2.2m^2，次间及梢间墙面局部抹灰霉变，脱落，残损面积 8.4m^2。

榉头二层墙面抹灰霉变，脱落，残损面积 16m^2。

上厅外立面为 400mm 厚红砖墙，墙面封壁砖规格 250mm × 200mm × 25mm，现存良好。明间原30mm厚木隔墙部分缺失，后期安玻璃窗代替，残损面积2.8m^2，次间及梢间墙面局部抹灰霉变，脱落，残损面积39m^2。

后楼明间北面原400mm厚红砖墙已毁，后期砌夯土墙代替，残损长度7.635m；后厢房北面墙体只留一层，二层墙体已坍塌。西侧山墙上部墙体坍塌、山花装饰已经缺失；后楼原300mm厚夯土隔墙已坍塌，只在墙上留墙路痕迹；后楼厢房现存墙体上的抹灰均已脱落缺失，残损面积160m^2。

3）大木构架

下厅明间脊檩及檐檩严重糟朽，次间及梢间部分檩条局部糟朽。西侧一层榉头雕花枋严重糟朽（规格:205mm×80mm）。主落一层楞木保存均较好。榉头二层及上厅二层部分檩条糟朽、开裂。上厅二层部分木柱开裂，遭虫蛀。

部分椽板严重糟朽，下厅残损长度约285m。上厅二层残损长度约241m（椽板规格：120mm×30mm×210mm）；榉头二层残损长度约78m（椽板规格:100mm×30mm@180mm）。

过雨亭及后楼梁架均已缺失。

部分木柱和梁枋已严重糟朽、开裂。

4）屋面瓦件

图10-2-1 现状勘察——屋面瓦件

主落下厅硬山式双坡屋面，上厅歇山顶屋面，燕尾脊。板瓦规格为250mm×250mm×5@370mm，压七露三，望砖规格为240mm×240mm×15mm。

屋面瓦件叠压不均，部分瓦件和望砖碎裂，瓦件残损量分别为：下厅约73m^2，榉头约23m^2，上厅约52m^2；望砖残损量：下厅约62m^2，榉头二层约39m^2，上厅二层约71m^2。

下厅滴水缺失22个，榉头缺失10个，上厅滴水缺失9个。

过雨亭及后楼屋面均已坍塌缺失（图10-2-1）。

5）装修

下厅C1窗扇缺失4扇，石窗栏“文革”时已人为毁坏，后期铁杆代替；C3窗扇缺失8扇，原铁杆缺失；M5原木板门缺失8扇，后期现代门扇代替；M6-1门扇局部缺失。下厅封檐板局部糟朽，残损约7.2m。

榉头一层C8原双扇木板门已缺失4扇，后期单门扇代替；C9原木板门已缺失2扇，后期现代门扇代替。二层C10窗扇缺失4扇，后期玻璃窗代替；C11窗扇缺失8扇；M19双扇门均缺失，共4扇；M20单扇门均缺失，共2扇；榉头二层隔扇原玻璃部分破碎。

上厅一层C10原木板门已缺失8扇，后期现代门扇代替；C11门洞被后期封堵，门扇缺失；原木格栅已毁，后期用玻璃窗代替；C6、67、C8原石窗栏、窗扇均已毁，后期用玻璃窗代替；明间雕花构件缺失一件。上厅二层C12原铁杆缺失，原窗扇缺失16扇；C14窗扇缺失，后期用镀锌薄钢板代替，M17单扇门缺失，门洞被后期封堵；M18原木板门已缺失8扇，后期用现代门扇代替；M16双扇门均缺失，共4扇。

后楼山墙C5-5/C5-6石窗栏、窗扇均已毁，窗洞被封堵。后楼北侧C5-7～C5-16石窗栏、窗扇均已毁，窗洞被封堵；M4门洞被后期封堵，门扇缺失4扇；其余门窗、隔扇及栏杆均已缺失。

6）油饰、彩绘

主落梁架及木柱上有红色和绿色油饰，现油饰褪色；弯枋上有精美彩绘，现已褪色。

四、勘察结论

由于年久失修，叠楼木构架出现明显材质残损，屋顶残损严重，部分门窗残损，后期改造严重。经详细勘察，具体勘察情况见图 10–2–2 ~ 图 10–2–46，结果表明：

（1）叠楼平面格局现存的保存完整，后楼及梳妆楼平面残缺。

（2）叠楼外墙现存良好，内墙面局部残损，抹灰脱落。

（3）叠楼红砖地面残损较严重，部分后期更换为瓷砖，但极有价值的东南亚进口花砖保存较好。

（4）叠楼现存木构架整体保存较为完好，结构安全。部分大木构件包括立柱、梁、枋、斗栱出现局部的材质残损，主要问题是糟朽。过雨亭、后楼及梳妆楼梁架均已缺失。

（5）叠楼的木隔板及门窗等局部残损，主落油饰及彩画褪色。

（6）叠楼屋顶椽板局部糟朽，瓦片叠压不均，部分碎裂，望砖碎裂。东护厝一进过道原平屋面已坍塌，后期在原位置改为单坡屋面，护厝围墙上后期搭双坡屋面。过雨亭、后楼及梳妆楼屋面均已缺失。

（7）叠楼保护管理与展示基础薄弱，需加以规范和提升。

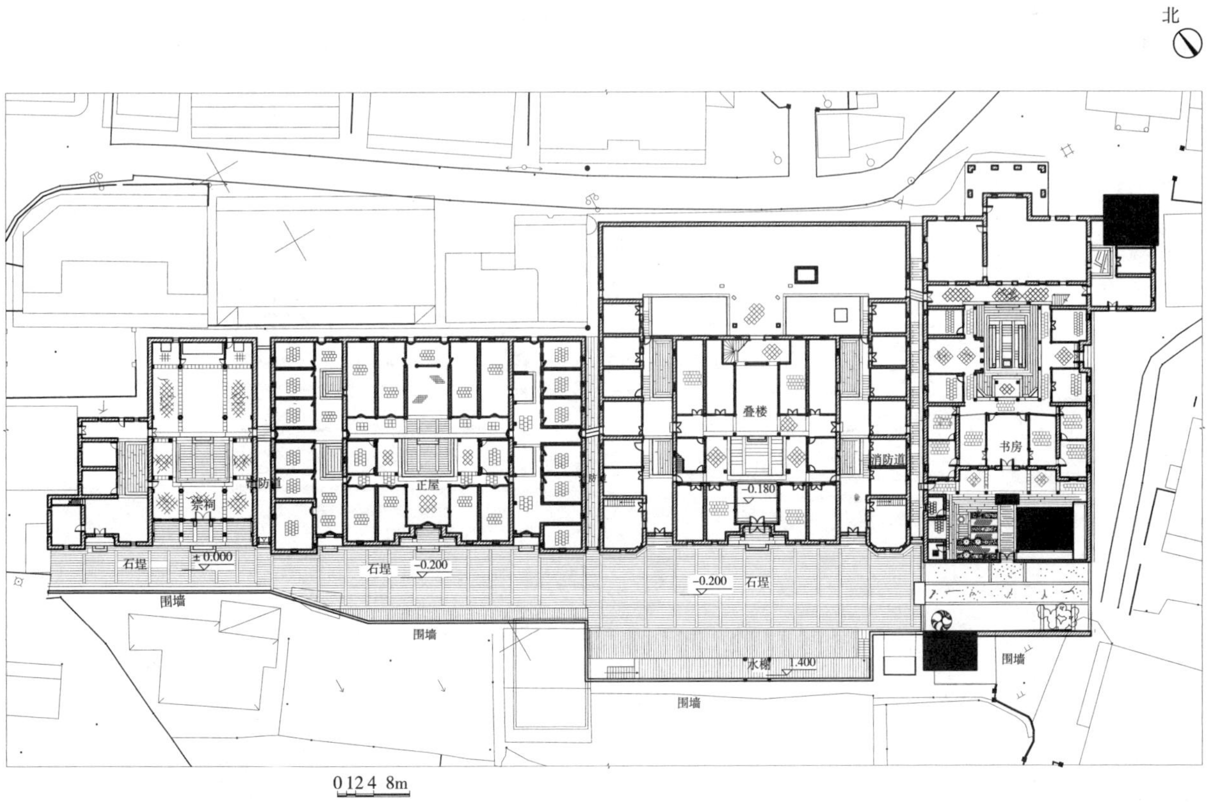

图 10–2–2　南安林氏民居总平面图

图 10-2-3　南安林氏民居总立面图

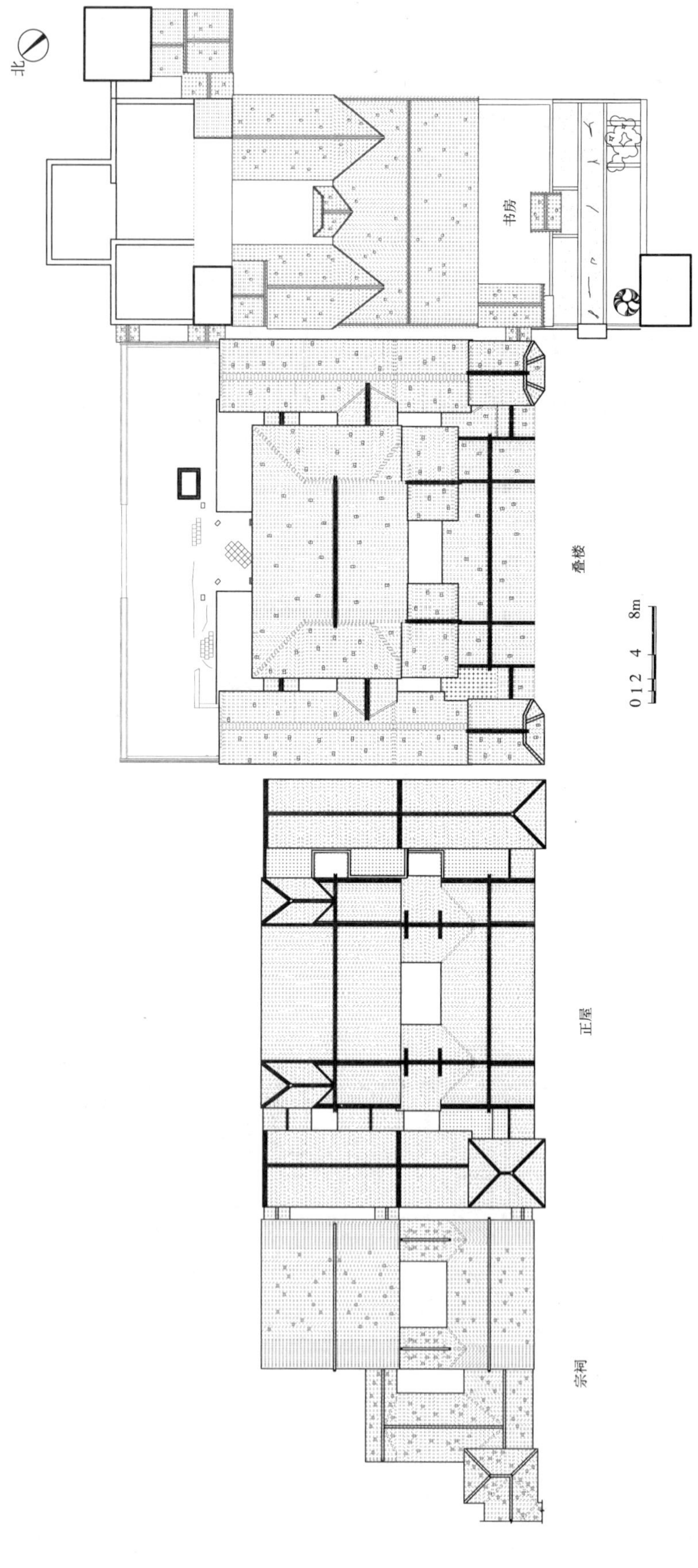

图 10-2-4　屋面俯视图

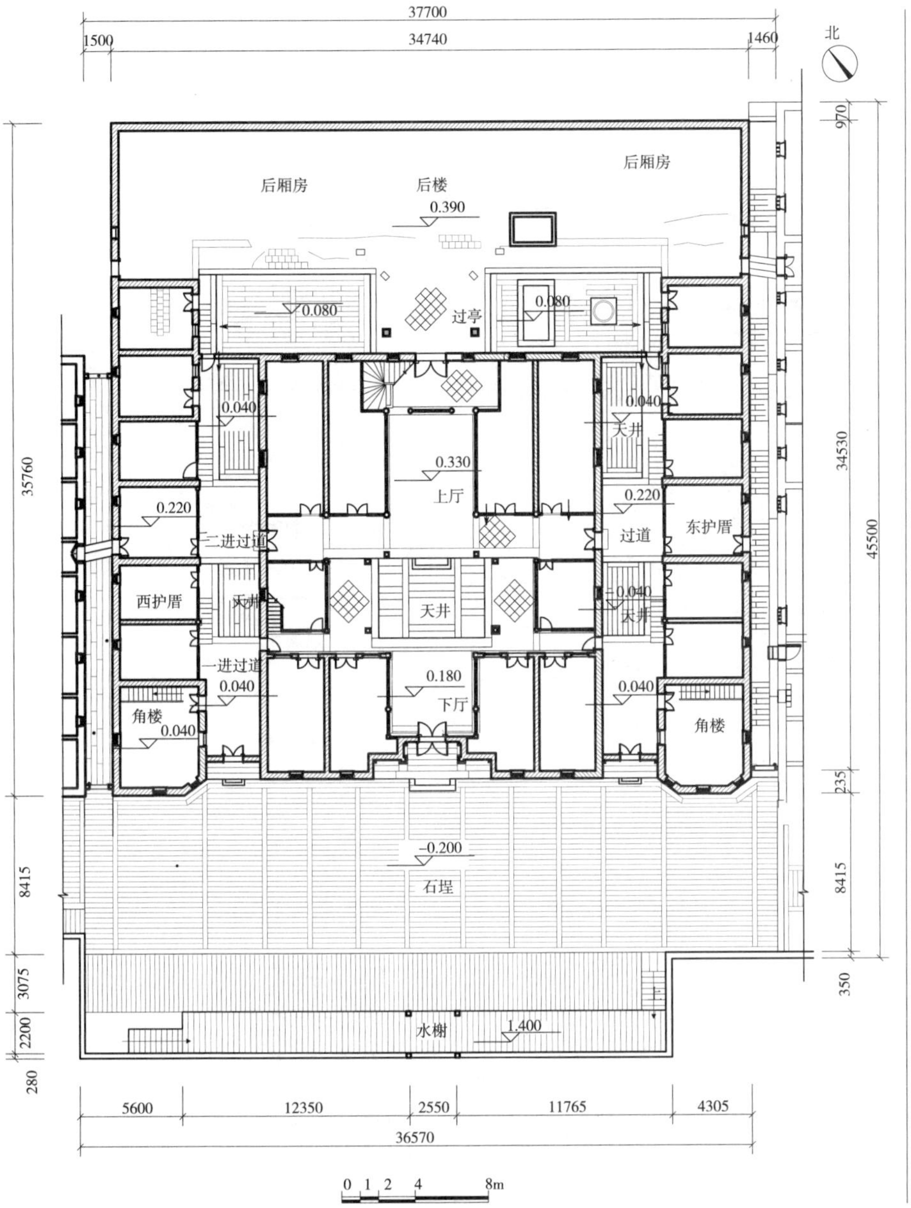

图 10-2-5 叠楼总平面图

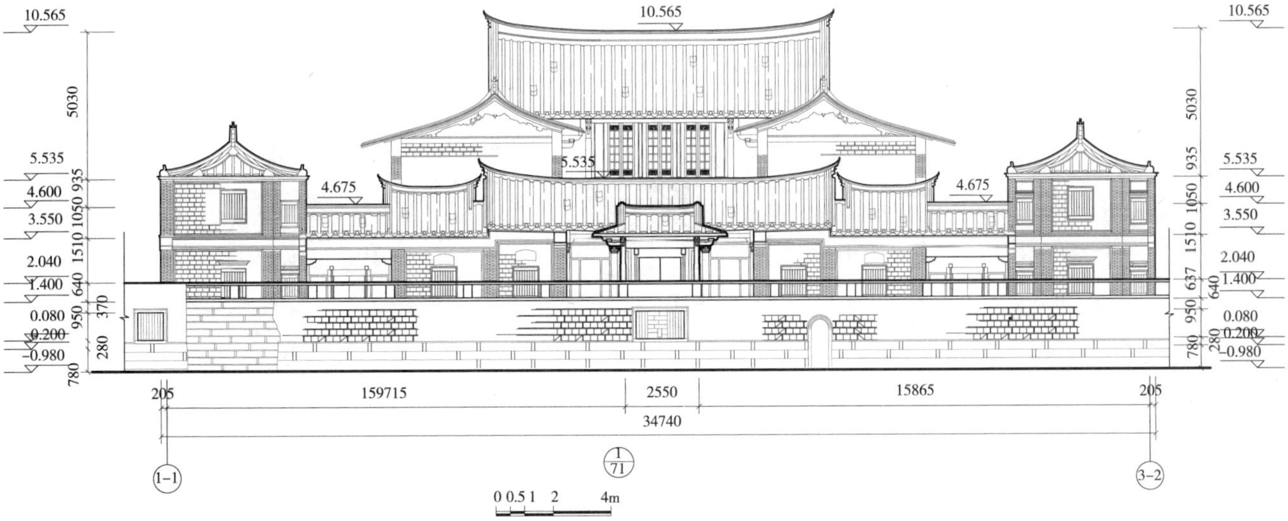

图 10-2-6 围墙池亭立面图

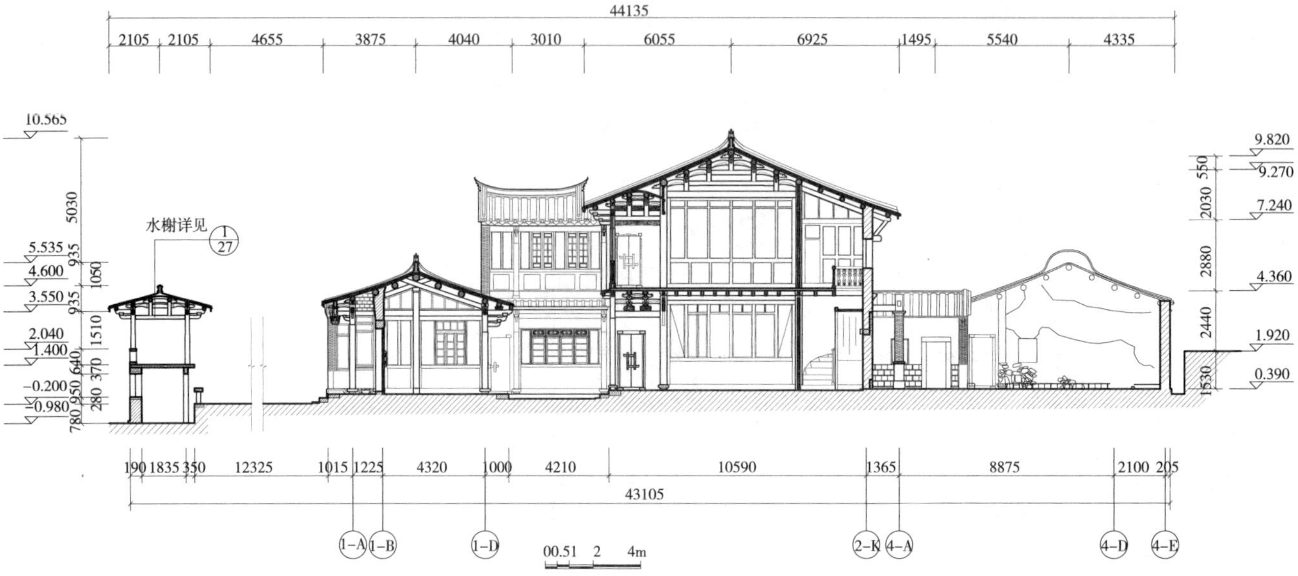

图 10-2-7 叠楼横剖面图

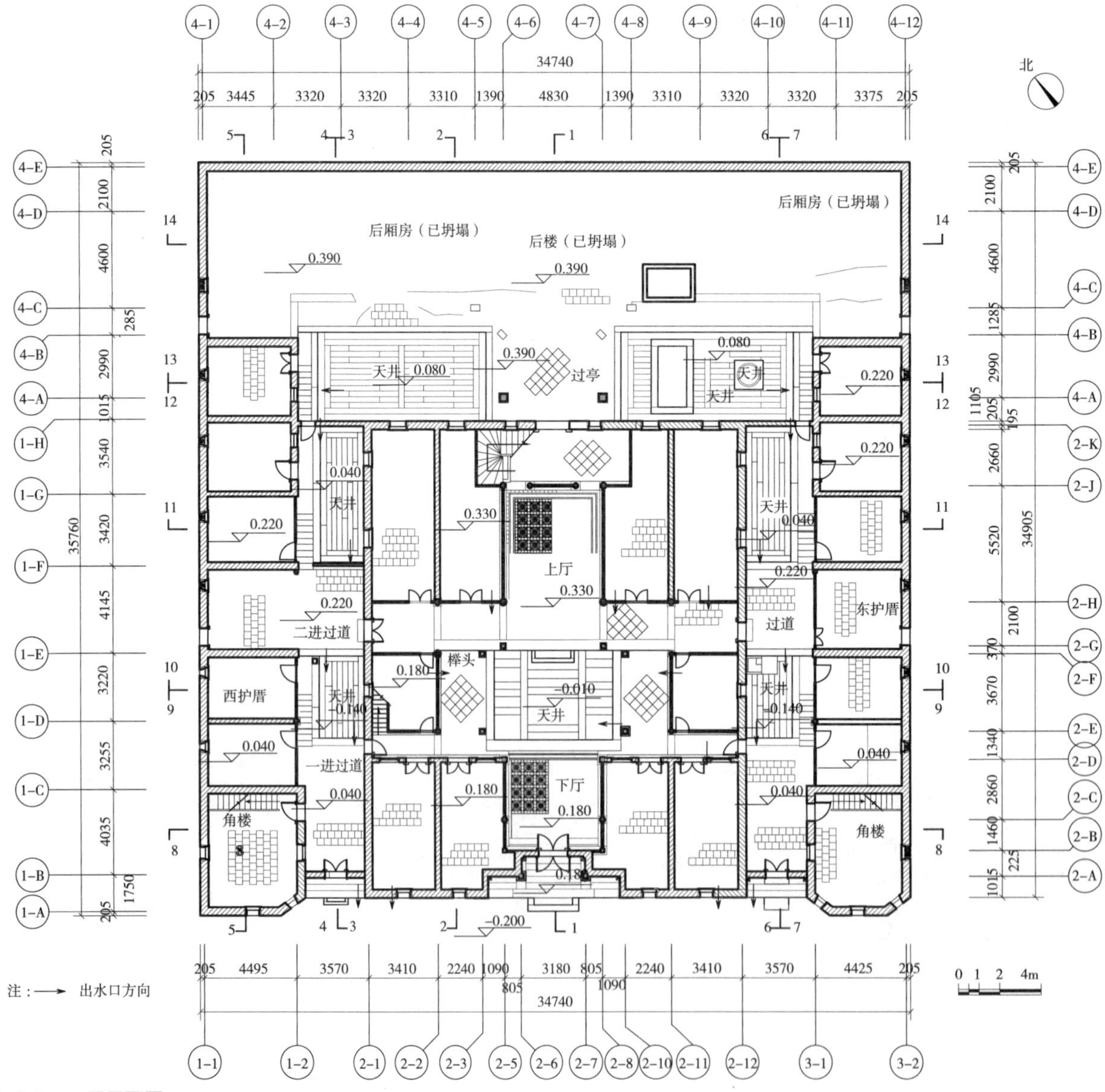

图 10-2-8 一层平面图

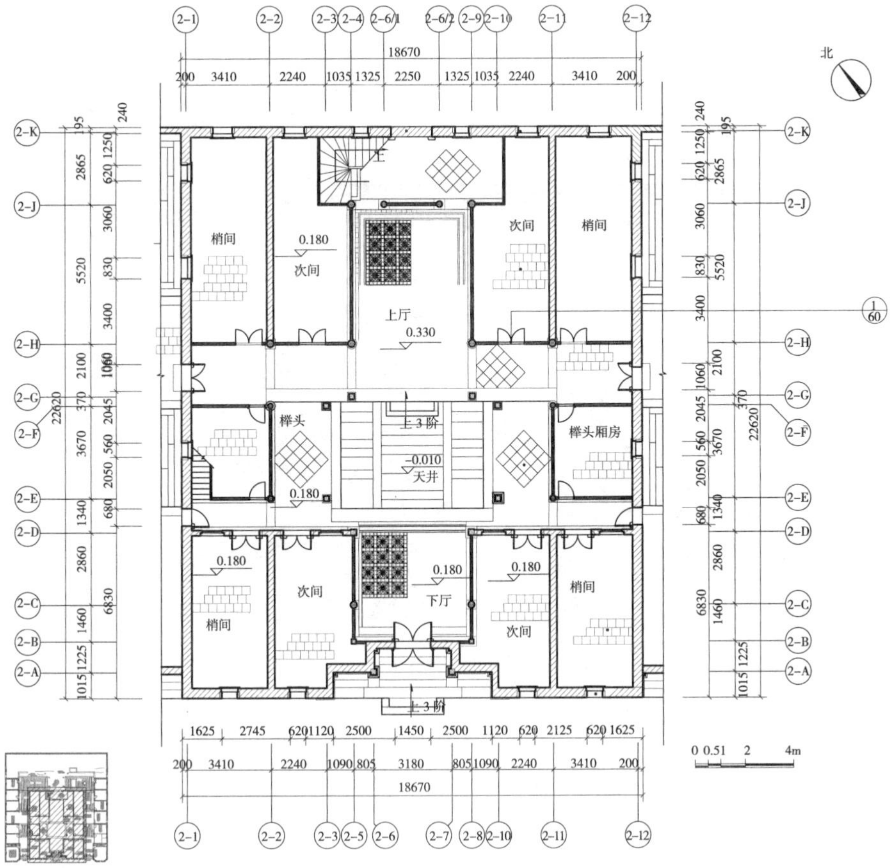

图 10-2-9 主落一层平面图

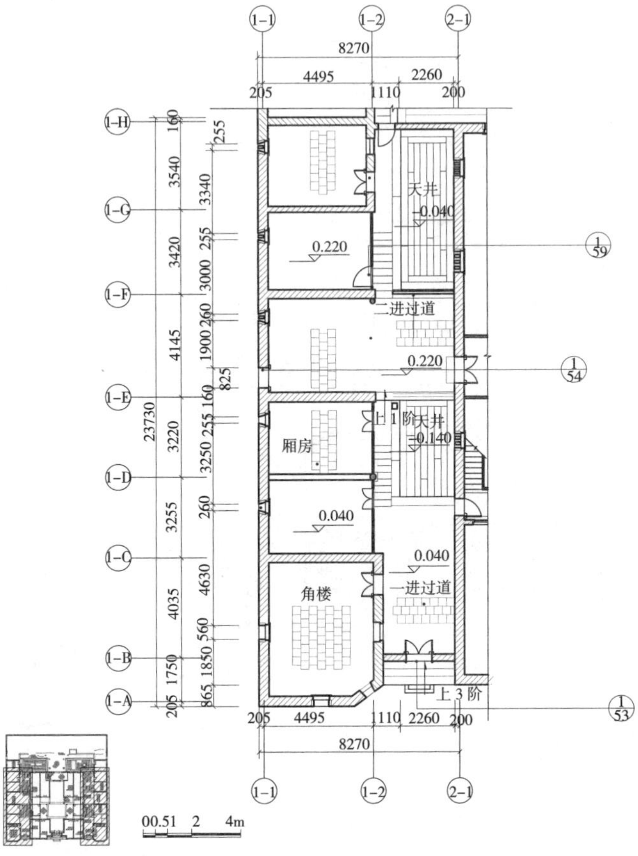

图 10-2-10 西护厝平面图

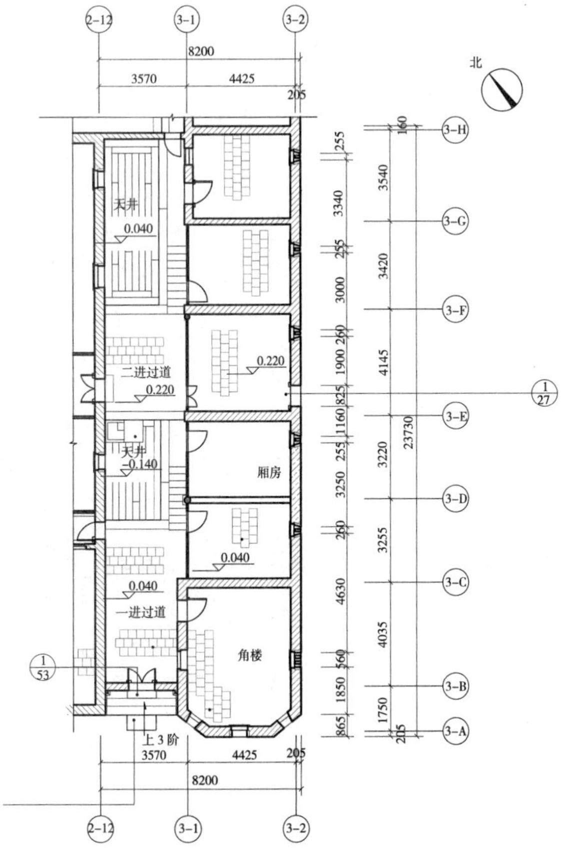

图 10-2-11 东护厝平面图

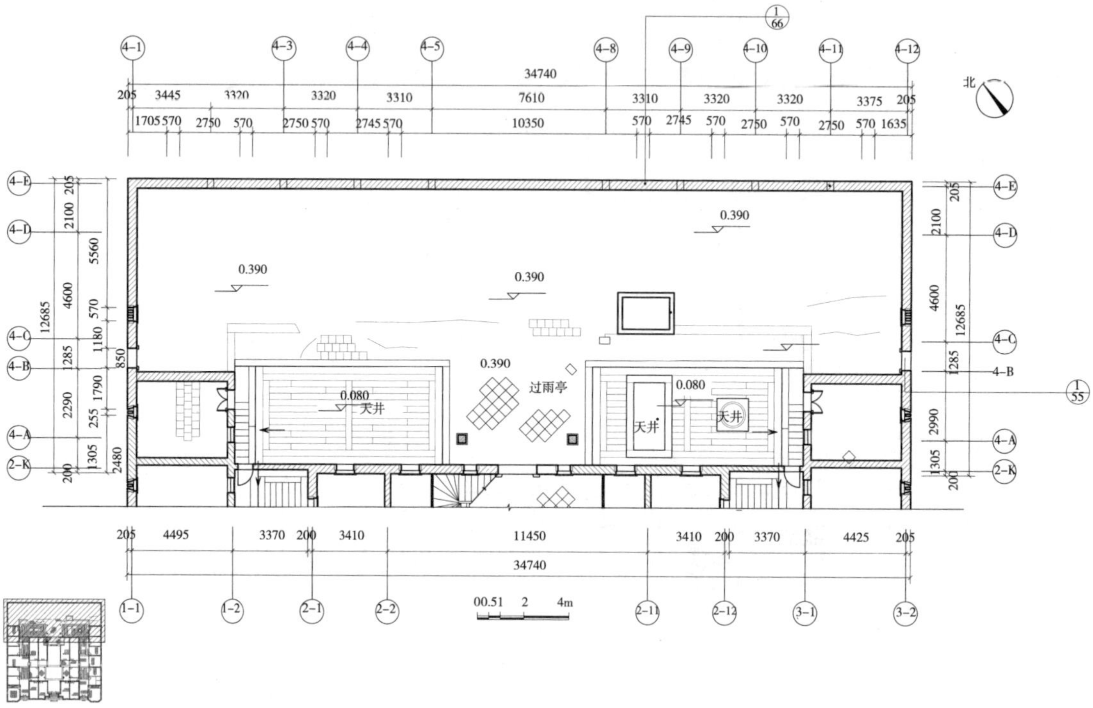

图 10-2-12　后楼一层平面图

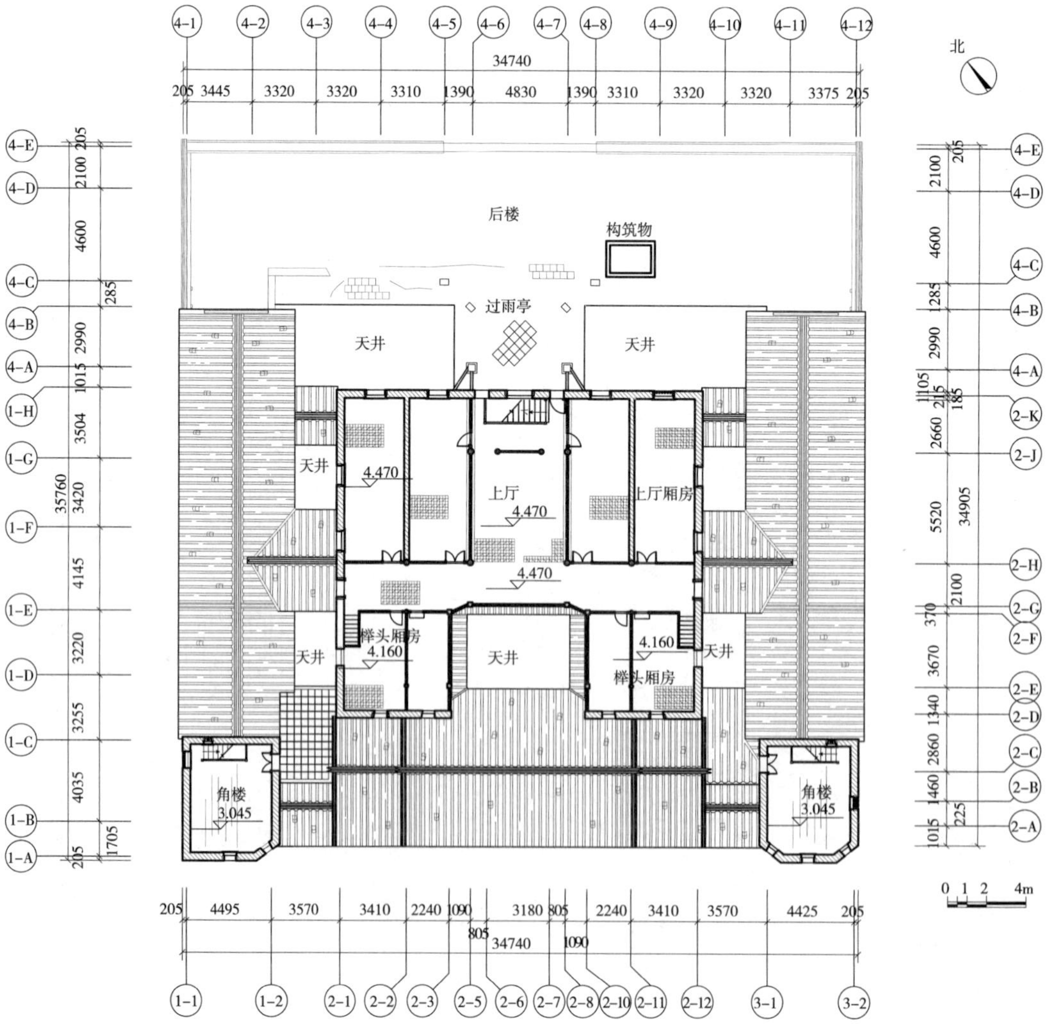

图 10-2-13　二层平面图

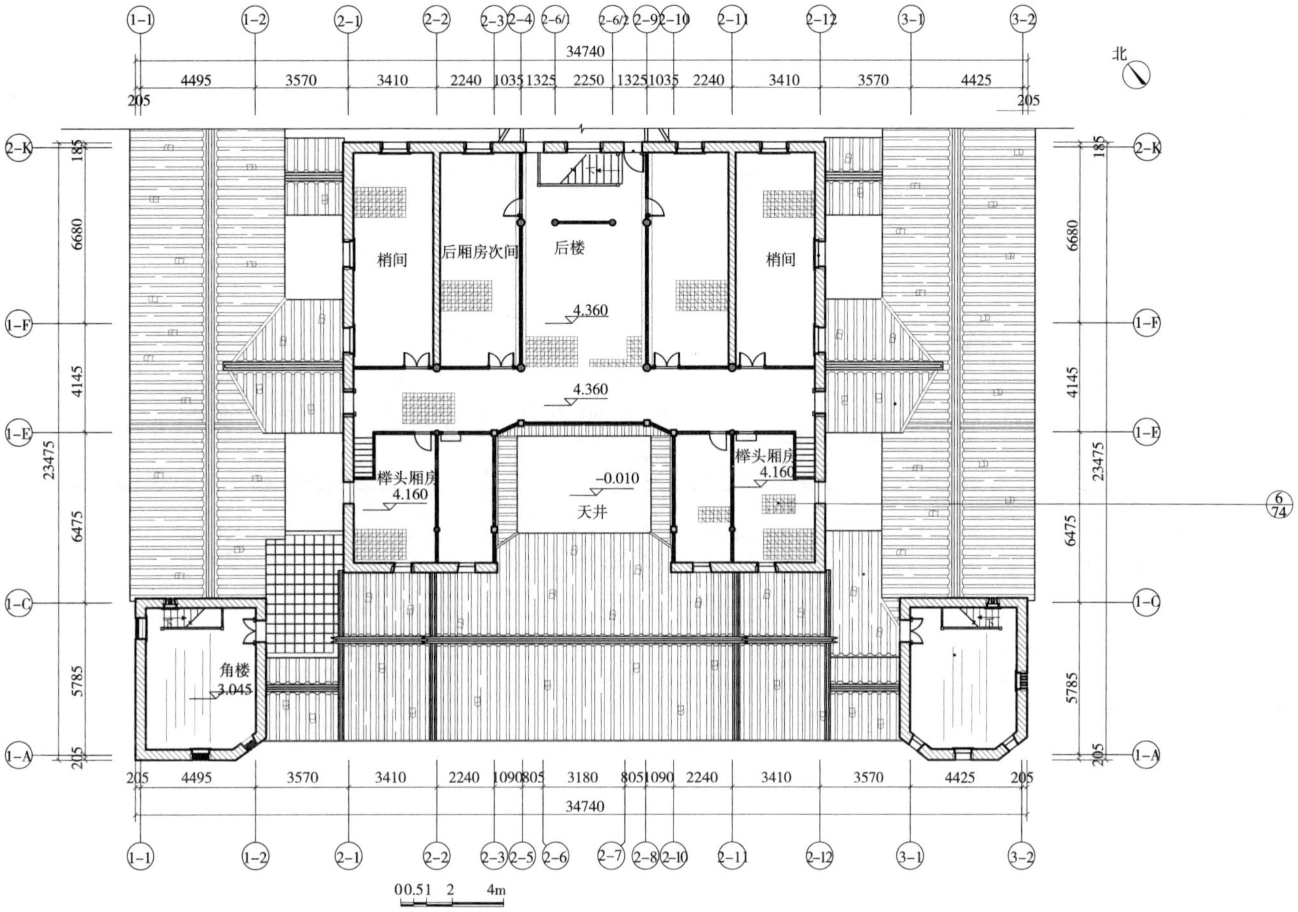

图 10-2-14　主落二层平面图

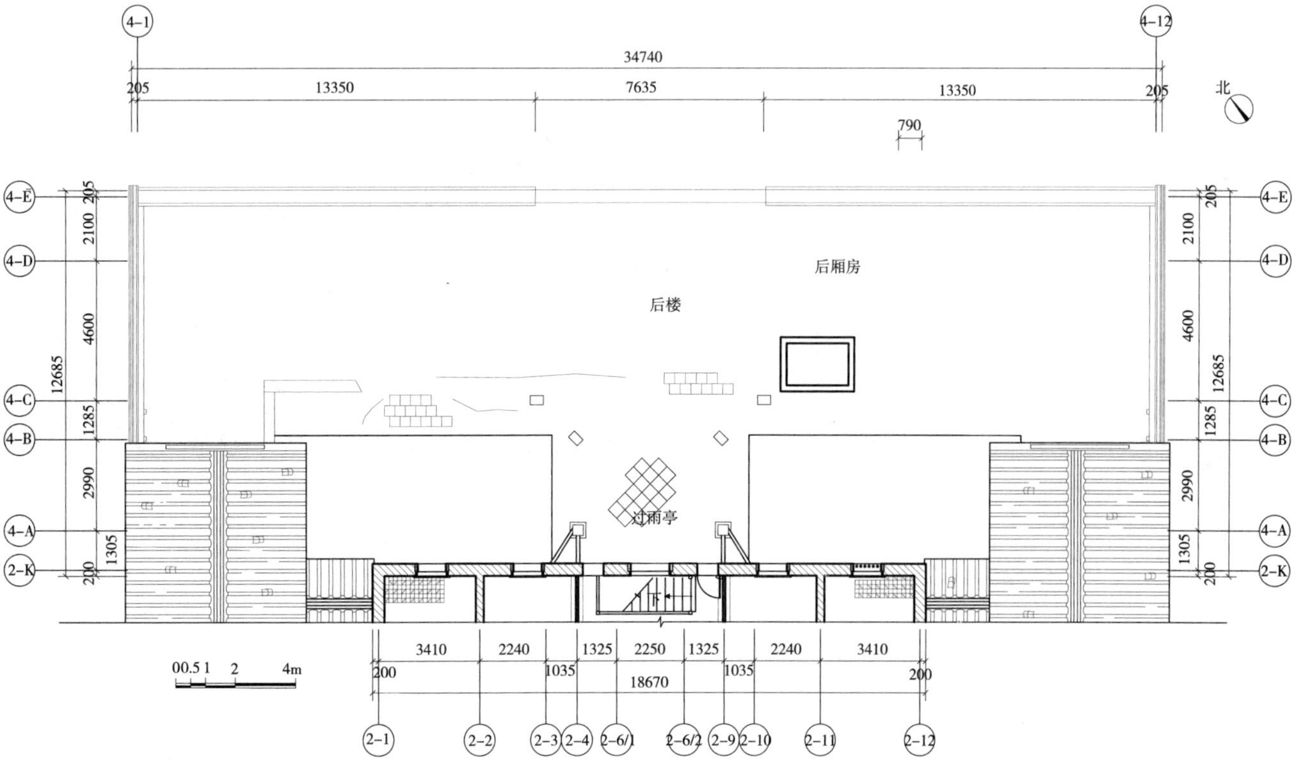

图 10-2-15　后楼二层平面图

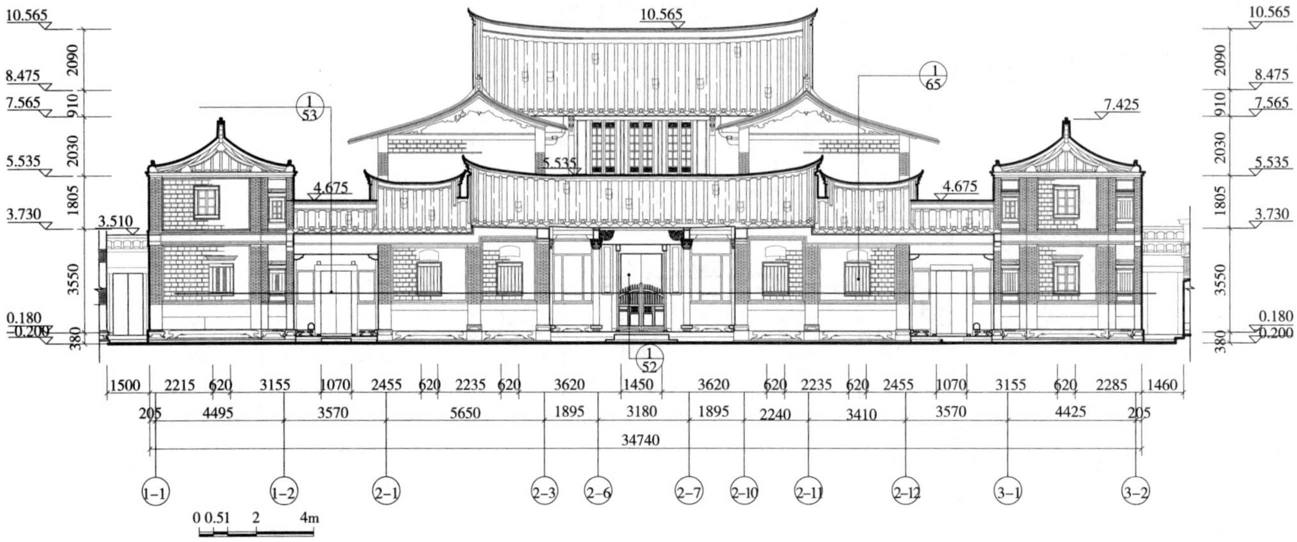

图 10-2-16　正立面图

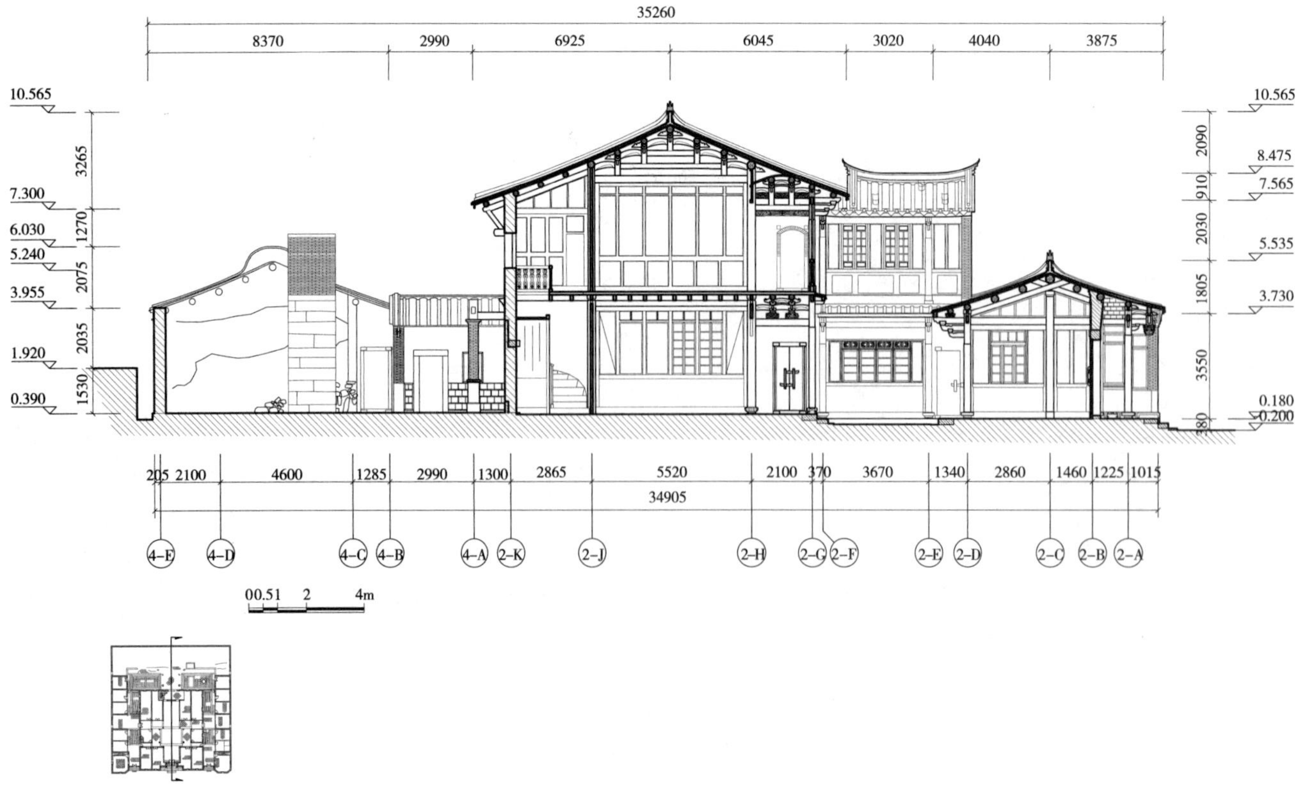

图 10-2-17　1-1 剖面图

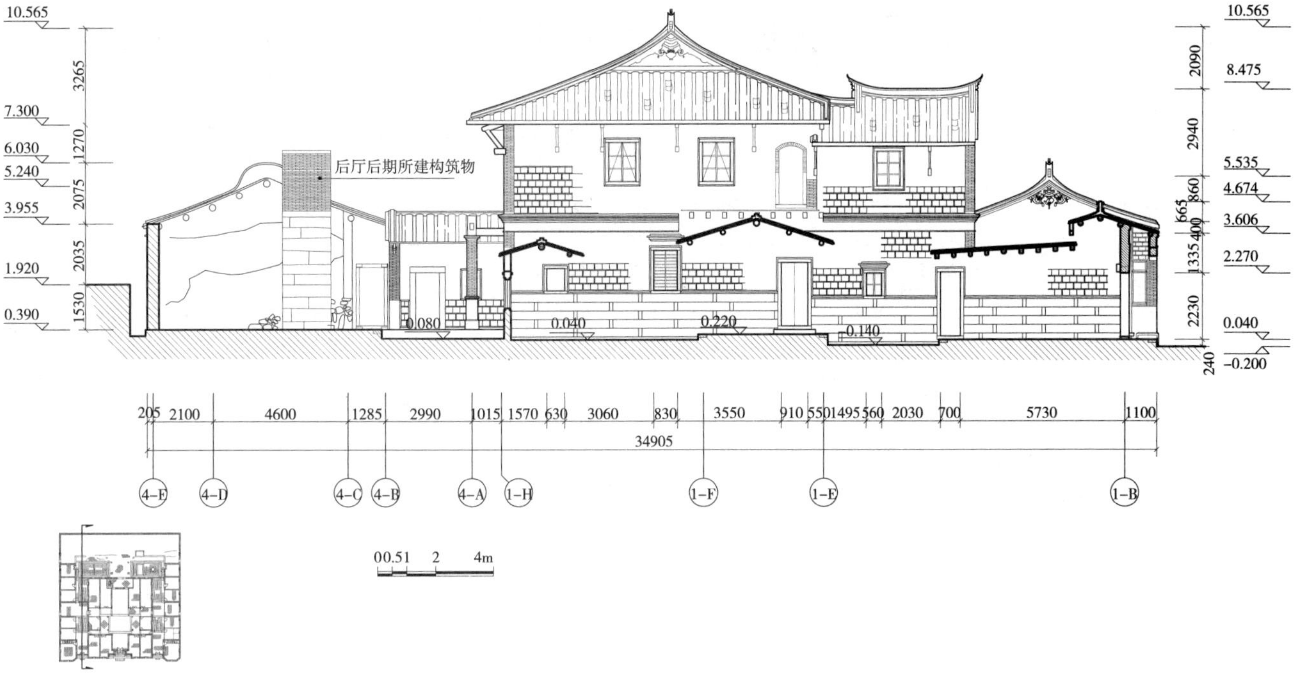

图 10-2-18　3-3 剖面图

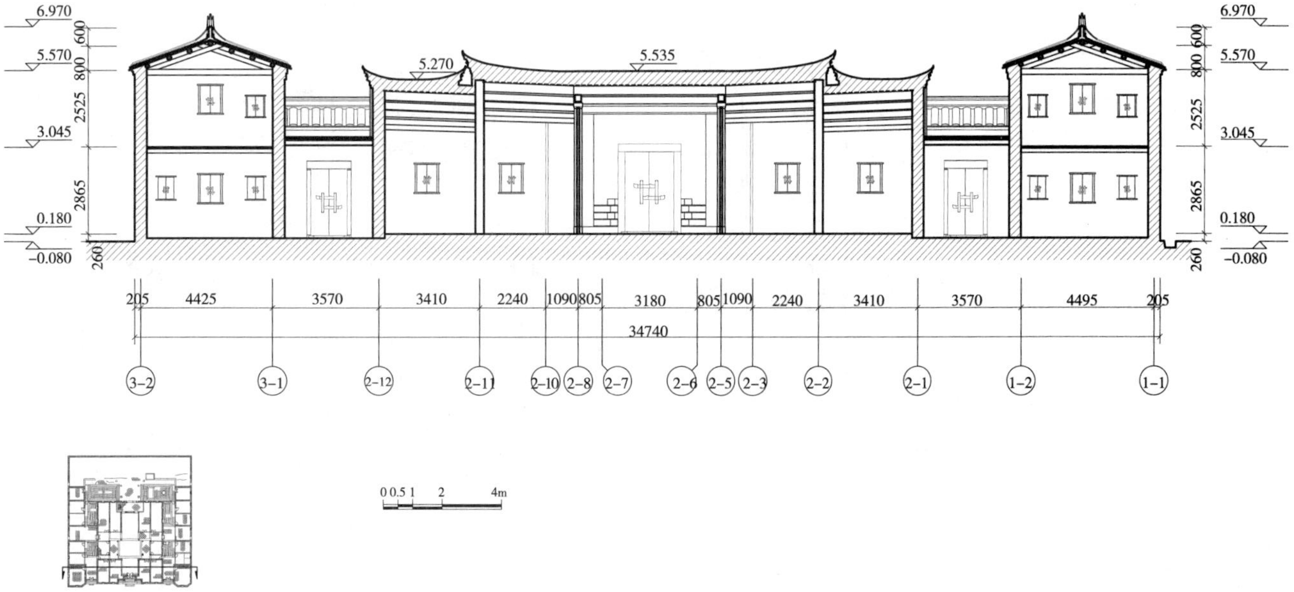

图 10-2-19　8-8 剖面图

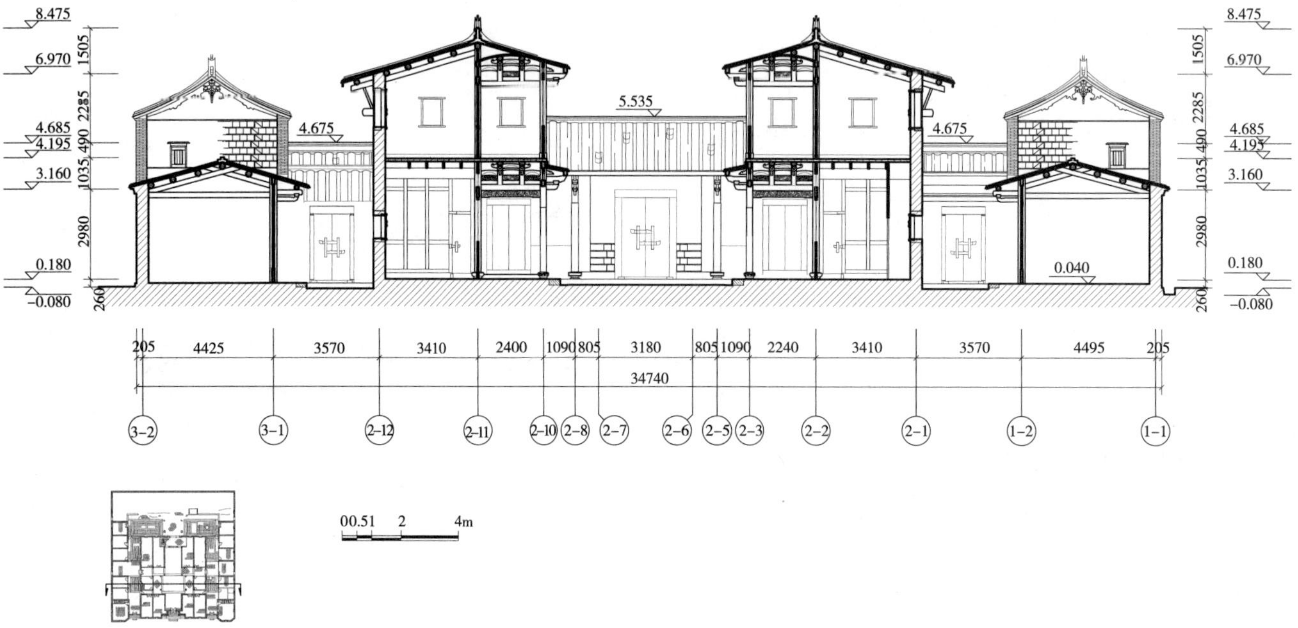

图 10-2-20　9-9 剖面图

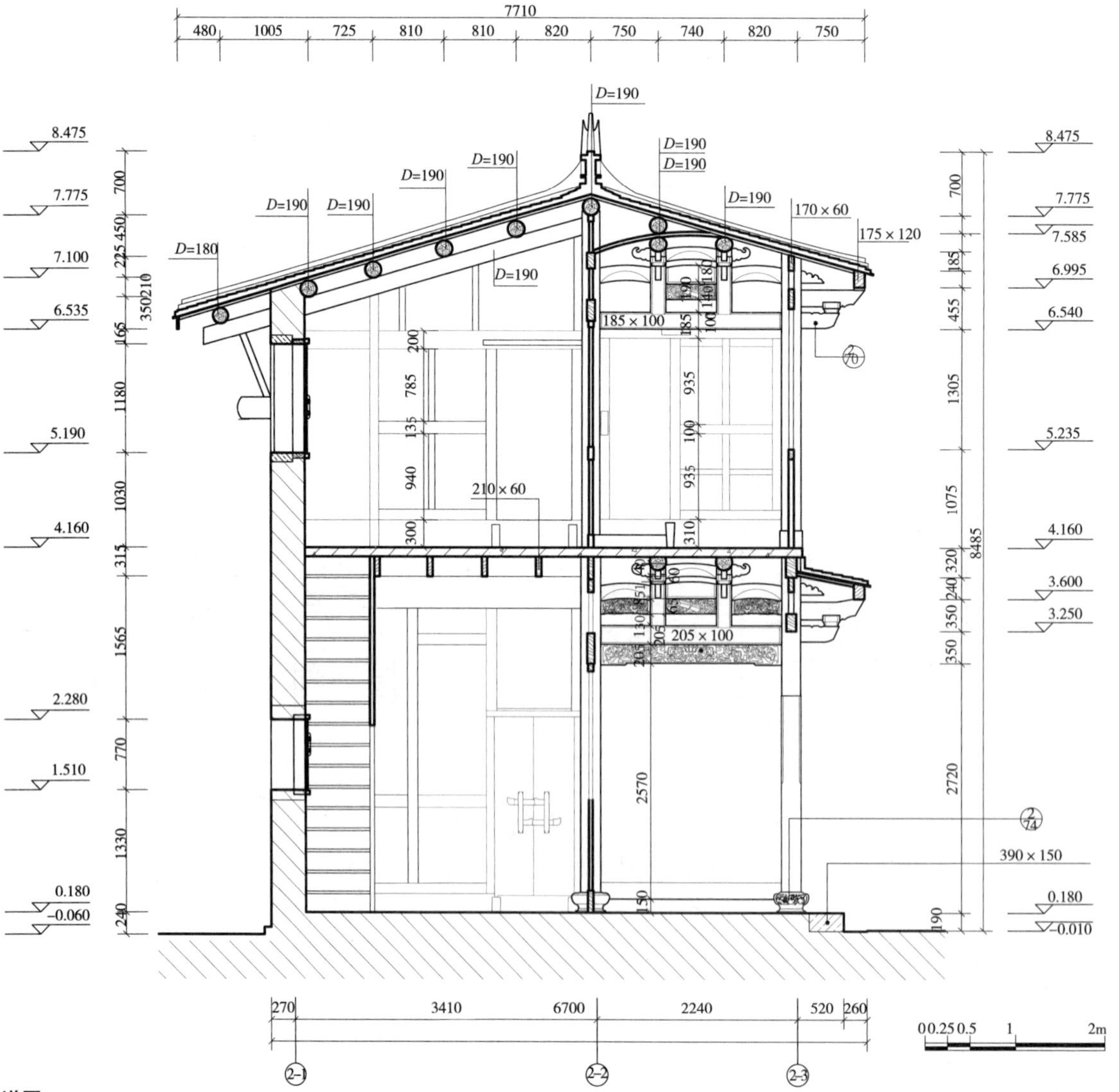

图 10-2-21　榉头详图

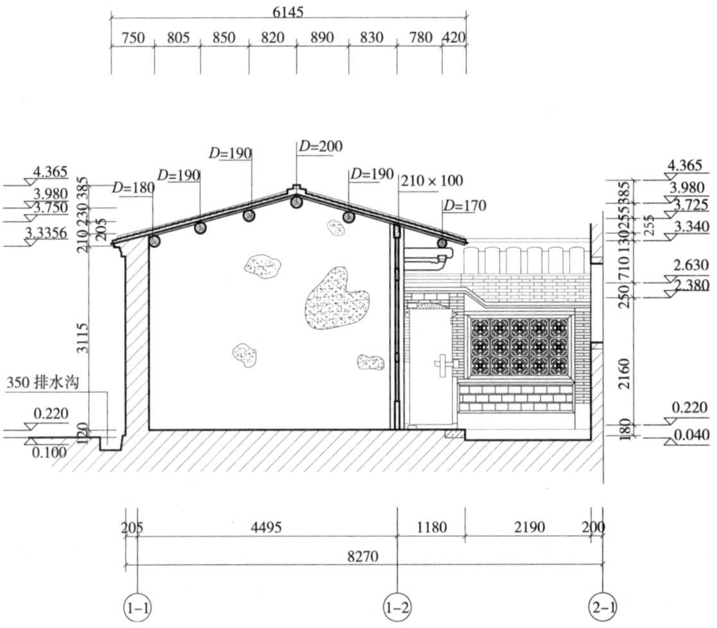

图 10-2-22　11-11 剖面图（西护厝）

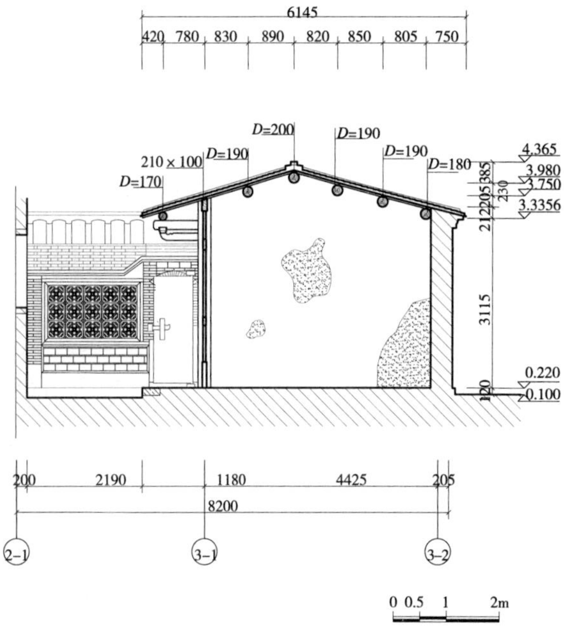

图 10-2-23　11-11 剖面图（东护厝）

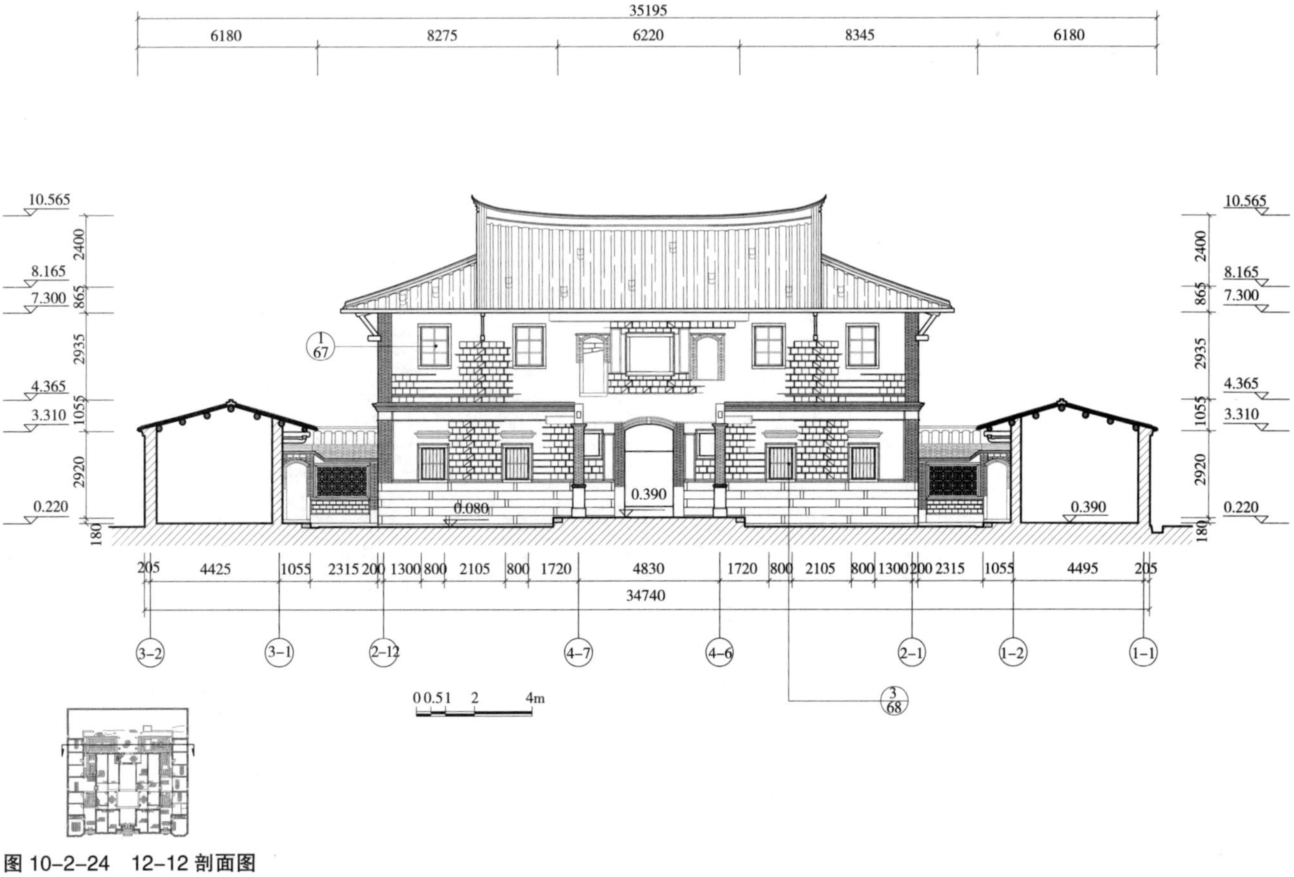

图 10-2-24　12-12 剖面图

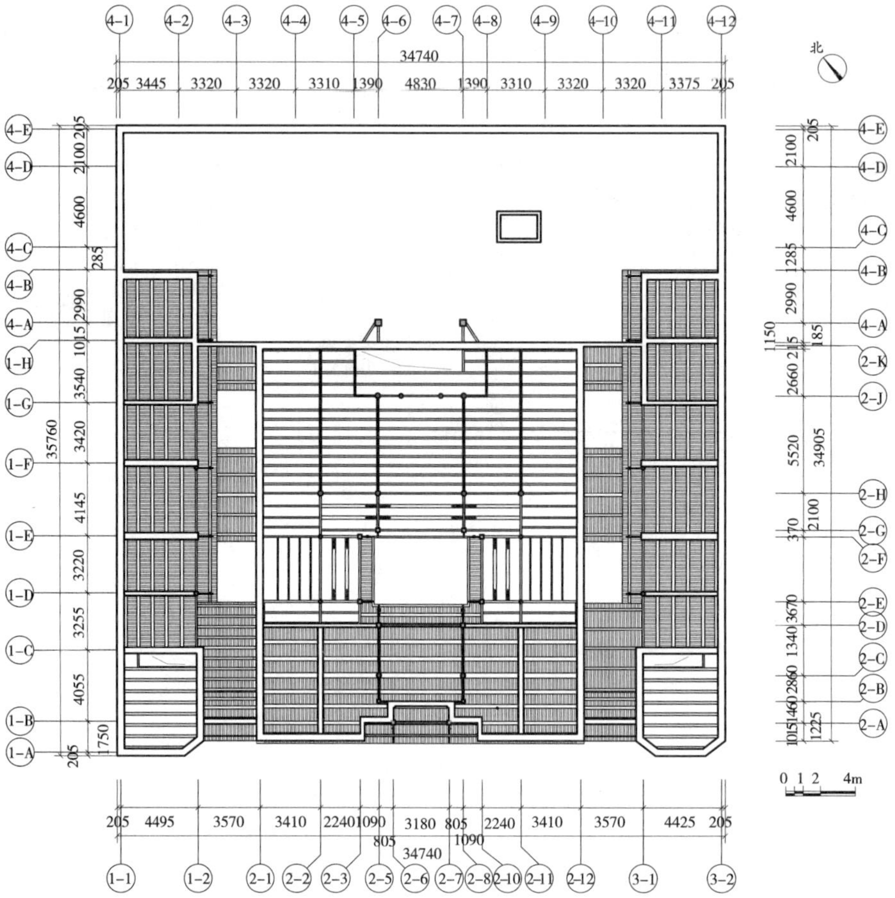

图 10-2-25　一层仰视图

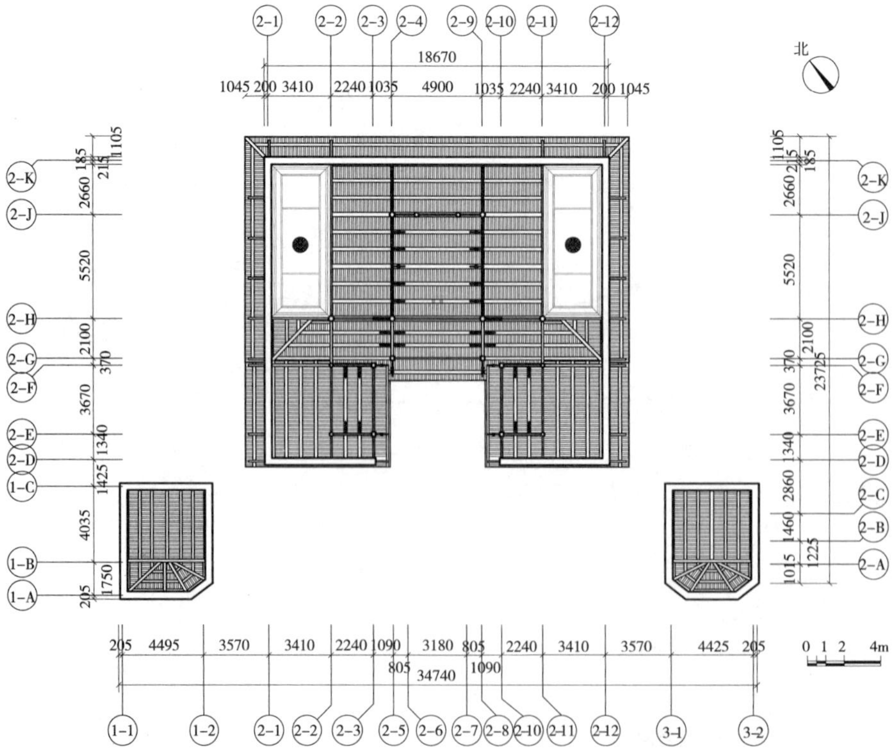

图 10-2-26　二层仰视图

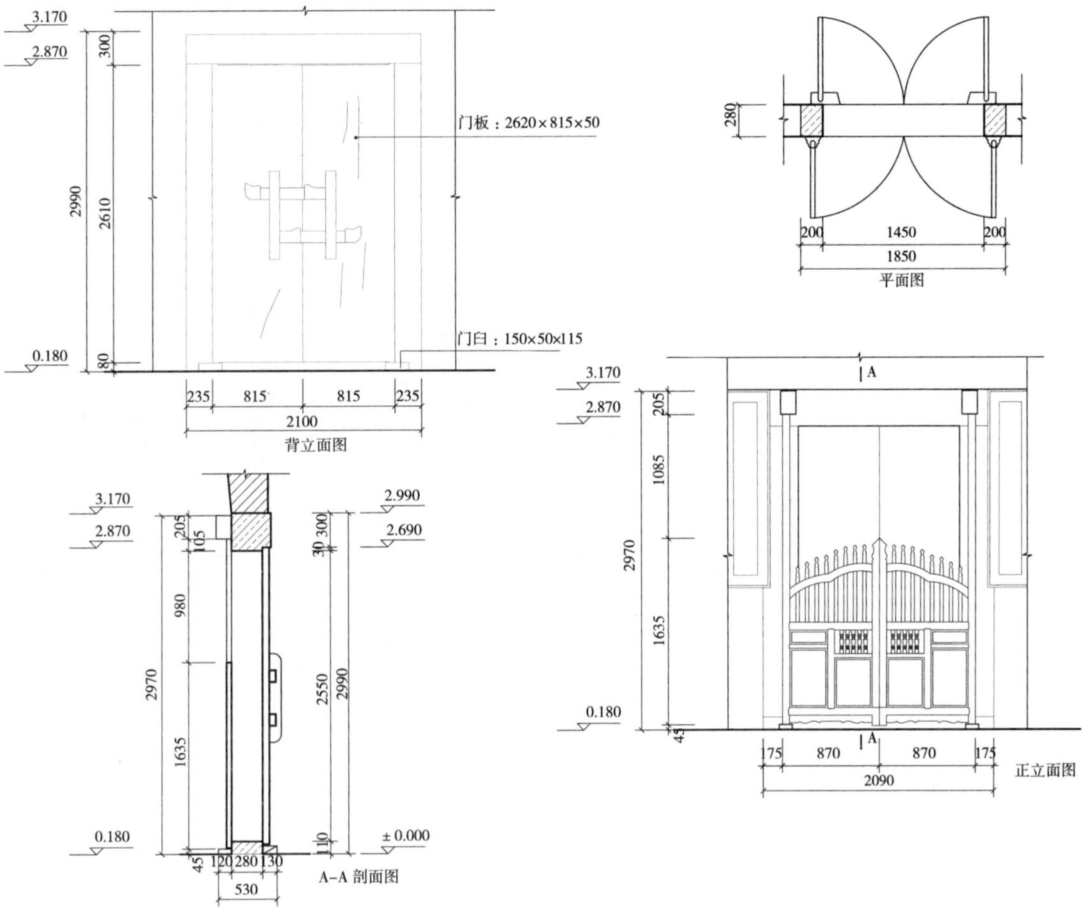

图 10-2-27 M1 大样图

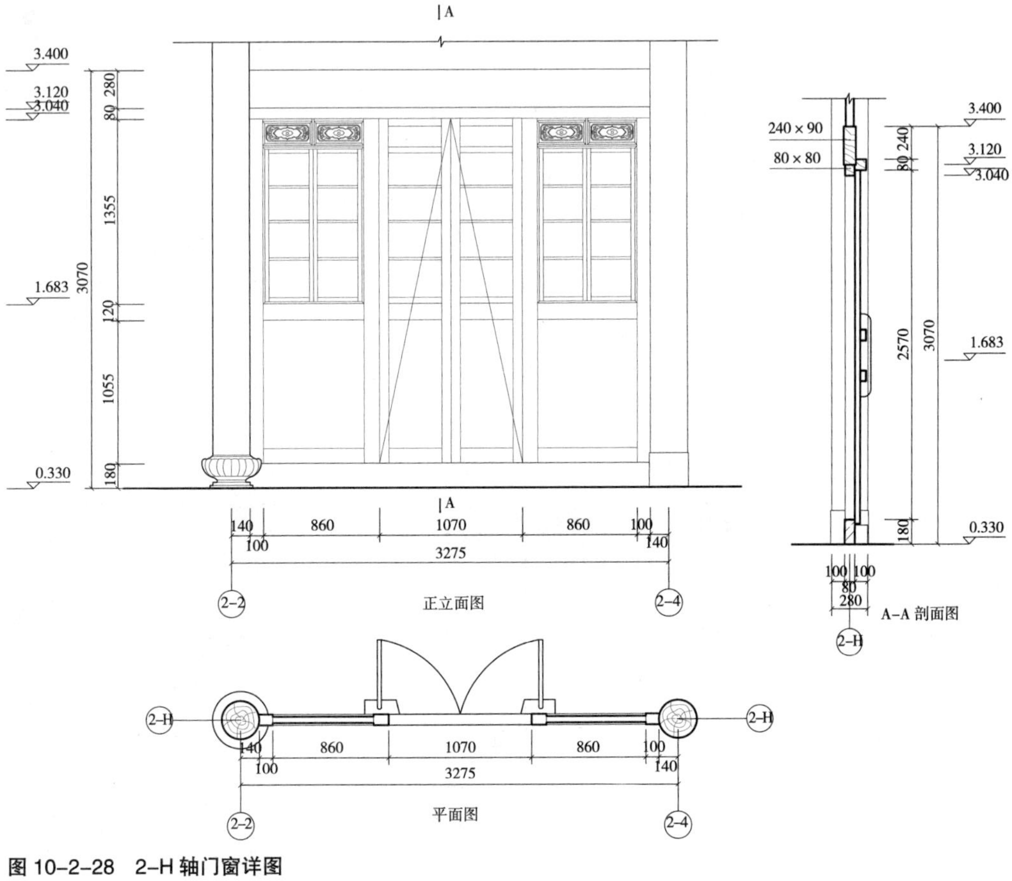

图 10-2-28 2-H 轴门窗详图

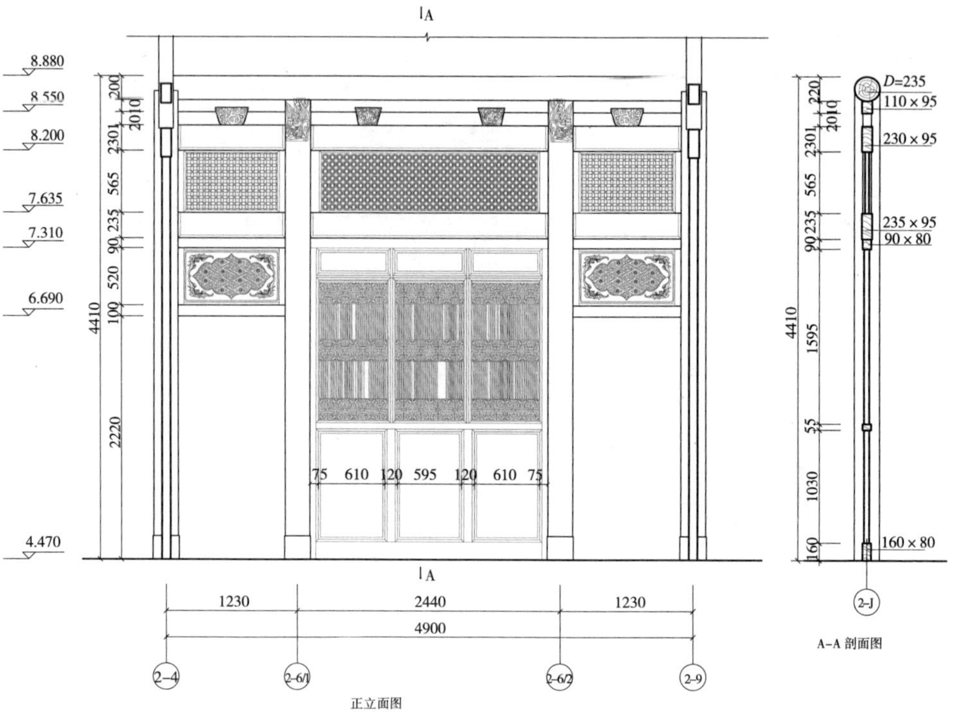

图 10-2-29　2-J 轴二层隔扇详图

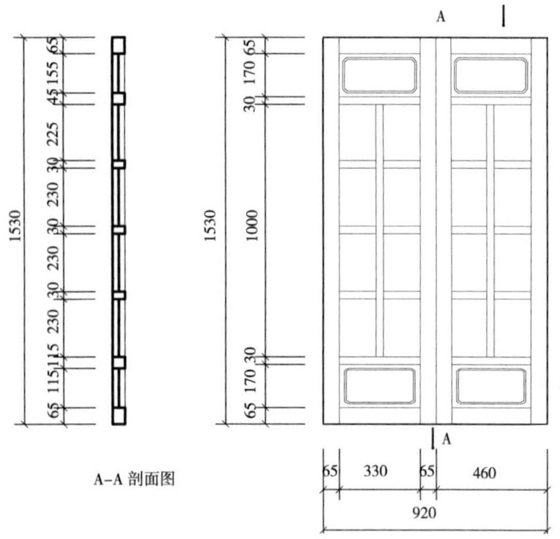

图 10-2-30　正立面图 1

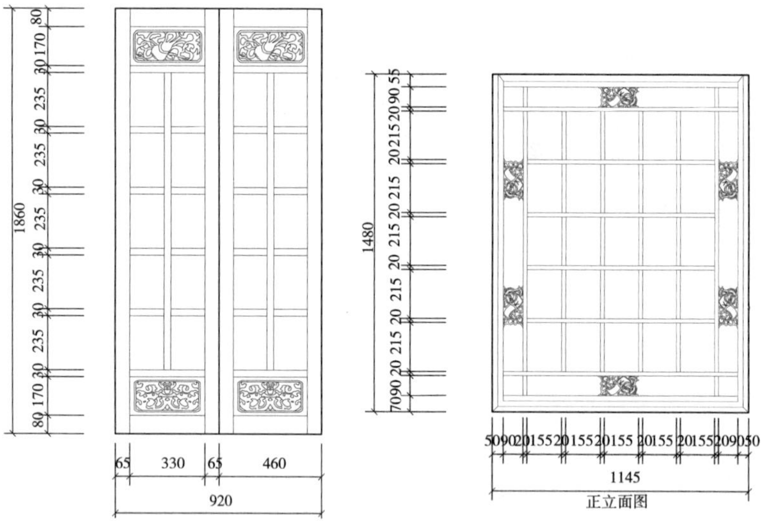

图 10-2-31　正立面图 2

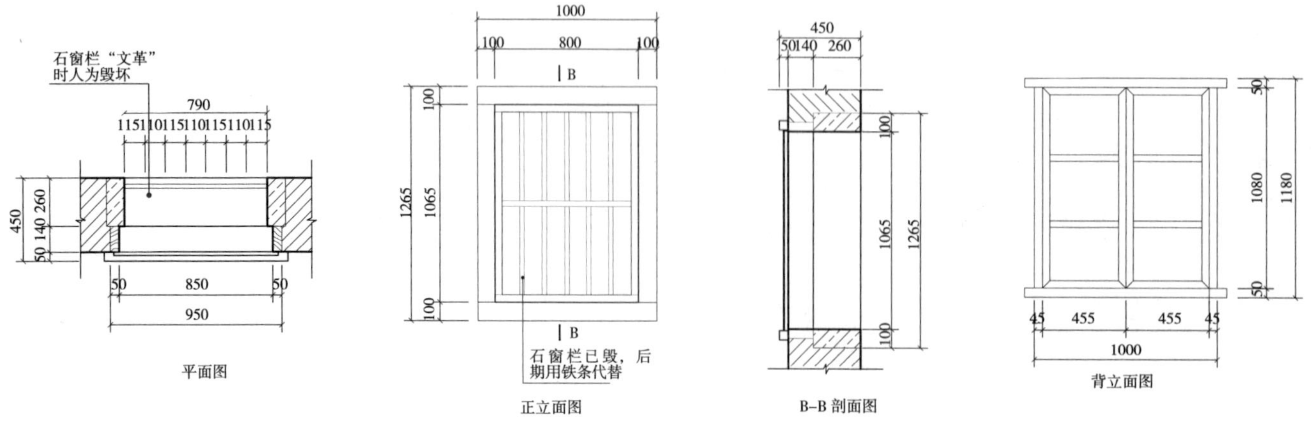

图 10-2-32　C8 大样图

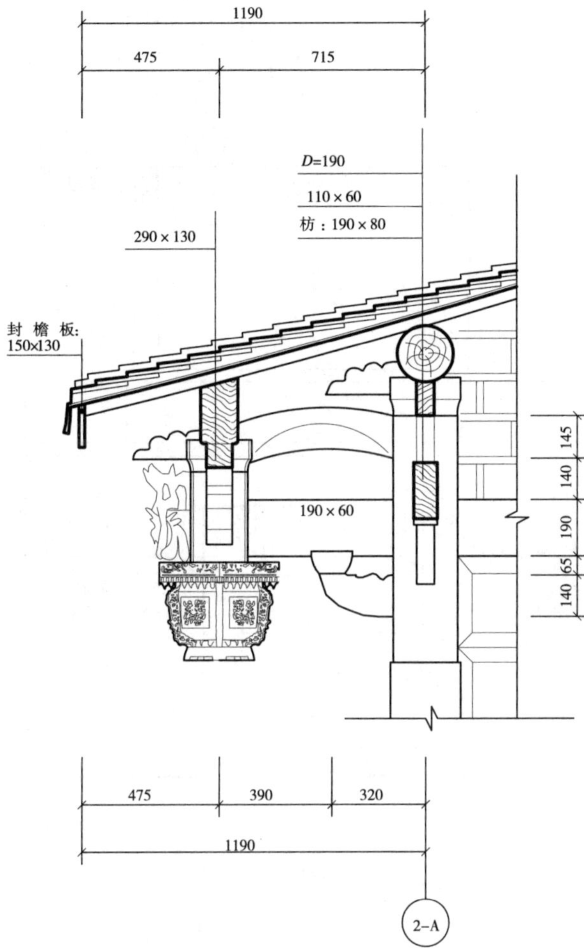

图 10-2-33　下厅明间前檐大样图

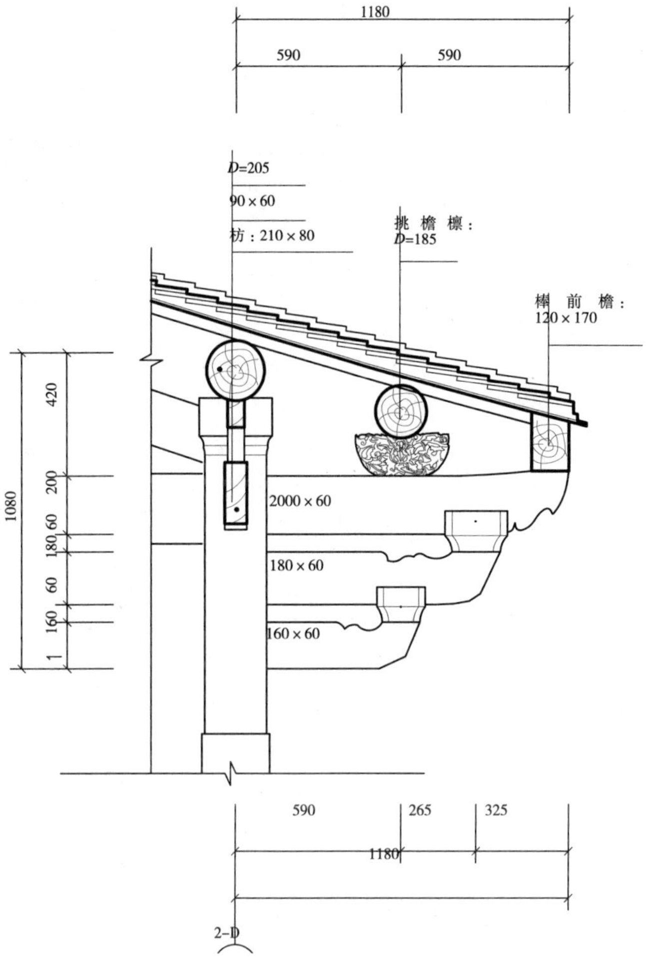

图 10-2-34　下厅明间后檐大样图

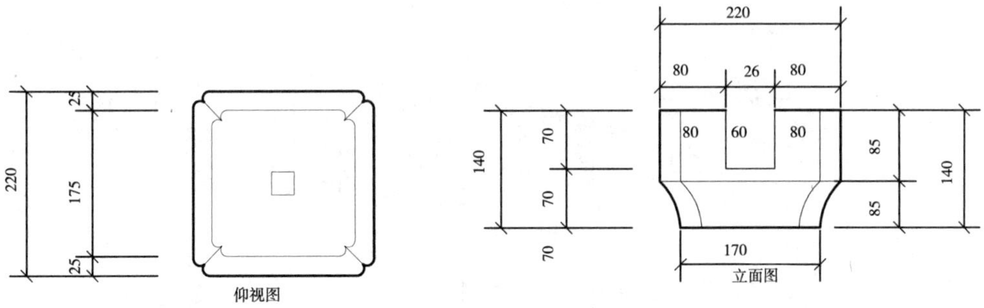

图 10-2-35　斗栱大样图 1

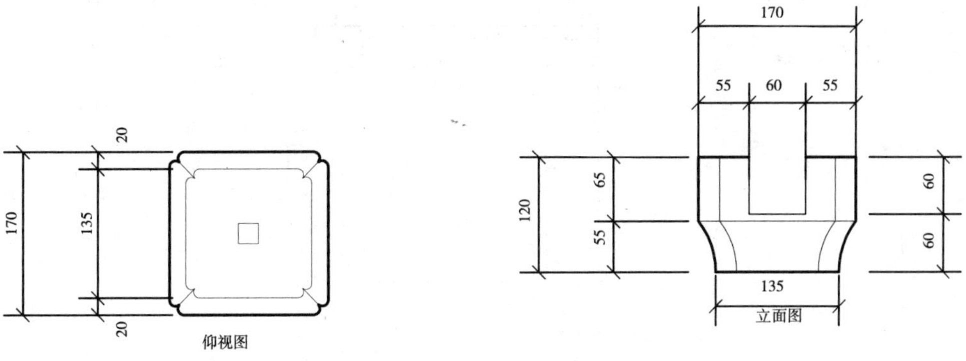

图 10-2-36　斗栱大样图 2

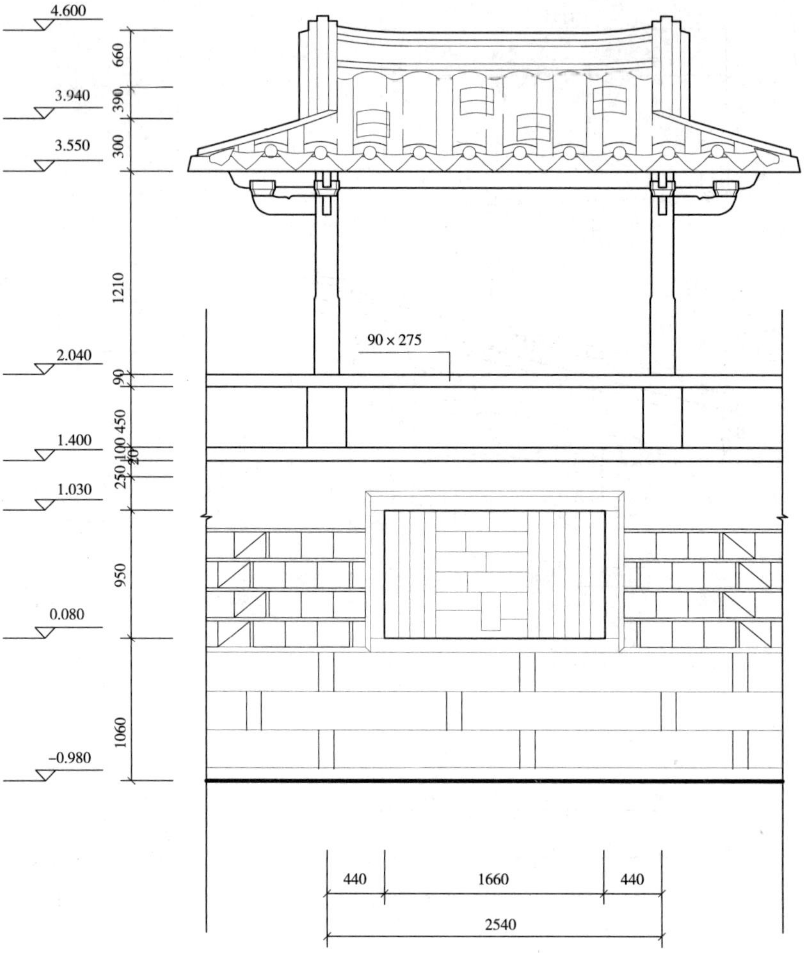

图 10-2-37　水榭正立面图

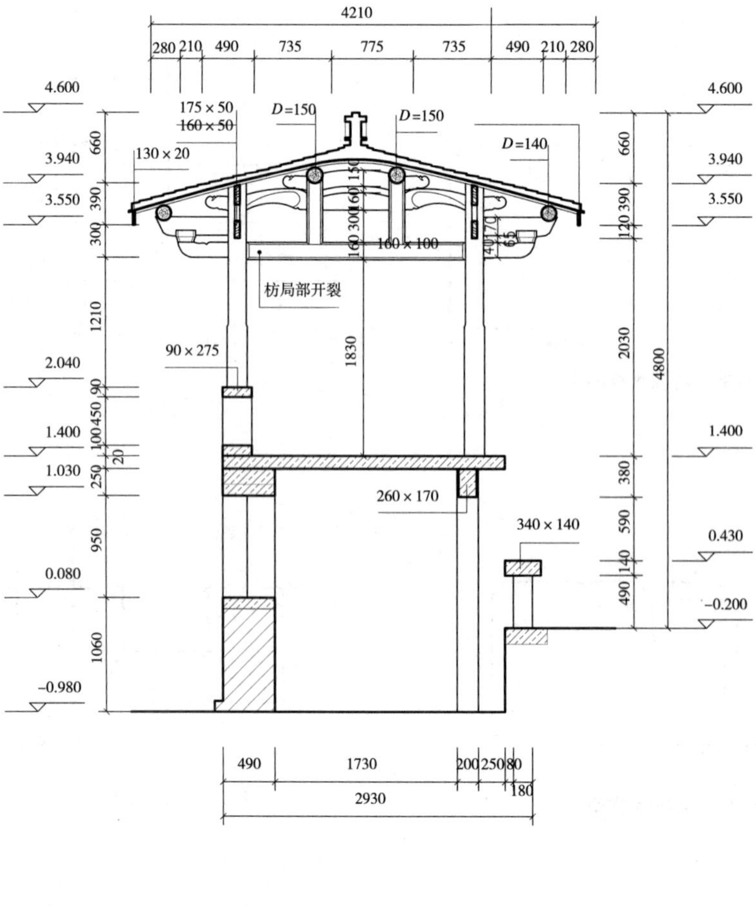

图 10-2-38　水榭 1-1 剖面图

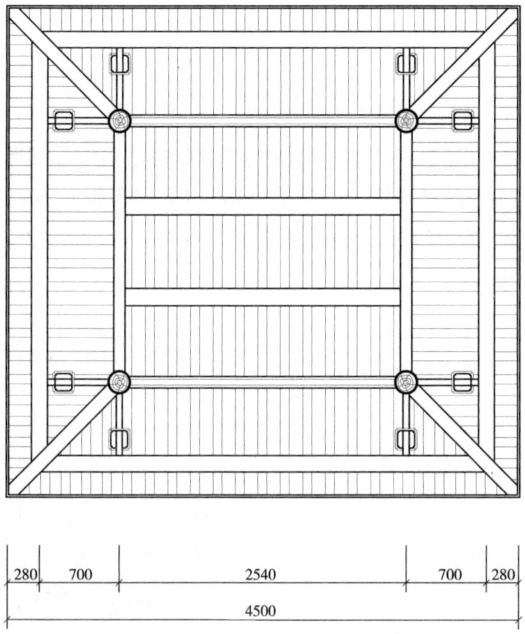

图 10-2-39　水榭仰视图

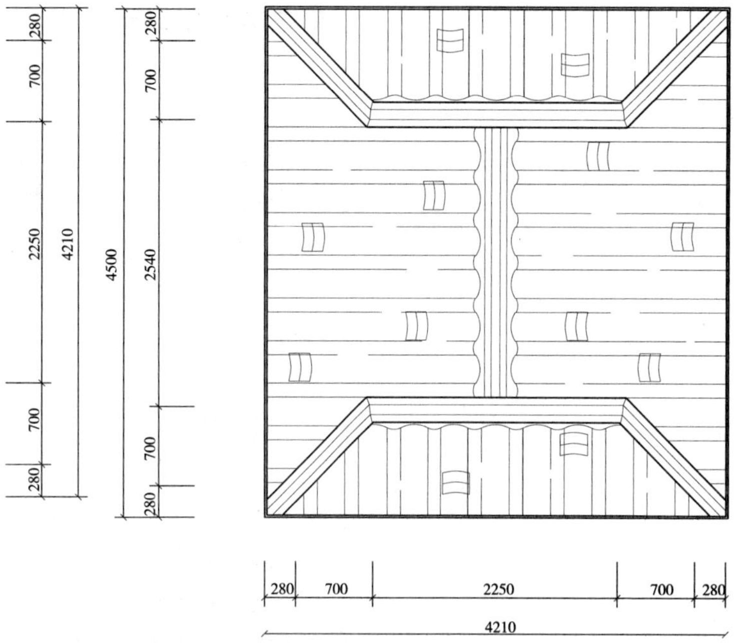

图 10-2-40　水榭屋面俯视图

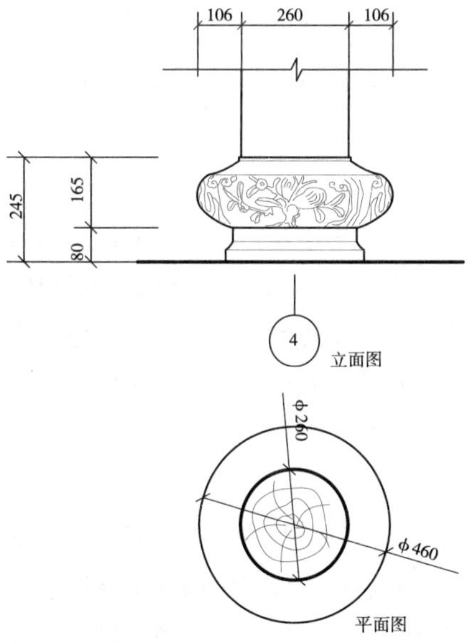

图 10-2-41　柱础大样 1

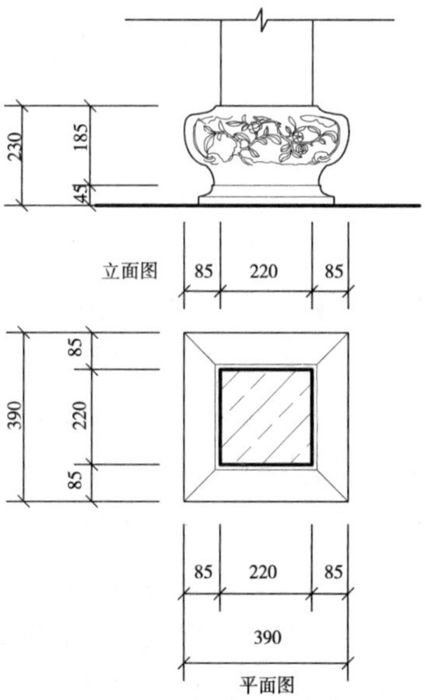

图 10-2-42　柱础大样 2

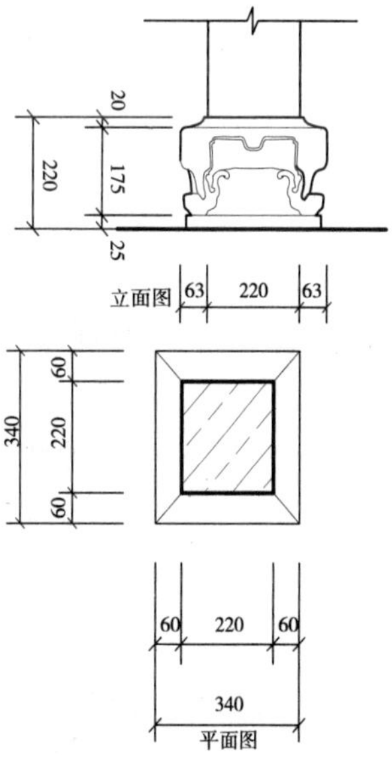

图 10-2-43　柱础大样 3

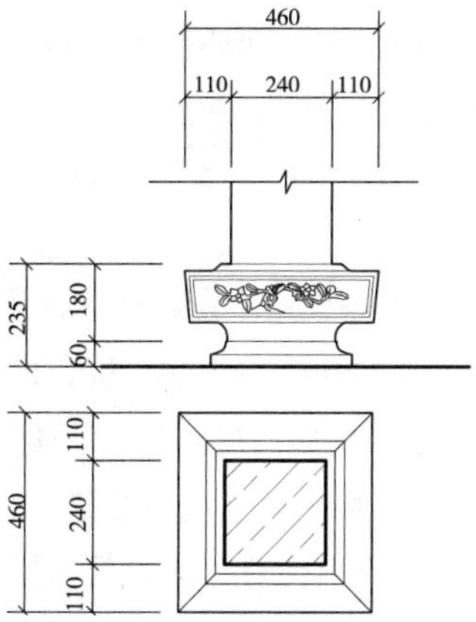

图 10-2-44　柱础大样 4

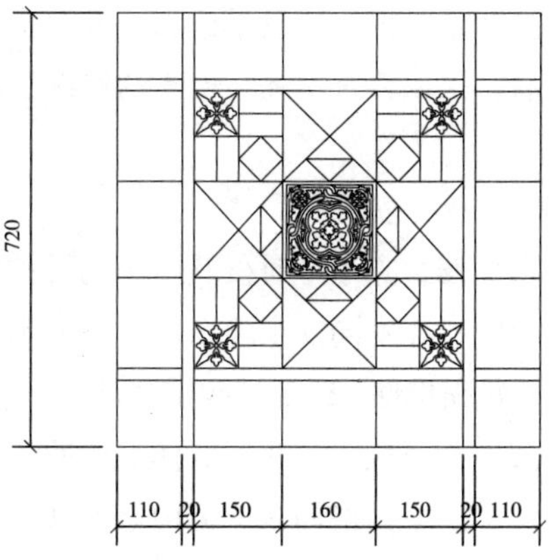

图 10-2-45　大厅花砖详图

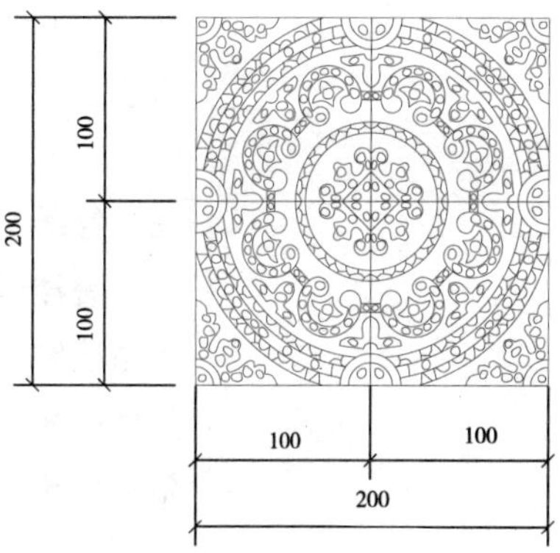

图 10-2-46　二层花砖详图

第三节 制订修缮方案

一、设计原则

根据《中华人民共和国文物保护法》、《中国文物古迹保护准则》、《文物保护工程管理办法》等相关规定，严格遵守不改变文物原状的原则，贯彻“保护为主，抢救第一，合理利用，加强管理”的文物保护方针，全面地保存、延续文物的真实历史信息和价值；按照国际、国内公认的准则，保护文物本体及与之相关的历史、人文和自然环境。

二、设计要求

（1）本修缮设计须严格依据《古建筑木结构维护与加固技术规范》（GB 50165—1992）。在维修古建筑时，应保存以下内容：①原来的建筑形制，包括原来建筑的平面布局、造型、法式特征和艺术风格等；②原来的建筑结构；③原来的建筑材料；④原来的工艺技术的规定，采取若干技术措施，修缮自然力和人为造成的损伤，制止新的破坏。

（2）本修缮设计须严格依据《中华人民共和国文物保护法》“对不可移动文物进行修缮、保养、迁移，必须遵守不改变文物原状的原则”和《中国文物古迹保护准则》的相关规定，经多方采访和科学论证，仔细鉴别文物建筑原状，确定必须保存现状和可以恢复原状的对象，区别处理。

（3）对于必须保存现状的对象，主要使用日常保养和环境治理的手段，局部可使用防护加固和原状整修手段，但应尽可能减少干预，所采用的保护措施应以延续现状、缓解损伤和维持结构稳定为主要目标，不能对其造成新的损伤。

（4）对于可以恢复原状的对象，现存残损采取重点修复手段，部分已失去的原状可以实施适当修复。修缮设计必须严肃对待现状中保留的历史信息，必须掌握充分的实物依据，必须保留和体现文物建筑的形制、结构、材料和工艺技术的地域特征、时代风格和独特个性。

（5）修缮设计要正确把握审美标准，文物建筑的审美价值主要表现为它的历史真实性，必须尽可能保留各个时期有价值的遗存，要最大限度地保存原构件和工艺，而不必追求风格、式样一致，特别是不允许以追求完整、统一、华丽而改变附属于建筑艺术品的现存状态。

（6）要求施工单位在施工中要进一步鉴别文物建筑的各种残损情况，并将新发现的隐性损坏及时报告建设单位和设计单位，以期分析其损坏原因及对建筑造成的危害后，采取符合实际、恰当的修缮手段。

三、修缮工程

叠楼因年久失修，除了平时极其简单的维护外，均未按照文物保护原则得到系统修缮，现已存在不同安全隐患。因此，本次工程的性质为修缮工程，即重做屋面、修补残损构件，纠正被改错的部分。对于已经倒塌的过雨亭、后楼，依据后楼现存的柱顶石位置及北侧墙体上留的墙路痕迹，加上屋主的回忆描述，复原后楼一层、二层平面格局；依据山墙上现存的檩条洞口位置，复原后楼厢房的梁架；依据屋主的描述及过雨亭现存的砖柱及柱顶石，复原过雨亭。对于已倒塌的梳妆楼，依据屋主的描述及现存的上厅砖墙上留下的梳妆楼楞木洞口痕迹，复原双坡屋面梳妆楼，保持叠楼的完整和健康状态，尽可能使其最大限度地延续历史真实性和完整性。

1. 地面

保留下厅明间花砖。剔除次间及梢间地面碎裂红砖，按原规格（红砖规格：340mm × 340mm × 40mm）更换，面积约 43m^2。

剔除榉头一层地面碎裂红砖，按原规格（红砖规格:400mm × 400mm × 40mm）更换，面积约 6.3m^2。按原规格、原样式补配二层榉头残缺的花砖，面积约 6.1m^2。（花砖规格：200mm × 200mm × 25mm）。

过雨亭除草，剔除地面碎裂红砖，按原规格（红砖规格:400mm × 400mm × 40mm）更换，面积约 3.4m^2。清理后楼地面，按原规格重铺一层后厢房地面红砖，面积约 214m^2。参照上厅楼板做法，重做后楼楼板并按原规格重铺后楼二层地面红砖，面积约 177m^2（红砖规格：350mm × 350mm × 30mm）。拆除三进东西两个天井后期搭建构筑物，面积约 11m^2。

2. 墙体墙面

拆除下厅后期玻璃窗，按原样式复原明间 30mm 厚木隔墙。下厅次间和梢间内墙面残损部位重新抹灰，需重新抹灰的面积 8.4m^2。

榉头二层内墙面残损部位重新抹灰，需重新抹灰的面积 16m^2。

拆除上厅一层后期玻璃窗，按原样式复原明间 30mm 厚木隔墙。上厅次间和梢间内墙面残损部位重新抹灰，需重新抹灰的面积 39m^2。

拆除后楼明间北侧后期砌夯土墙，按原规格重砌红砖墙，重砌长度约 7.65m，按原样式重砌后楼二层外红砖墙 400mm 厚。参照东侧山墙样式，重塑西侧山墙上坍塌部分及山花装饰；依据现存墙路位置痕迹，复原后厢房 300mm 厚夯土墙，重新抹灰。内墙面残损部位重新抹灰，面积约 160m^2。

3. 木构件

（1）修补开裂、损坏的木构件，更换严重糟朽的木构件，对糟朽构件予以更换或修补，并进行防虫、防腐处理。

（2）更换的椽板原则上与现状同厚度。若现状椽板已是后换且厚度小于 30mm 或剔除糟朽后的可用厚度小于 30mm，则全部更新；新、旧椽板可分别集中使用。椽板规格为 120mm × 30mm@210mm，更换量：下厅约 285m，榉头约 78m，上厅约 241m，后楼补配量为 960m。

（3）新制作的木构件，需进行防虫、防腐处理。用材材种为一级福杉，木材含水率为 15% 以下，干燥木材。

4. 屋顶瓦面

（1）全揭顶，揭顶前严格进行现状记录、拍照、补测尺寸、统计瓦件数量，并分类码放。瓦檐揭取之后经挑选尽量利用。根据设计图纸和拆除记录、照片等资料，按照原式样、尺寸、规格订烧瓦片。

（2）补配缺失、更换残损的瓦件，板瓦规格为 250mm × 250mm × 5mm@370mm，压七露三，望砖规格为 240mm × 240mm × 15mm。对于特殊、异形和修补后尚可使用者，可以粘结修补。板瓦更换及补配量：下厅约 73m^2，榉头约 23m^2，上厅约 52m^2。望砖更换及补配量：下厅约 62m^2，榉头约 39m^2，上厅约 71m^2。按原规格、原样式补配缺失的滴水，补配量：下厅22个，榉头10个，上厅9个。

（3）原样式复原过雨亭歇山顶屋面。

（4）依据屋主描述，参照上厅屋面样式，复原后楼双坡屋面，补配望砖。

5. 油饰、彩绘

主落油饰、彩绘予以现状保护，新更换木构件根据原木构件油饰的颜色进行油饰。

第四节　维修做法

一、维修原则

严格遵守不改变文物原状的原则，尽可能真实、完整地保存叠楼的历史原貌和建筑特色。在维修过程中以本建筑现有传统做法为主要的修补手法。对于近期改变原状的做法和工程上的错误做法，要在本次维修中予以纠正，恢复原貌。

（1）尽可能多地保存旧有建筑材料，尽可能多地采用传统材料和传统工艺做法。

（2）加固补强部分要与原结构、原构件连接可靠。

（3）新材料、新技术要有充分的科学依据，要经过试验，证明确实有效、可行。

二、做法说明

1. 木构件防虫、防腐处理方法

（1）药剂特点：一是低糖、高效，既防虫又防腐。二是持久性好。药剂进入木材后，不分解、不挥发、耐气候、遇水不流失，采用加压浸注处理，其防虫、防腐有效期可达50年。三是药剂不会使木材变色，但对油漆有轻微影响。

（2）药剂：水溶性配方，配方中含杀虫和防腐多种成分。依新木构件和旧木构件选择采用。配方：五氯酚钠6.4%，氟化钠1.6%，水92%。

沥青浆膏的配制：先将沥青劈成小块放在锅中，用小火加热完全溶化，然后冷却到柴油或煤油闪点以下时，将柴油或煤油用量的一半徐徐加入，并不断搅拌，调合均匀，最好另加入3% ~ 4%的煤炭粉作稳定剂，最后加入氟化钠和砷酸钠，边加边搅拌，并将其余的柴油和煤油加入拌匀。

（3）建筑中新木构件防虫、防腐处理。根据木结构种类，分别采用滴注、涂刷、喷淋和注射等方法。①瓦椽、封檐板，采用涂刷和喷淋，对于虫蛀的结构先作杀虫处理，用塑料薄膜密封覆盖。②木立柱采用涂刷和喷淋，柱根采用滴注处理。③斗栱采用油溶性药剂喷淋和涂刷。④横梁和雀替，因具有雕刻，利用虫眼注入药剂。⑤搁檩入墙的檩木端部用沥青浆膏刷涂。

（4）采用冷热槽处理法。冷热槽处理法适用于新木构件，是通过冷热方式使木材细胞里产生负压，吸收较多的药液，增加药液的透入深度。其优点：一是可以杀死木材内潜在的木腐菌和虫卵，防止闷腐。处理的木材在热槽中保持一定的时间，以2.5m/h的传热速度向木材内部传送，就可以全部和大部分杀死木腐菌，防止潜在危害。二是减少开裂，处理的大木构件受热以后，又从木材内部逐步向外放热，加速内部水分迁移和蒸发，缩短干燥时间，减少了开裂。处理设备自制。槽体尺寸（长 × 宽 × 高）为 4.5m × 1.5m × 1.5m，采用炉灶直接加热，捯链吊装木材，一般日处理量 4 ~ 6m^3。处理时木构件先放入 85 ~ 90℃的药液热处理一段时间，然后迅速放入冷槽药液中。处理时间依树种、木格规格、所要求的吸药量和深度而定。对于杉木木材，平均吸药量达到 80kg/m^3 药液，深度 5mm（心材），防虫、防腐有效期预计 30 ~ 50 年。

（5）重点防护的木构件。木构件种类繁多，因所处位置和环境不一样，虫害、腐朽发生部位和程度相互不同，对建筑造成的影响也悬殊有别。柱顶与梁、桁卯榫处；椽板、挑檐檩、脊檩、斗栱等构件须重点防护。

2. 抹灰做法

抹灰一般为两层，底层与面层；底层为砂灰，白灰与砂的体积比为 1 ∶（2 ~ 3）。面层抹灰为纸筋灰，纸筋灰是先将麻纸撕碎，泡在大桶或水池内，用清水浸泡 3 ~ 5 日后将纸捣碎，再掺入白灰内，白灰、纸筋两种材料的重量比为 100 ∶ 10。

补抹或重抹抹灰层时应先将旧灰皮铲除干净，墙面用水淋湿，然后按原做法分层，按原厚度抹制，赶压坚实。

3. 木柱墩接做法

当柱根糟朽严重（糟朽面积占柱截面的 1/2，或有柱心糟朽现象，糟朽高度在柱高的 1/5 ~ 1/3 时）时，一般应采用墩接的方法。

墩接是将柱子糟朽部分截掉，换上新料。常见的做法是做刻半榫墩接，做法是用抄手榫墩接，即将柱子截面按十字线锯作四瓣，然后对角插在一起。

柱子的墩接高度，如是四面无墙的露明柱，应不超过柱子的 1/5，如果是包砌在山墙或槛墙内的柱子，应不超过柱高的 1/3。接槎部分要用铁箍 2 ~ 3 道箍牢，以增强整体性。

三、设计图纸

1. 图纸说明

图纸中所注尺寸以毫米（mm）为单位，标高以米（m）为单位。标高采用相对标高，建筑的 ±0.000 指宗祠石埕地坪，叠楼石埕标高为 –0.200，叠楼下厅标高为 0.180（部分维修设计见图 10–4–1 ~ 图 10–4–20）。

2. 概算说明

对于前期无法勘察的隐蔽部位均有待随施工进展情况补做修缮方案，现概算不含该部分必然发生的费用。

四、施工要求

（1）施工前，要根据现场实际情况做好文物保护措施，确保维修范围内一切文物的安全。

（2）遵守国家现行有关施工及施工验收规范进行施工。

（3）在施工过程的每一阶段，都要作详细记录，包括文字、图纸、照片甚至录像，留取完整的工程技术档案资料。在拆解前期无法勘察的隐蔽部位和施工中，若发现新情况或发现与设计不符的情况，除做好记录以外，须及时通知设计单位，以便调整或变更设计。

（4）设计中选用的各种建筑材料，必须有出厂合格证，并符合国家或主管部门颁发的产品标准，地方传统建材必须满足优良等级的质量标准。

（5）修缮工程施工须与其他专业（水、电、消防等）的施工配合，要在文物保护修缮之前确定设计方案，统筹施工，保证施工质量。

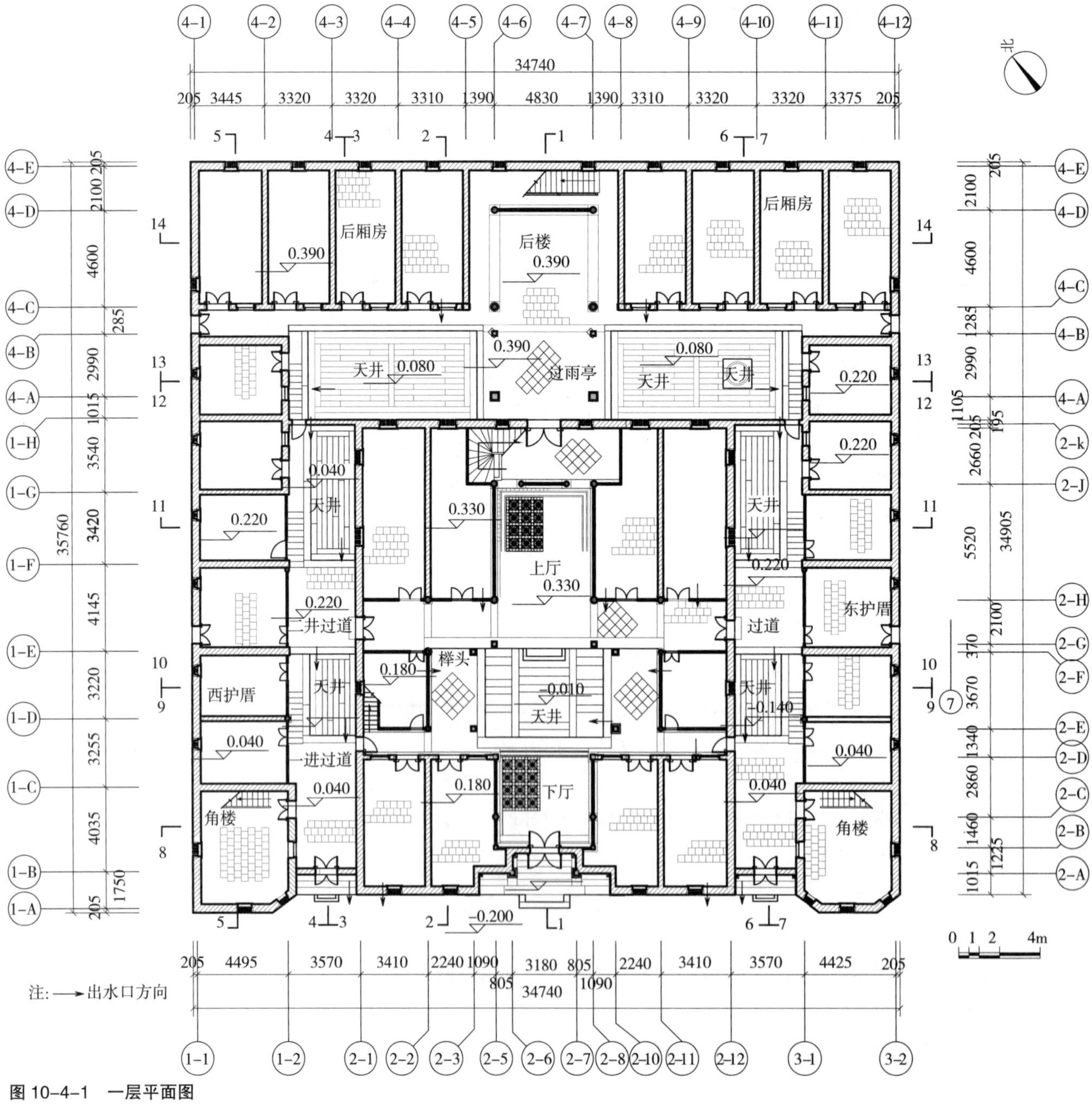

图 10-4-1　一层平面图

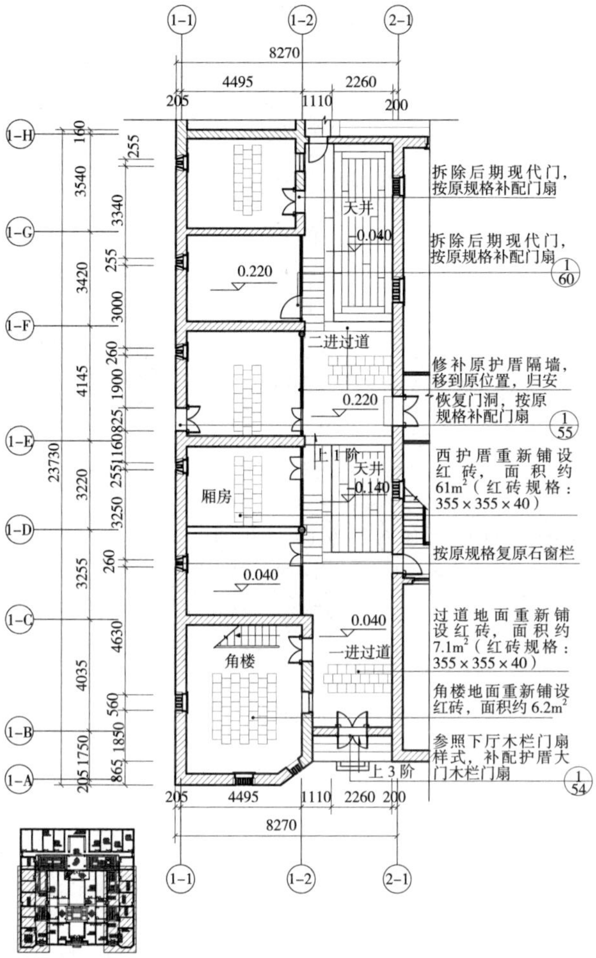

图 10-4-2 西护厝平面图

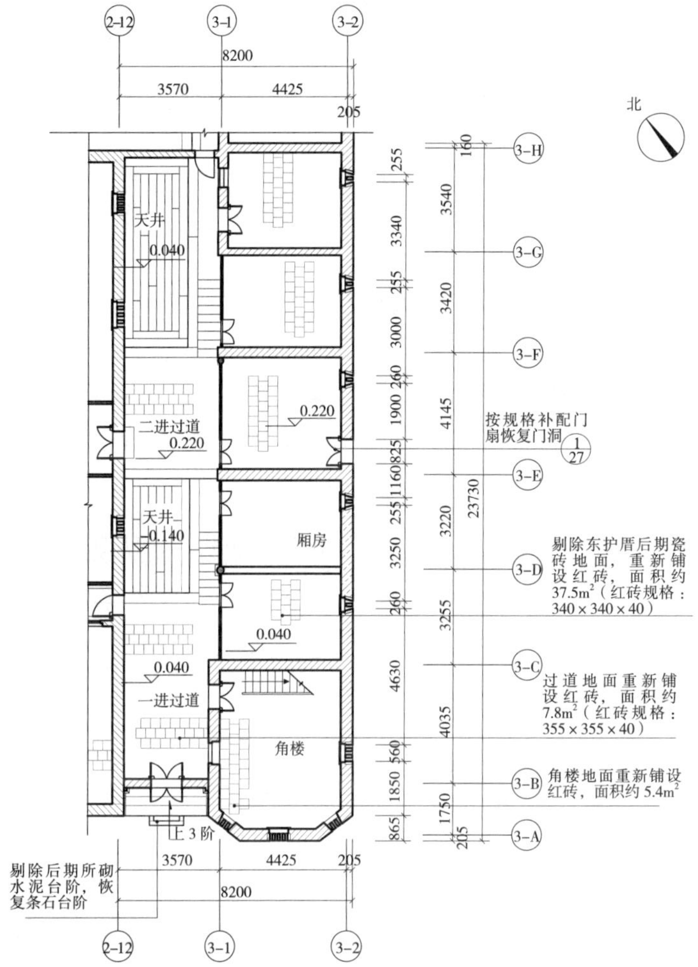

图 10-4-3 东护厝平面图

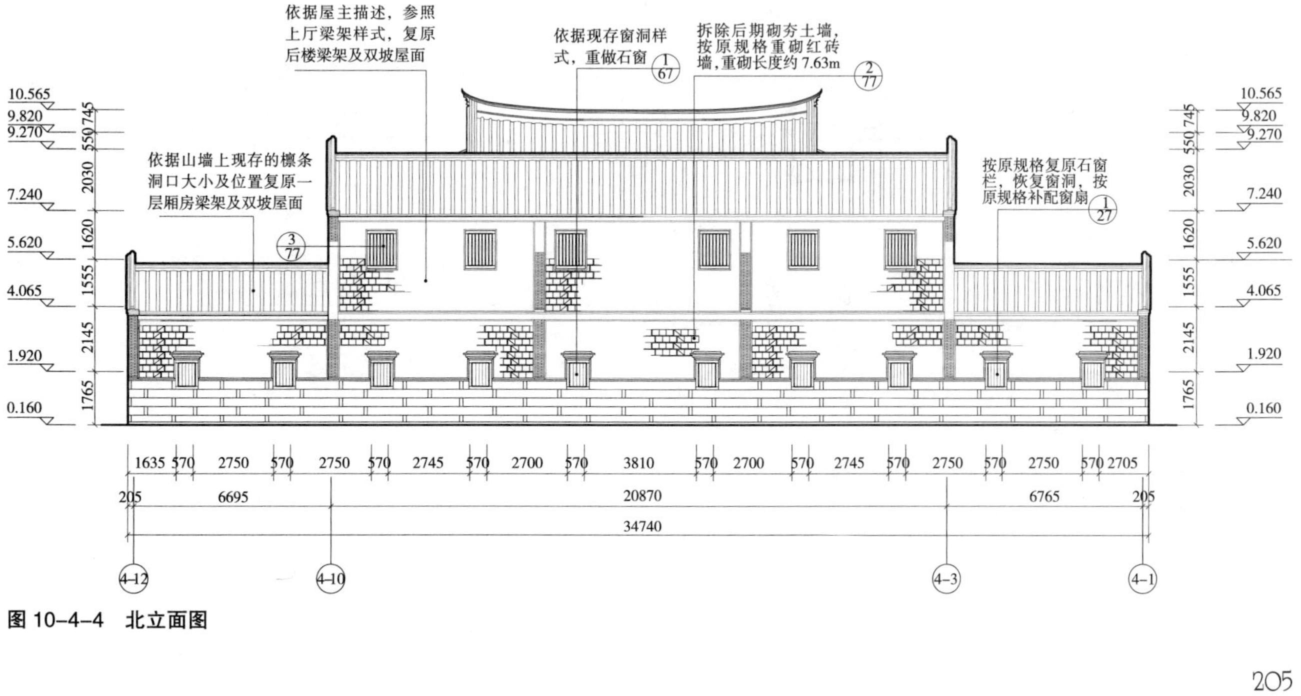

图 10-4-4 北立面图

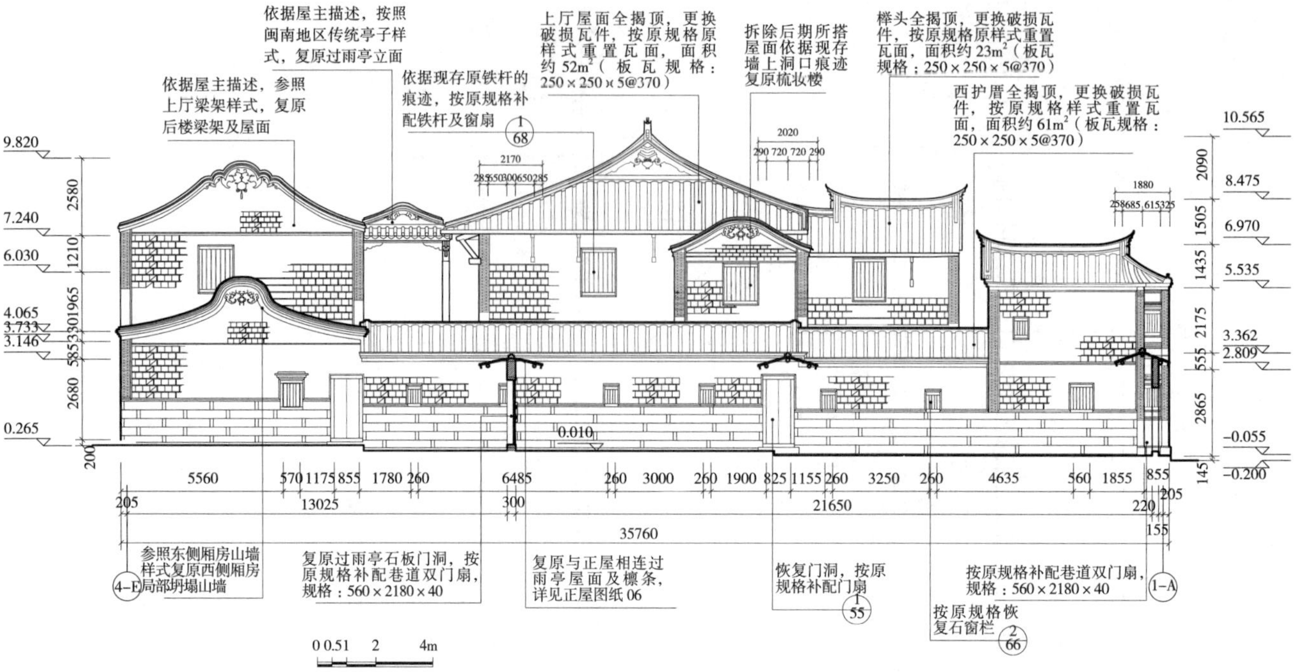

图 10-4-5　西立面图

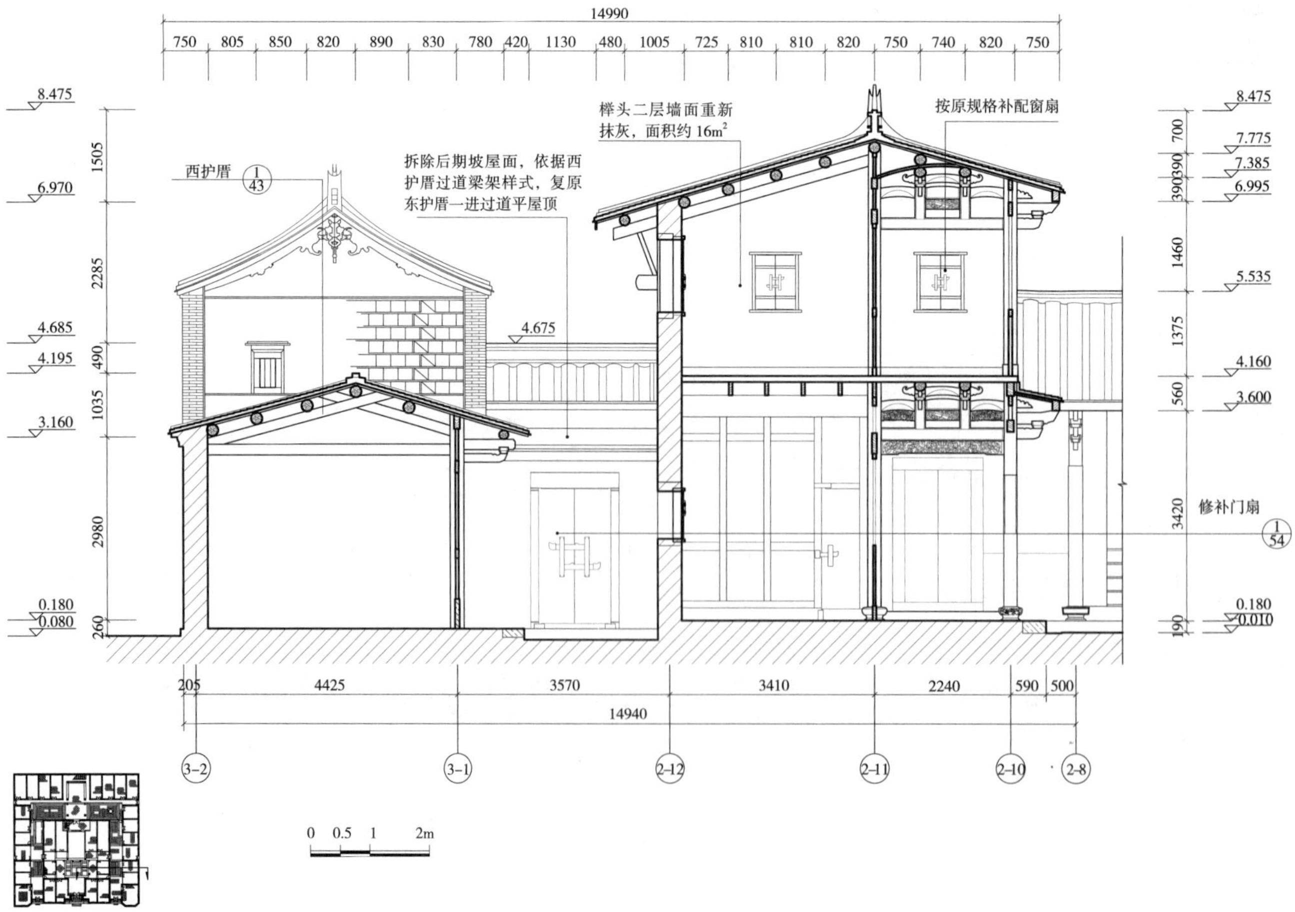

图 10-4-6　9-9 剖面图

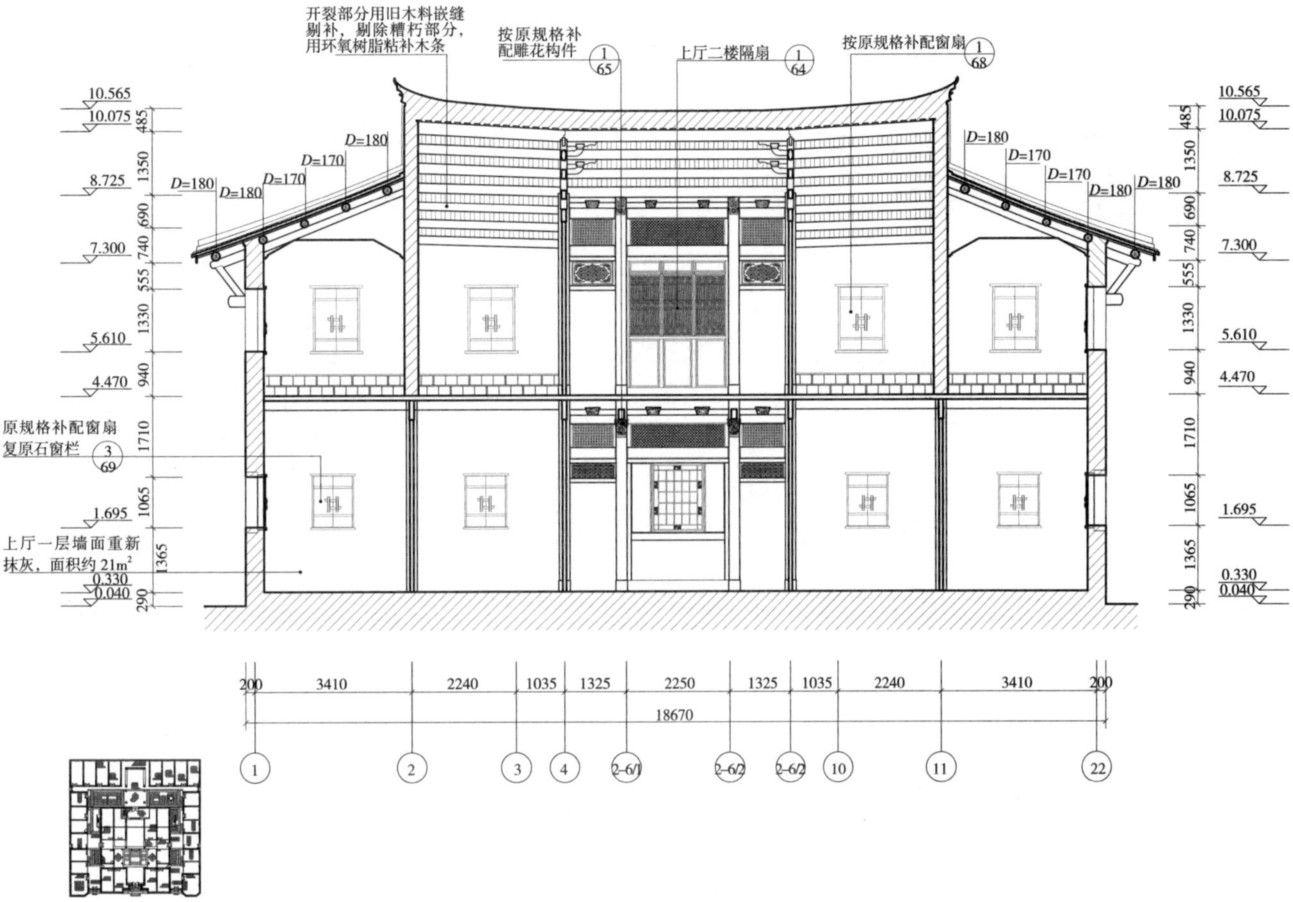

图 10-4-7　11-11 剖面图（上厅）

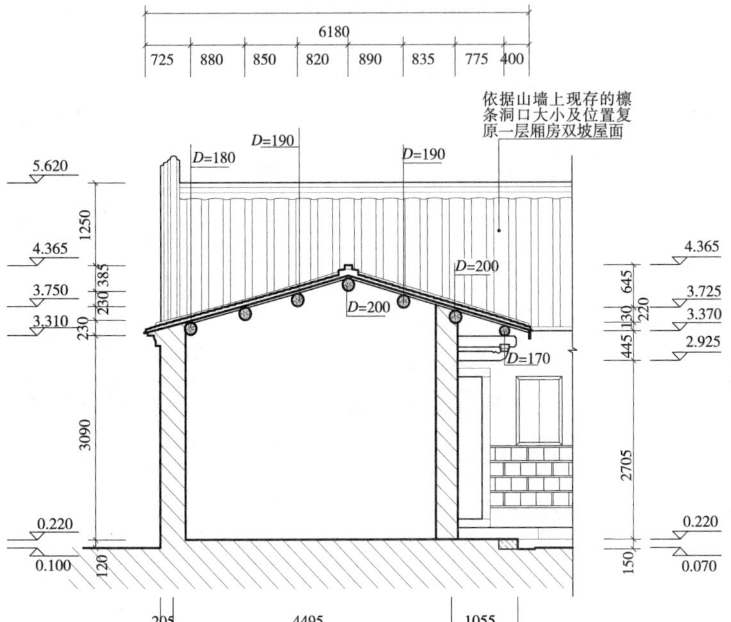

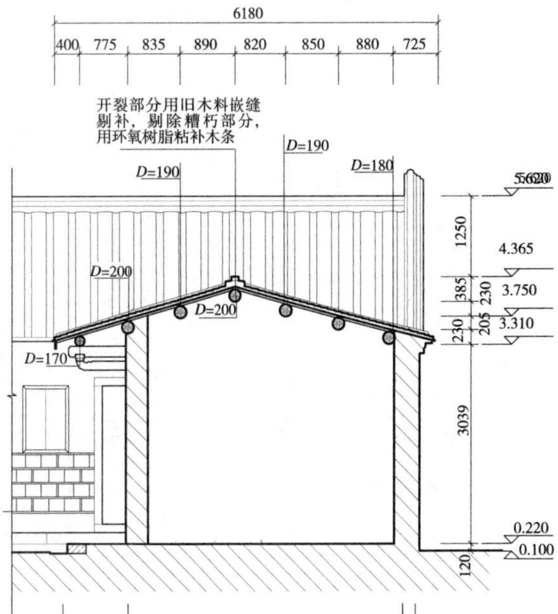

图 10-4-8　13-13 剖面图（西护厝）

图 10-4-9　13-13 剖面图（东护厝）

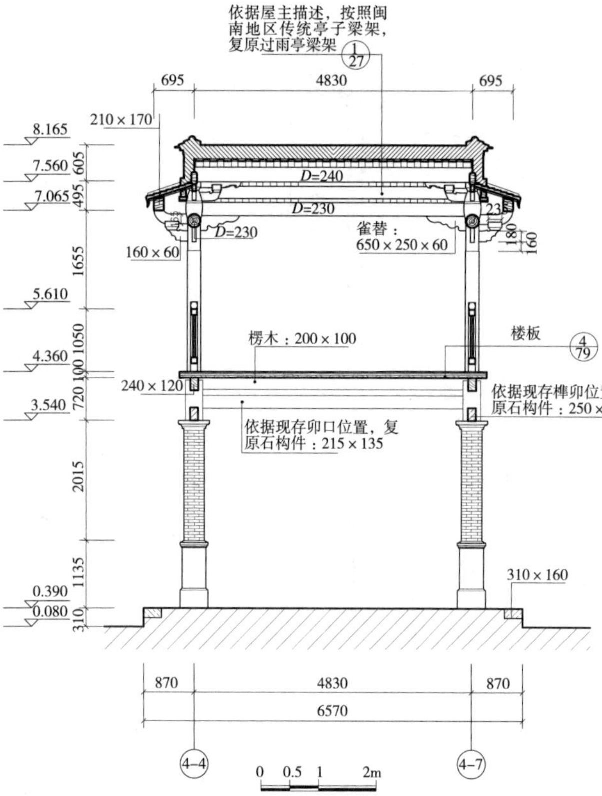

图 10-4-10 过雨亭横剖面图

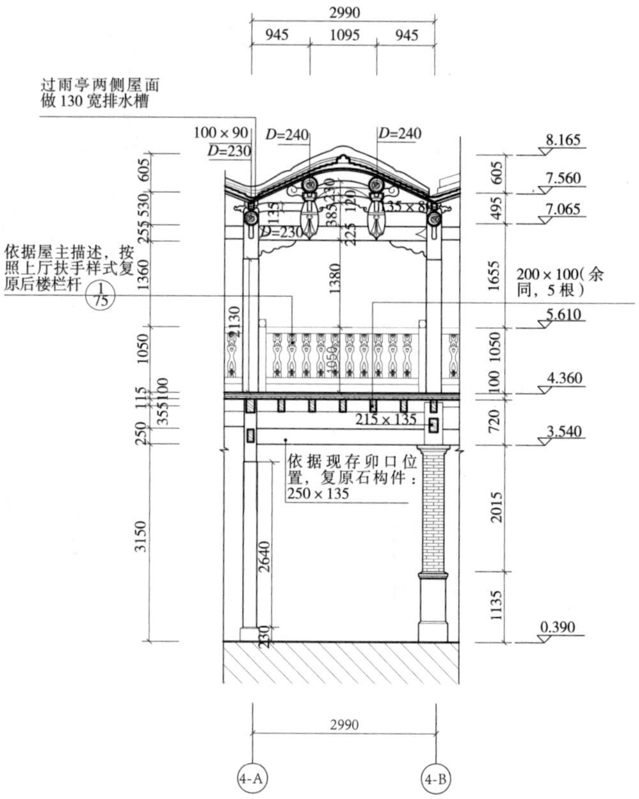

图 10-4-11 过雨亭纵剖面图

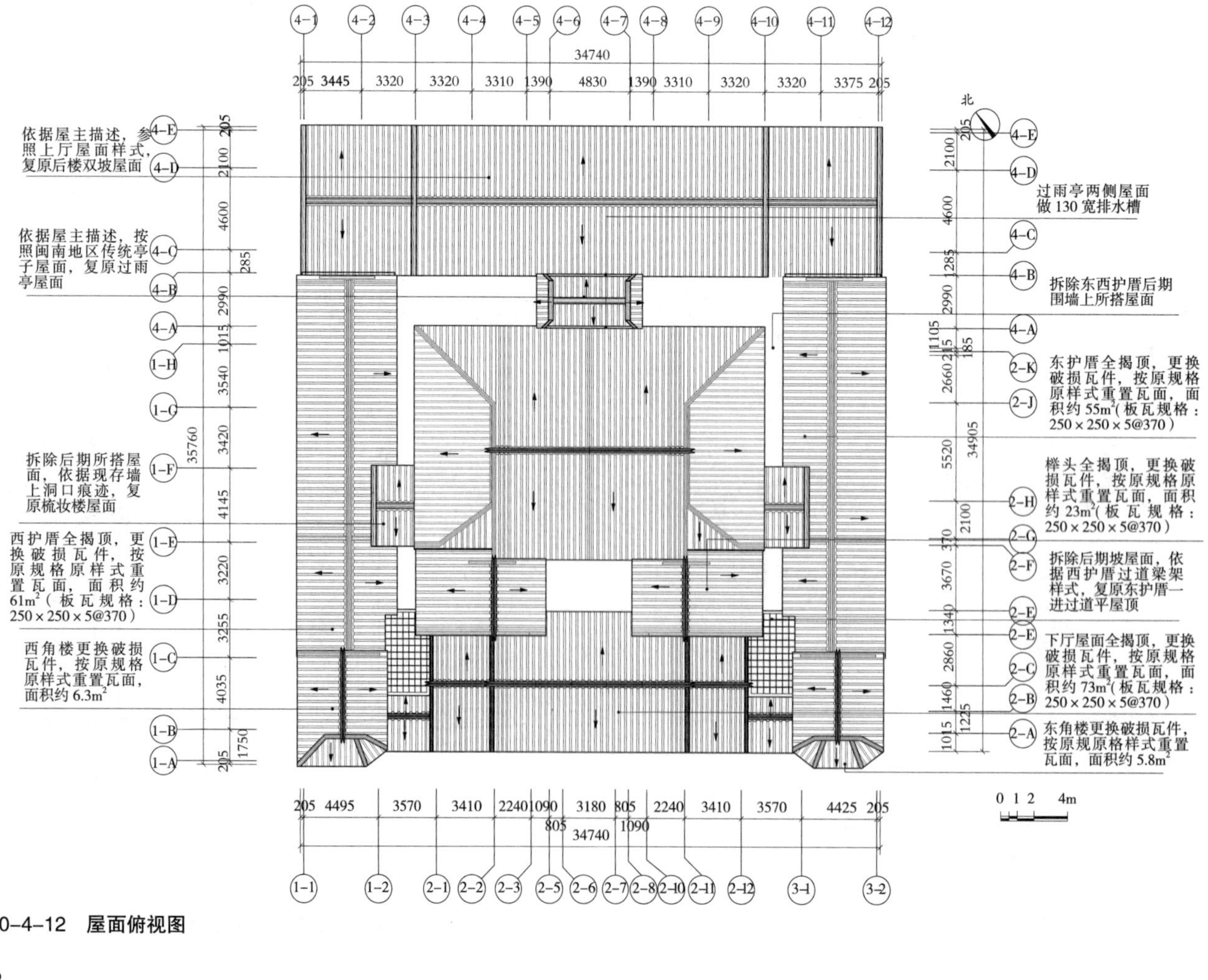

图 10-4-12 屋面俯视图

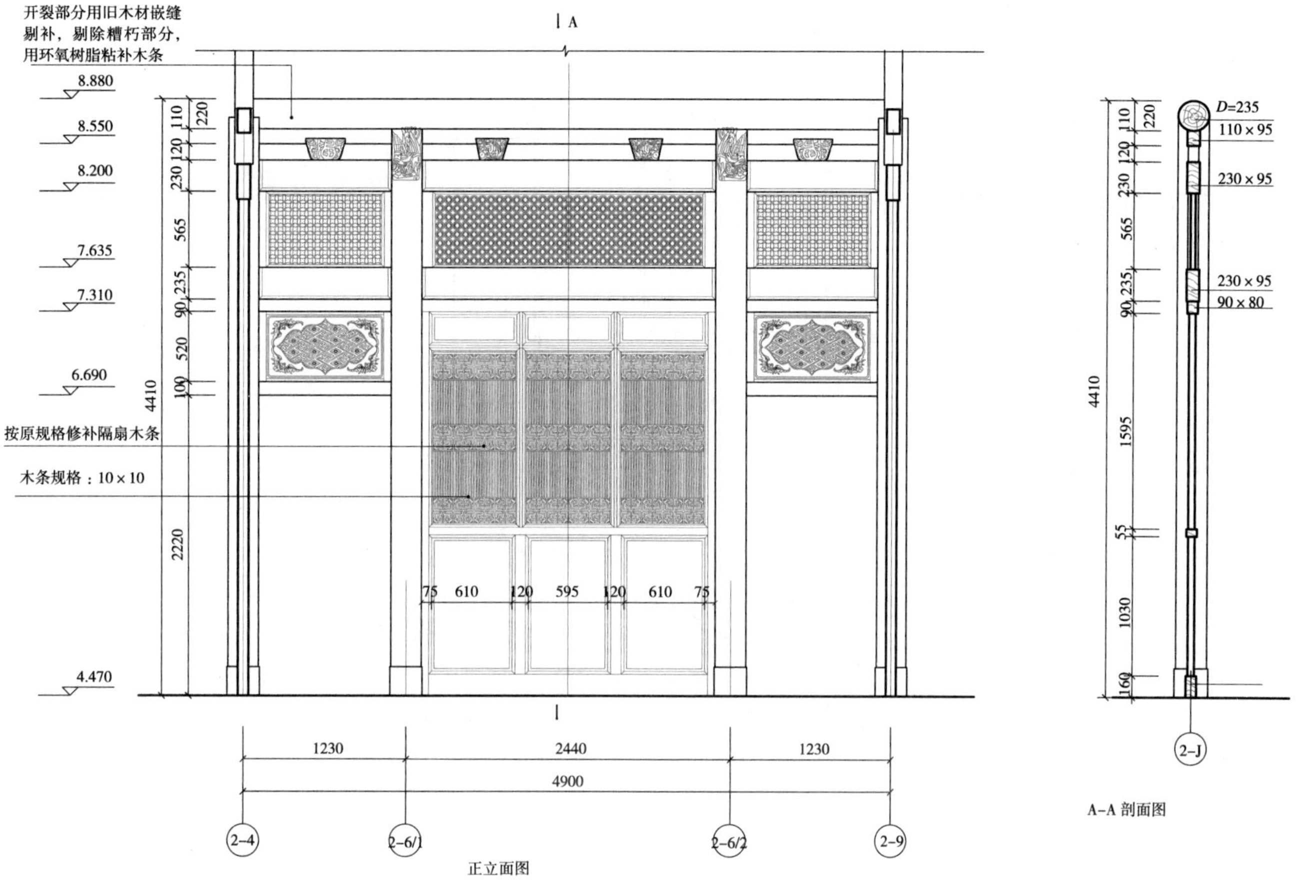

图 10-4-13　2-J 轴二层隔扇详图

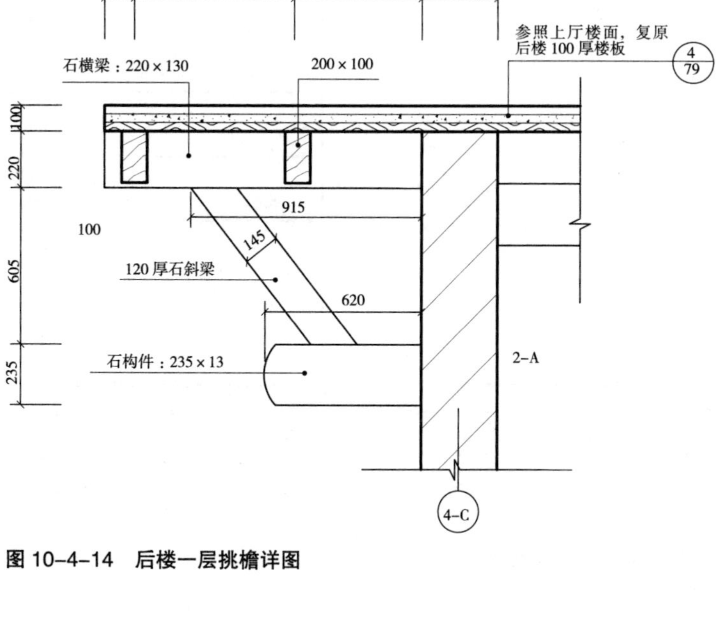

图 10-4-14　后楼一层挑檐详图

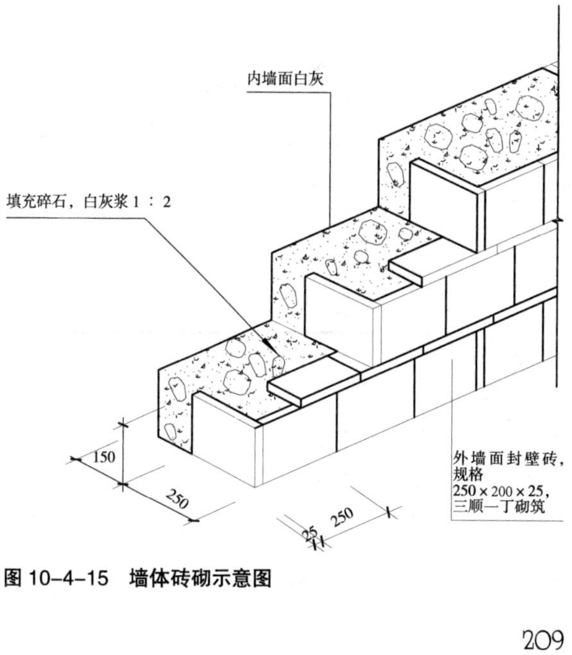

图 10-4-15　墙体砖砌示意图

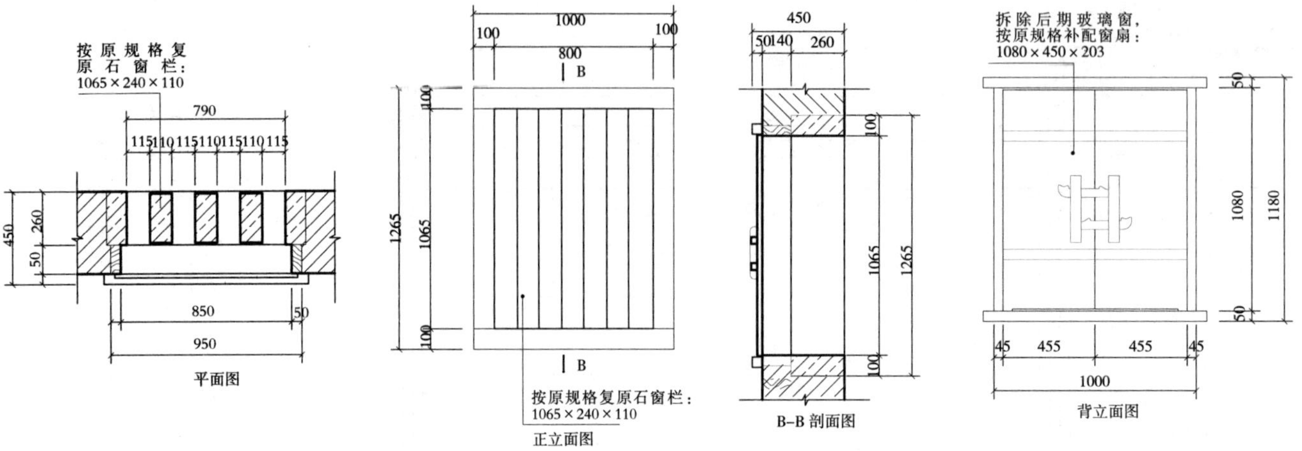

图 10-4-16　C16 大样图

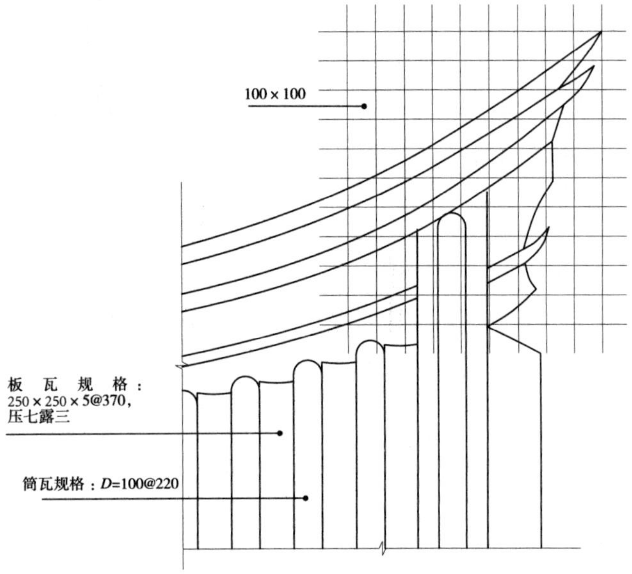

图 10-4-17　屋面大样图

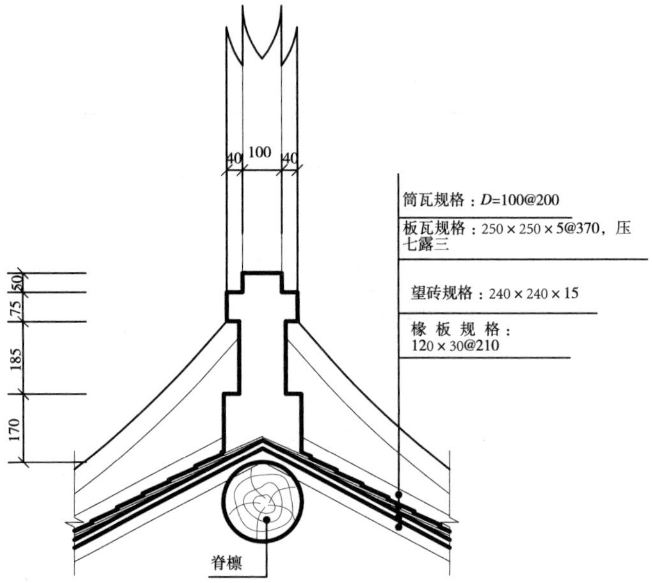

图 10-4-18　脊详图

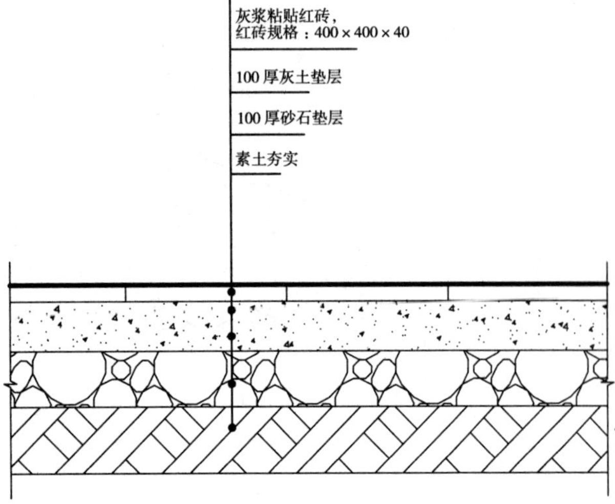

图 10-4-19　一层地面铺砖做法大样图

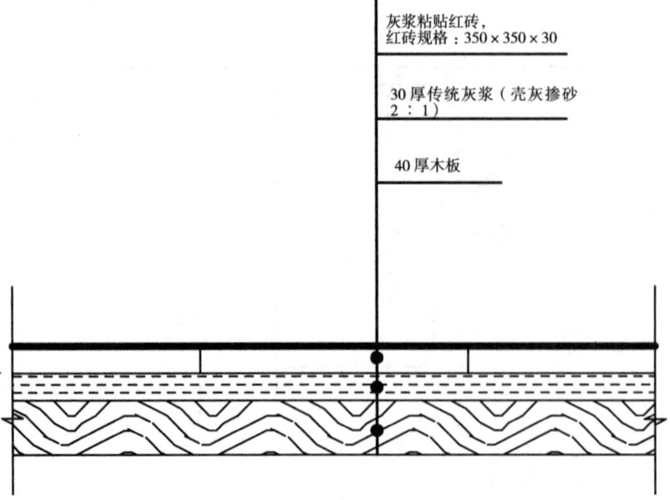

图 10-4-20　后楼楼板详图

参考文献

[1] 张玉瑜 . 福建传统大木匠师技艺研究［M］. 南京：东南大学出版社，2010.

[2] 李乾朗 . 台湾古建筑图解事典［M］. 台北：远流出版事业股份有限公司，2003.

[3] 王庆台 . 李梅树与三峡祖师庙一世情［M］. 信宏设计印刷有限公司，2005.

[4] 泉州鲤城区建设局编 . 闽南古建筑做法［M］. 香港：香港闽南人出版有限公司，1998.

[5] 林世超 . 台湾与闽东南歇山殿堂大木构架之研究［M］. 光文国际教育科技有限公司，2012.

[6] 石四军主编 . 古建筑营造技术细部图解［M］. 沈阳：辽宁科学技术出版社，2010.

[7] 刘大可 . 中国古建筑瓦石营法［M］. 北京：中国建筑工业出版社，2009.

[8] 林金荣 . 金门脊坠风情［M］. 舜程印刷有限公司，2009.

[9] 梁思成 . 中国建筑史［M］. 北京：生活・读书・新知三联书店，2011.

[10] 戴志坚 . 福建民居［M］. 北京：中国建筑工业出版社，2009.

[11] 戴志坚 . 闽台民居建筑的渊源与形态［M］. 福州：福建人民出版社，2003.

[12] 陈凯峰 . 泉州传统建筑文化概论——“建筑文化学”应用研究之一［M］. 天津：天津大学出版社，2010.

[13] 陈明达 . 营造法式辞解［M］. 天津：天津大学出版社，2010.

[14] 李秋香，罗德胤，贺从容，陈志华 . 福建民居［M］. 北京：清华大学出版社，2010.

[15] 孙景浩，孙德元 . 中国民居风水［M］. 上海：上海三联书店，2005.

[16] 曹春平 . 闽南传统建筑［M］. 厦门：厦门大学出版社，2006.

[17] 王经民 . 石韵［M］. 北京：中国楹联出版社，2010.

[18] 梁思成 . 清式营造则例［M］. 北京：清华大学出版社，2006.

[19] 李敏，何志榕 . 闽南传统园林营造史研究［M］. 北京：中国建筑工业出版社，2014.

[20] 曹春平，庄景辉，吴奕德 . 闽南建筑［M］. 福州：福建人民出版社，2008.

[21] 陈志宏 . 闽南近代建筑［M］. 北京：中国建筑工业出版社，2012.

[22] 林宜君 . 传统汉式大木作落篙［M］. 台北：文化资产局，2012.

[23] 中国科学院自然科学史研究所主编 . 中国古代建筑技术史［M］. 北京：北京科学出版社，2000.

[24] 泉州市建委修志办公室 . 泉州市建筑志［M］. 北京：中国城市出版社 ,1995.

[25]（明）宋应星 . 天工开物［M］. 南京：江苏广陵古籍刻印社，1997.

[26] 泉州市地方志编撰委员会 . 泉州市志［M］. 北京：中国社会科学出版社，2000.

[27] 杨莽华，马全宝，姚洪峰 . 闽南民居传统营造技艺［M］. 合肥：安徽科学技术出版社，2013.

[28] 关瑞明．泉州多元文化与泉州传统民居［D］.2002.

[29] 杜仙洲主编．泉州古建筑［M］．天津：天津科学技术出版社，1991.

[30] 黄金良．泉州民居［M］．福州：海风出版社，1996.

[31] 黄字羲．赐姓始末［M］．台北：台湾文献出版社，1995.

[32] 林从华．缘与源：闽台传统建筑与历史渊源［M］．北京：中国建筑工业出版社，2006.

[33] 晋江市志・文物［M］.

[34] 关山情主编．台湾古迹全集［M］．台北：户外生活杂志社，1980.

[35] 蒋元枢．重修台郡各建筑图说［M］．台北：宗青图书出版有限公司，1997.

[36] 苏文土．闽台龙山寺［N］．泉州晚报（海外版），2004-12-23.

[37] 刘枝万．台湾中部碑文集成［J］．台湾文献丛刊，第 151 种.

[38] 徐裕健主编．传统建筑大木设计“落篙”技艺法则之调查及保存研究［M］. 2000.

[39] 赖世贤，刘埗．泉州胭脂砖的传统制作方法研究［J］．华中建筑，2005（4）.

[40] 阮道汀，王立礼．泉州瓦窑业调查纪要［Z］．泉州文史资料（1—10 辑汇编）．福建省泉州市鲤城区地方志编纂委员会，政协泉州市鲤城区委员会文史资料委员会编印，1994.

[41] 泉州市博物馆．南安市丰州桃源南朝墓清理简报［J］．福建文博，2014（4）.

[42] 吴艺娟．南安县丰州六朝古墓葬群出土器物引发的思考［J］．福建文博，2013（3）.

[43] 潘志坚．解读闽南砖雕技艺 感悟红砖文化精髓——闽南砖雕技艺保护与传承的若干思考［J］．群文天地，2011（2）.

[44] 曹春平．闽南传统建筑中的五架坐梁式构架［J］．华中建筑，2010（8）.

[45] 沈玉水．泉州古民居建筑特点［J］．福建建筑，1995（1）.

后 记

泉州传统民居建筑别具特色，其砖石混砌的墙面装饰、高耸天际的燕尾脊及丰富多彩的彩绘、堆剪、灰塑装饰等特色，使得泉州传统民居在中国建筑史上成为与众不同的一枝建筑奇葩，有学者认为闽南这个区域是“红砖文化区”。笔者小时即生活在这种红砖大厝中，从小耳闻目睹大厝中精美的木雕、石雕构件，开阔的厅堂，夏天凉快的深井中为小儿摇扇讲古的曾祖母……这一切成为长大搬出祖宅，外出求学、工作后的我最深记忆中的乡愁。

青年时期参加工作，有机会到外地学习交流时，才发觉原来家乡的建筑跟其他地方是不一样的，其特别的“红砖白石双拨器，出砖入石燕尾脊，雕梁画栋宫殿式”建筑风格使得泉州传统民居建筑有别于我国其他地区民居建筑而独树一帜。在参加第三次全国文物普查、日常工作参与到文保单位的保护、修缮、申报等工作之后，日渐深入感受到泉州各种传统建筑的独特魅力。了解到泉州除了有三开间或五开间的红砖古大厝、有单开间的“手巾寮”、有商住合一的骑楼式建筑，还有为防范山寇海盗而修筑的碉楼、土楼、石堡，以及众多带有域外特色的华侨建筑等各种类型的建筑。尤其是官僚、士大夫阶层、富豪及衣锦还乡的华侨们，他们的品位和经济实力，使得其宅第规模可观，形式讲究，其造型、格局、技艺、用材等都蕴涵着特定时代的文化特征，这一切使得笔者萌发了深入调查研究泉州传统建筑的念头。于是工作之余，到各种工地记录调查传统民居的重建、修缮过程，其中大木构架、细木作是调查泉州胭脂巷祖间苏第三进的重建过程，及采访大木匠师王江林、王世猛、刘心源等整理而成的；上梁是调查西街汪氏宗祠上梁仪式；石雕工艺则是采访了惠安石雕国家级非物质文化遗产传承人王经民和省级非物质文化遗产传承人王文生；彩绘油饰是走访了南安陈广东、郭地灵，晋江许跃进等人；堆剪及灰塑是根据开元寺大殿维修时杨寅欣匠师的做法及采访整理而成；谢土仪式是调查石狮市铺锦村祠堂落成谢土进主仪式；砖瓦制作是走访了晋江多个砖瓦厂。这些现场调研与采访记录，为本书的写作提供了丰富的素材，奠定了坚实的基础。

2009 年，由中国艺术研究院建筑艺术研究所负责申报的中国传统木结构营造技艺入选联合国人类非物质文化遗产，笔者参与的以泉州亭店杨氏民居为研究重点的“闽南民居营造技艺”课题有幸作为其中的一个子课题也名列其中。2012 年，南安市、厦门市联合申报的“闽南红砖建筑”列入“中国世界文化遗产预备名单”。国内外对于传统建筑的重视，泉州传统民居及其营建技术走进国内、国际专家的视野中，催生了本书的写作。

但囿于学识有限，在写作过程中，几度欲中断放弃，是中国传统民居建筑专业委员会主任委员、华南理工大学建筑学院民居建筑研究所所长陆元鼎先生，中国建筑工业出版社李东禧先生等人的支持与鼓励，才使得本书有机会面世。

在本书的写作过程中，姚洪峰负责第三、四、五、十章的撰写，并提供全书的图纸、照片；黄明珍负责第一、二、六、七、八、九章的撰写及全书的统稿工作。在此特别感谢为本书贡献过的大木匠师王江林，古建筑修复师张建培，泉州大众古建筑设计有限公司的陈志毅、郑剑峰、谢清燕等人及在调查过程中不愿意透露姓名的匠师们！也感谢在本书的出版中付出辛勤劳动的中国建筑工业出版社编辑们！向你们致以我们崇高的敬意及谢意！

笔者囿于自身学识，在研究写作涵盖面广、多学科多门类交叉的营建技术，难免会出现错误和不当之处，还望诸位读者方家斧正。